中等职业教育电类专业系列教材

电工基础

第二版

重庆市中等职业学校电类专业教研协作组 组编

曾祥富 兰永安 主编

DIANGONG JICHU

重庆大学出版社

内容简介

本书是根据教育部2000年7月颁发的《中等职业学校电工基础教学大纲》，按照国家对电类专业中级人才的要求编写的中等职业学校电类专业基础理论课教材，可与《电工技能与实训》教材配套，各有侧重而又自成体系。

本书的主要内容有：电路的基本知识、直流电阻电路、磁场及其与电流的作用、电磁感应、电容器及瞬态过程、正弦交流电及其电路、三相交流电路、信号与系统概述等。本书的特点是注重电工基本知识的传授，为学习电类专业的其他专业课程打下良好基础。本书内容丰富，深入浅出，实用性强。

本书可作为城市、农村中等职业学校电类专业基础理论课教材，也可供电工、电子技术培训班，军、地两用人才及城市、农村广大电工使用。

图书在版编目(CIP)数据

电工基础/曾祥富，兰永安主编. —2版.—重庆：重庆大学出版社，2003.8(2024.3重印)
中等职业教育电类专业系列教材
ISBN 978-7-5624-2326-3

Ⅰ.电…　Ⅱ.①曾…②兰…　Ⅲ.电工学—专业学校—教材　Ⅳ.TM1

中国版本图书馆CIP数据核字(2001)第027932号

中等职业教育电类专业系列教材
电工基础
(第二版)
重庆市中等职业学校电类专业教研协作组　组编
曾祥富　兰永安　主编
责任编辑：李长惠　李丽娟　版式设计：李长惠
责任校对：何建云　责任印制：赵　晟

*

重庆大学出版社出版发行
出版人：陈晓阳
社址：重庆市沙坪坝区大学城西路21号
邮编：401331
电话：(023) 88617190　88617185(中小学)
传真：(023) 88617186　88617166
网址：http://www.cqup.com.cn
邮箱：fxk@cqup.com.cn (营销中心)
全国新华书店经销
重庆升光电力印务有限公司印刷

*

开本：787mm×1092mm　1/16　印张：13.5　字数：347千
2003年8月第2版　2024年3月第33次印刷
印数：156 511—159 510
ISBN 978-7-5624-2326-3　定价：35.00元

序 言

为了贯彻第三次全国教育工作会议精神，落实《中共中央、国务院关于深化教育改革和全面推进素质教育的决定》，教育部在全国范围开展调研，对原有中等职业教育的普通中专、成人中专、职业高中、技工学校进行并轨，颁发了《关于制订中等职业学校教学计划的原则意见》(教职成[2000]2号文件)，又将原有中专、职高、技工校的千余个专业归并成12个大类270个专业，在其中又确定了83个重点建设专业。成立了由国家相关部、委、局领导的32个行业职业教育教学指导委员会，组织专家组开发这83个重点建设专业的教学改革方案，制定出教学计划，相继开发各专业主干课程的教学大纲，并组织编写教材。根据最新《中等职业学校专业目录》，原称的"电子电器"专业定为"电子电器应用与维修"专业，属于加工制造大类。该专业文化基础课程和专业课程的设置，沿用了"九五"期间三年制职业高中电子电器专业的结构方案。但对人才培养规格则响亮提出了"培养高素质劳动者和中、初级专门人才"，而不是原有的"中级技工"，这是面对21世纪知识经济对人才的高标准要求而提出的。

重庆市中等职业学校电类专业教研协作组在市教委、市教科院领导下，在抓好全市该专业教学教研的同时，决定配合教育部的大行动，贯彻"一纲多本"的精神，组织一批专家和教学第一线的骨干教师，在部颁教学大纲指导下，组织开发中等职业学校电类(含电子电器应用与维修、电子与信息技术、电子技术应用、通信技术、电力机车运用与维修、电气运行与控制、机电技术应用、数控技术应用、电厂及变电站电气运行等)重点建设专业的主干专业课教材，供中等职业学校相关专业选用。

按最新部颁教学计划规定：电类的上述专业，特别是电子电器应用与维修专业仍执行双轨模块式教学计划，即同门专业课分为理论课与实训课，二者并列称为"双轨"，各自有独立的大纲、教材、课时。但两类课程互相配合，同步进行。这样有利于在打好专业知识基础的前提下，抓好实训，提高学生动手能力，便于综合素质的提高。根据部颁教学计划要求，我们在专业基础课程中选用了"双轨制"，首批开发出专业基础理论教材《电工基础》与《电子技术基础》，并于2001年秋由重庆大学出版社出版。2003年出版专业主干课程教材《音响技术与设备》和《电视机原理与维修》，因知识、技术含量更高则实行"单轨制"，将理论课与实训课并轨施教，列为第二期开发计划，将陆续由重庆大学出版社出版。

本系列教材具备如下特点：

1.进一步突出了教材的实用性：

面向现代化、特别是面向21世纪各行各业对电类专业人才的要求，在保证基础知识传授和基本技能训练的基础上，力求选择实用内容施教，不过分强调学科知识的系统性和严密性。

2.考虑了国家相关专业中级人才标准，进一步适应“双证制”考核：

本系列教材在知识、技能要求的深度和广度上，以国家职业技能鉴定中心颁发的相关专业中级人才技能鉴定要求为依据，突出这部分知识的传授和专业技能训练，力求使学生在获取毕业证的同时，又能获取本专业中、初级技术等级证。

3.增加了教材使用的弹性：

该系列教材分为两部分：一部分为必修内容（即基础模块），是各地、校必须完成的教学任务；另一部分为选修内容（即选用模块），提供给条件较好的地区和学校选用，在书中用“※”注明。

4.深入浅出，浅显易懂：

根据当前及今后若干年中职学生情况及国外教材编写经验，本系列教材删去了艰深的理论推导和繁难的数学运算，内容变得浅显，叙述深入浅出，使学生易于接受，便于实施教学。

该系列教材的开发，是对教育部最新教学计划、大纲的落实，欢迎职教同行在使用中提出宝贵意见，大家共同参与、共同建设出一套更为实用的中等职业教育电类专业教材。

重庆市中等职业学校电类专业教研协作组

2003年1月

第一版 前 言

为推动中等职业教育发展，教育部已在全国范围将原有普通中专、成人中专、职业高中、技工学校等进行并轨，统称为中等职业学校；为此在全国调研、制订和颁发了《关于制订中等职业学校教学计划的原则意见》(教职成[2000]2 号文件)，并于 2000 年 7 月颁发了电类专业主干专业课的教学大纲。重庆已于 1999 年秋率先开始对上述各类中等职业学校并轨。市教委、市教科所制订了重庆市中等职业学校 20 余个专业的考试要求，又与市大中专招生委员会研究决定，从 2000 年起，凡重庆辖区的各级各类中等职业学校毕业生均可报考高等职业院校，且采用统一的考试大纲和同一套试题。最近，教育部还决定中职毕业生可以报考普通高等学校。这些规定将使中等职业学校的培养目标从过去单一向用人单位输送中、初级技术型、应用型人才扩展到同时向高一级学校输送人才的双向培养目标，从而对中等职业学校的教育教学质量提出了新的、更高的要求。

为了确保中等职业学校双向培养目标的实现，根据全市各中等职校的普遍要求，重庆市中等职业学校电类专业教研协作组(即原职高电子电器中心组和原中专技校电子专业教研协作会)，经过有关领导的同意，决定在部颁教学大纲的指导下，编写出适应我市各类中等职校的专业课教材。首期编印的《电工基础》和《电子技术基础》是 2 门全市统考和高等职业院校升学考试急用的专业基础理论课教材。

该教材从各类中等职业学校教育的实际出发，突出了浅显、实用、新颖三大特点，即根据新的培养目标和国外教材的先进经验，删去了较深的理论、较复杂的推导和计算。重点讲解后续课程和今后就业、升学必用的基础知识，并适当介绍新工艺、新技术、新材料，让学生开阔眼界，扩大知识面。

根据本专业最新部颁双轨积木式教学计划的要求，本教材与高教出版社出版的《电工技能与训练》是姊妹篇，在对学生传授电工基础理论的同时，应根据实训大纲要求进行规范化的电工技能训练，使用中应注意两本教材的衔接，并尽可能同步开设。本书每章末的实验，则应在本课程中完成。

本课程教学时数为 120 课时，各章课时安排如下表所示：

章 次	课 程 内 容	学时	章 次	课 程 内 容	学时
一	电的基本知识	14	五	电容器及过渡过程	12
二	直流电路	16	六	正弦交流电与正弦交流电路	28
三	磁场及其与载流导体的作用	14	七	三相交流电路与交流电动机	14
四	电磁感应	12	八	变压器	10

本书是根据上述要求编写的教学讲义《电工基础》经试用一年后修订而成。第一章由重庆市交通学校刘达兴编写，第二章由四川仪表工业学校兰永安编写，第三章由西南工业管理学校张红斌编写，第四章由重庆第二轻工业学校陈开德编写，第五章由重庆北碚职教中心彭建立编写，第六章由重庆渝北职教中心曾祥富编写，第七章由重庆渝北区教研室聂广林编写，第八章由重庆龙门浩职中邹开跃编写。全书由曾祥富统稿，曾祥富、兰永安担任主编，重庆市教科所特级教师、研究员唐果南主审。

由于作者水平有限，对新大纲领会还不够深入，书中存在的错误缺点恳请读者指正，多提宝贵意见，谢谢。

编 者

2001 年 4 月

第二版 前 言

为了紧跟教育部对中等职教的改革步伐，确保培养中初级应用型人才和向高一级学校输送人才双向培养目标的实现，重庆市中等职业学校电类专业教研协作组组织教学第一线骨干教师和教育科研人员，在部颁最新教学大纲指导下，编写出适应当前中等职业教育电类专业的主干专业课程系列教材《电工基础》、《电子技术基础》、《音响技术与设备》，并陆续由重庆大学出版社出版。

《电工基础》教材组稿于 1999 年春，于 2000 年 7 月作为讲义在重庆市试用 1 年。在使用中收集了各校对该教材的修改意见后，进行了必要的增删和调整，于 2001 年 7 月由重庆大学出版社出版了该教材第一版。

在该教材第一版问世的 2 年中，适逢教育部对“十五”期间教材大刀阔斧的改革。还下达了由重庆市教科院和渝北职教中心共同承担的科研课题“中等职业教育教材如何贯彻以素质教育为基础、以能力为本位教育思想的研究”。随着该课题研究的深入，通过对职业学校、劳动与社会保障部门、人才市场、电业、电子主管局等单位的社会调研，对面向 21 世纪高质量教材的开发有了更新、更清晰的思路。在本教材第一版的基础上，由该书主编、课题组主研人员曾祥富研究员根据教育部最新教学大纲要求，对其做了较大的调整和增删。其主要部分有：

1. 每章前面增加了教学大纲规定的“学习目标”；

2. 每章后面增加了“阅读 · 应用”知识和技能(在大纲规定的应用知识中，与本书配套的《电工技能与实训》中有的内容在此从略)；

3. 各章习题统一规范成既含客观题又含主观题的 5 大类题型；

4. 每章后面设计了动手动脑的“实验题”；

5. 在内容的选择、编排上做了以下处理：增加了一章选学内容“信号与系统概述”，将“三相电动机”、“变压器”纳入了“阅读 · 应用”而不再独立成章，删去了单相电动机；

6. 重新调整了基础模块与选学模块内容。

该教材第二版突出了以下特点：

1. 进一步体现了提高学生综合素质和能力本位的思想，着重在学习能力、分析解决问题的能力、实践能力和创新能力上下功夫；

2. 在教学内容的选择、安排上兼顾了学生就业、双证制考核和参加高等院校招生考试等方面的需要；

3. 面对当前和今后几年中等职业学校生源状况，紧扣大纲，突出实用，使教材更加深入浅出，浅显易懂；

4. 全书分为基础模块和选用模块(标※的内容)以增加教材使用的弹性，供不同地区和学

校选用,也便于实施分层次教学;

5.用"阅读·应用"方式介绍了大量新知识、新技术,以开阔学生眼界,扩大知识范围,可由教师指导学生阅读;

本课程教学时数为120学时,在第一学期完成,各章参考学时如下表:

章次	课程内容	学时	章次	课程内容	学时
一	电路的基本知识	14	五	电容器及瞬态过程	12
二	直流电阻电路	18	六	正弦交流电及其电路	28
三	磁场及其与电流的作用	14	七	三相交流电路	8
四	电磁感应	12	八	信号与系统概述	4
			机动		10

由于作者水平有限,加之教材改革中大量新事物涌现,本书中难免存在错误缺点,恳请读者提出宝贵意见,以便修改。谢谢!

编者

2003年1月

目　录　MU LU

第一章　电路的基本知识　1
第一节　电路与电路模型　1
第二节　电路的基本物理量　3
第三节　电阻和电阻定律　6
第四节　欧姆定律　7
第五节　电能、电功率及电流的热效应　9
第六节　负载获得的最大功率　10
阅读·应用一　常用电工材料　11
本章小结　14
习题一　16
实验一　伏安法测电阻　19
实验二　电源电动势和内阻的测定　20

第二章　直流电阻电路　22
第一节　电阻串联电路　22
第二节　电阻并联电路　25
第三节　电阻混联电路　28
第四节　电池组　30
第五节　电路中各点电位的计算　31
第六节　基尔霍夫定律　33
※第七节　电压源与电流源　37
※第八节　戴维宁定理　38
※第九节　叠加定理　39
第十节　电桥电路　41
阅读·应用二　常用电池　42
本章小结　44
习题二　45

实验三 基尔霍夫定律的验证 52
实验四 直流电桥测电阻 53

第三章 磁场及其与电流的作用 55
第一节 电流的磁场 55
第二节 磁场的基本物理量 57
第三节 铁磁性物质及其磁化规律 60
第四节 磁场对载流导体的作用 62
第五节 磁场对运动电荷的作用 64
※第六节 磁路及其基本定律 66
阅读・应用三 扬声器工作原理 67
阅读・应用四 消磁与充磁技术 68
本章小结 69
习题三 70

第四章 电磁感应 74
第一节 电磁感应现象 74
第二节 楞次定律 76
第三节 电磁感应定律 78
第四节 自感 80
※第五节 互感 83
※第六节 互感线圈的连接与同名端 85
第七节 线圈中的磁场能 86
阅读・应用五 涡流 87
阅读・应用六 互感线圈同名端的实用判别法 89
阅读・应用七 变压器 90
本章小结 94
习题四 96

第五章 电容器及瞬态过程 100
第一节 电场和电场强度 100
第二节 电容器和电容 102
第三节 电容器的串联 104
第四节 电容器的并联及电场能量 107
※第五节 瞬态过程的基本概念 108
※第六节 RC 电路的瞬态过程 110
※第七节 RL 电路的瞬态过程 113

阅读·应用八　瞬态过程的应用　115
本章小结　116
习题五　118

第六章　正弦交流电及其电路　122
第一节　正弦交流电及基本概念　123
第二节　正弦交流电的表示法　129
第三节　纯电阻电路　132
第四节　纯电感电路　135
第五节　纯电容电路　139
第六节　电阻、电感串联电路　142
第七节　电阻、电容串联电路　145
第八节　电阻、电感和电容串联电路　148
第九节　串联谐振电路　151
※第十节　电阻、电感和电容并联电路　155
阅读·应用九　功率因数的提高与节能　159
本章小结　160
习题六　162
实验五　单一参数交流电路相位关系的测量　167
实验六　RLC 串联谐振实验　169

第七章　三相交流电路　171
第一节　三相交流电源　171
第二节　三相负载的接法　174
第三节　三相交流电路的功率　180
阅读·应用十　三相笼型异步电动机　182
阅读·应用十一　发电、输电与配电　187
本章小结　188
习题七　189
实验七　三相负载的 Y、△联结　192

※第八章　信号与系统概述　195
※第一节　信号的基本知识　195
※第二节　信号传输概述　197
※第三节　系统与网络概述　199
阅读·应用十二　其他通信形式与网络　201
本章小结　202
习题八　202

第一章
电路的基本知识

学习目标

本章所述内容，系该学科最基本的知识。它涵盖了电工学的基本知识和部分基本定律。通过本章的学习，要求达到：

①了解电路及其组成，电路模型；

②理解电位、电动势、电能的基本概念，掌握电流、电压的概念及参考方向、电功率的概念及计算；

③了解电阻及其参数计算、线性电阻与非线性电阻、温度对电阻的影响，掌握电阻定律与欧姆定律并能熟练应用；

④了解负载获得最大功率的条件及计算。

第一节　电路与电路模型

一、电路

1. 电路的组成

电流通过的闭合路径叫电路。它由电源、负载、连接导线、控制和保护装置 4 部分组成，最简单的电路如图 1-1 所示。

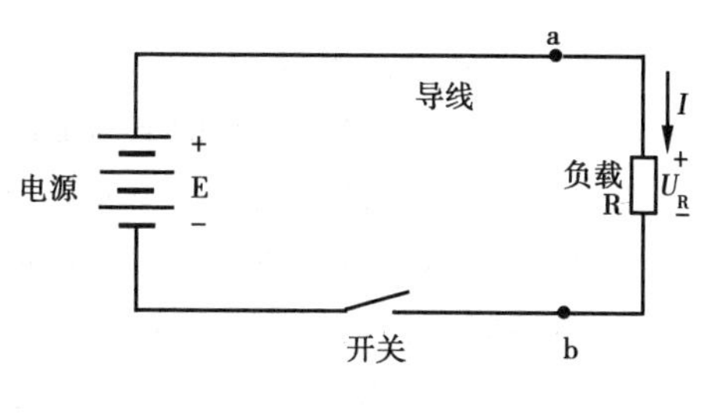

图 1-1　电路图

(1)电源：向电路提供能量的设备。它能把其他形式的能转换成电能。常见的电源有干电池、蓄电池、发电机等；

(2)负载：即用电器，它是各种用电设备的总

称。其作用是把电能转换成其他形式的能,如电灯、电动机、电加热器等;

(3)连接导线:它把电源和负载等元件连接成闭合回路,输送和分配电能。一般常用的导线是铜线和铝线;

(4)控制和保护装置:用于控制电路的通断,保护电路的安全,使电路能够正常工作的器件,如开关、熔断器、继电器等。

任何电路都可以用电路图来表示。电路图中采用统一规定的符号来代替实物,以此表示电路的各个组成部分。电路图中常用实物符号见表1-1。

表1-1 电路图部分常用符号

名称	符号	名称	符号
电阻		电压表	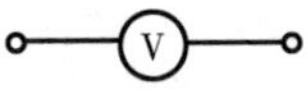 V
电池	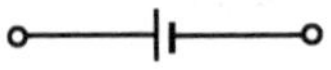	接地	 或
电灯		保险丝	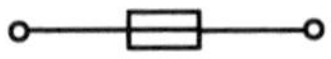
开关		电容	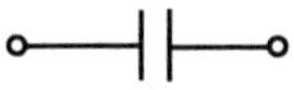
电流表	 A	电感	

2. 电路按作用的分类

电路就其作用而言,主要分为两大类:第一类用于传输、分配、使用电能。如电力线路,它是将发电机发出的电能通过变压器、输电线路、相关控制设备输送到用户,通过用户的不同用电设备将电能转换为其他形式的能,如光能、热能、机械能等;第二类是传递处理信号。如电视机、收音机中的电路,它们将空中微弱电磁信号经过放大、变换等处理,最后还原成图像和声音。

二、电路模型

在工程技术中,实际电路和组成电路的器材、元件都是比较复杂的,很难用简洁的书面语言(文字、图形等)清楚地表述出来。如电路的几何尺寸,有的大到成千上万千米(电力网、互联网),有的只有几毫米(集成电路芯片)。又如组成电路的元件,以结构简单的电阻为例,当有电流通过它时,不仅要发热消耗电能,而且会产生磁场,将电能转换成磁场能,还能在电阻自身产生噪声电动势等。可见只一个电阻,通电时就有如此复杂的电磁过程,这就使电路的分析变得异常困难。为解决这一矛盾,在一定条件下,人们采用近似方法将实际电路模拟成简单电路,即首先将电磁性质复杂的实际元件根据它最突出的特性模拟成单一参数的理想元件,称为元件模型。例如电阻器,只考虑它的电阻能阻碍电流并将电能转换成热能这一性质,对其他电磁参数予以忽略,从而得到理想的电阻元件模型。根据这一道理,对组成电路的其他元器件如电感、电容、电源等进行模拟,使其成为元件模型,并按国家标准制订出规范的图形符号和文字符号,按一定规律将它们连接起来表示实际电路,这种电路被称为实际电路模型。

今后我们所研究和分析的电路,均系电路模型。在书面形式上,用标准图形符号和文字符号绘制出的电路模型就是电路图。

第二节　电路的基本物理量

一、电流

电荷的定向运动叫做电流。例如金属导体中自由电子的定向移动，电解液中的正负离子沿着相反方向的移动，都是电流。

电流是电工学中常用的物理量之一，它既是一种物理现象，也代表一个物理量。过去习惯用“电流强度”作物理量，现已废弃此称谓。电流等于通过导体中任意横截面的电荷量 q 和通过这些电荷量所用时间 t 的比值。用公式表示为

$$I = \frac{q}{t} \tag{1-1}$$

式中：q——通过导体横截面的电荷量，单位名称是库(仑)、符号为 C；

t——通过电荷量 q 所用的时间，单位名称是秒，符号为 s；

I——电流，单位名称是安[培]，符号为 A。

在 1s 内，如果通过导体横截面的电荷量是 1 C，则导体中的电流就是 1 A。

在国际单位制中，电流的常用单位还有 mA(毫安)和 μA(微安)。

$$1\ \text{A} = 10^3\ \text{mA} = 10^6\ \mu\text{A}$$

习惯上规定正电荷定向运动的方向为电流方向。在金属导体中，电流的方向与自由电子定向运动方向相反。

在电路计算时，有很多情况事先无法确定电路中电流的真实方向，为了计算方便，常常事先假定一个电流方向(人为规定的电流方向)，称为参考方向。在电路图中用箭头标明电流的参考方向，如果计算结果电流为正值，那么电流的真实方向与参考方向一致；如果计算结果电流为负值，那么电流的真实方向与参考方向相反。若不规定电流的参考方向，电流的正负号是无意义的。

电流是一个标量，电流方向只表明电荷的定向运动方向。如果电流的大小和方向都不随时间变化，这样的电流叫直流电流或稳恒电流，如图 1-2(a)所示。如果电流的大小随时间变化，但方向不随时间变化，这样的电流叫脉动电流，如图 1-2(b)所示。如果电流的大小和方向都随时间变化，这样的电流叫交流电流，如图 1-2(c)所示。

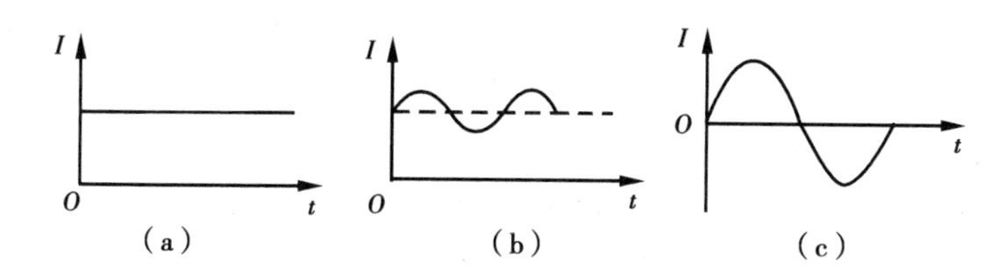

图 1-2　直流电流、脉动电流、交流电流

【例 1-1】 在 10 min 时间内，通过导体横截面的电荷量为 2.4 C，求电流是多少 A，合多少 mA?

解：根据电流的定义式

$$I = \frac{q}{t} = \frac{2.4\ \mathrm{C}}{10 \times 60\ \mathrm{s}} = 0.004\ \mathrm{A} = 4\ \mathrm{mA}$$

二、电压

电荷在电场中受到电场力的作用而移动时，电场力对电荷要做功。在图1-3所示匀强电场中，电荷q在电场力的作用下，由a点移到b点，如果q移动的距离是L_{ab}，那么电场力对电荷做的功为

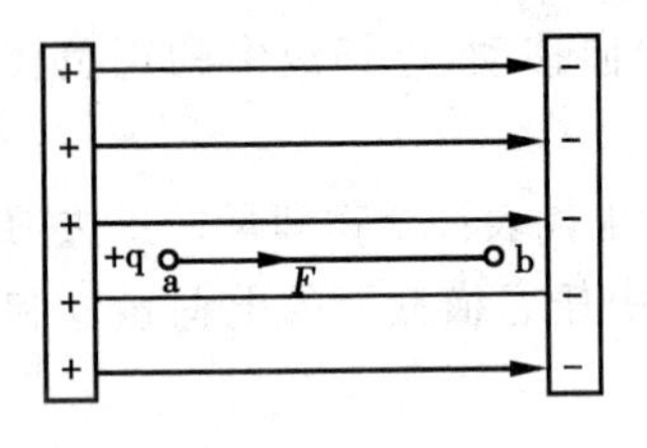

图1-3 均匀电场中电场力对电荷做功

$$W = FL_{ab}$$

为了衡量电场力做功能力的大小，引入电压这个物理量。它等于电场力将正电荷由a点移到b点所做的功W_{ab}与被移动电荷q的比值。即：

$$U_{ab} = \frac{W_{ab}}{q} \tag{1-2}$$

式中：W_{ab}——电场力将q由a点移到b点所做的功，单位名称是焦[耳]，符号为J；

U_{ab}——a，b两点间的电压，单位名称是伏[特]，符号为V，实用中还常用kV，mV，μV。

1 kV＝10^3 V

1 V＝10^3 mV＝10^6 μV

规定电压的方向由高电位指向低电位，电压的方向可以用高电位指向低电位的箭头表示，也可以用高电位标“＋”，低电位标“－”来表示，但电压是标量，其方向只能表示电位的高低。

三、电位

讨论电位问题时，首先要选参考点(即零电位点)。在点电荷电场中选无穷远为参考点，在电路中以大地或机壳为参考点。

电场中电场力将正电荷由a点移到参考点所做的功W_a与被移动电荷q的比值称为电位。用下式表示：

$$V_a = \frac{W_a}{q} \tag{1-3}$$

式中：V_a——a点的电位，单位名称和符号同式(1-2)中U_{ab}。

由上述分析可见：电场中某点电位的大小就是这点与参考点之间的电压，若以b点为参考点，即$V_a = U_{ab}$。

【例1-2】 在电场中有a，b，c 3点，若电荷的电荷量$q=5\times10^{-2}$ C，电荷由a移动到b电场力做功2 J；电荷由b移动到c，电场力做功3 J，以b为参考点，$V_b=0$，试求a点和c点电位。

解：以b点为参考点，则$V_b=0$，根据电压定义式

$$U_{ab} = \frac{W_{ab}}{q} = \frac{2\ \mathrm{J}}{5\times10^{-2}\ \mathrm{C}} = 40\ \mathrm{V}$$

因为 $U_{ab} = V_a - V_b$

则 $V_a = U_{ab} + V_b = 40\ \mathrm{V} + 0 = 40\ \mathrm{V}$

同样
$$U_{bc} = \frac{W_{bc}}{q} = \frac{3\ \text{J}}{5 \times 10^{-2}\ \text{C}} = 60\ \text{V}$$
$$U_{bc} = V_b - V_c$$
$$V_c = V_b - U_{bc} = 0 - 60\ \text{V} = -60\ \text{V}$$

四、电动势

电源是把其他形式的能转换成电能的装置。电源种类很多，如：干电池或蓄电池把化学能转换成电能；光电池把太阳的光能转换成电能；发电机把机械能转换成电能等等。电源正极电位高，负极电位低，接通负载后，外电路中电流从高电位流向低电位；在电源内部电流则从负极流向正极。

1. 电源力

在电场力的作用下，正电荷总是由高电位经过负载移动到低电位，如图 1-4 所示。当正电荷由极板 A 经外电路移到极板 B 时，与极板 B 上的负电荷中和，使 A，B 极板上聚集的正、负电荷数减少，两极板间电位差随之减少，电流随之减小，直至正、负电荷完全中和，电流中断。要保证电路中有持续不断的电流，A，B 极板间必须有一个与电场力 F_2 的方向相反的非静电力 F_1 存在，它能把正电荷从 B 极板源源不断地移到 A 极板，保证 A，B 两极板间电压不变，电路中才能有持续不变的电流。这种存在于电源内部的非静电性质的力 F_1 叫做电源力。

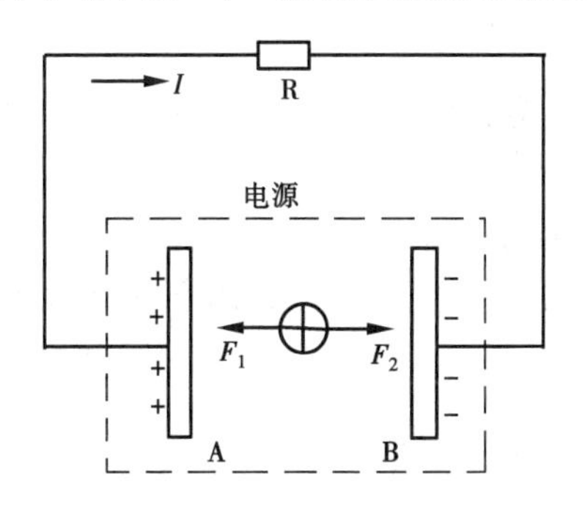

图 1-4　含有电源的电路

2. 电动势

在电源内部，电源力不断地把正电荷从低电位移到高电位，在这个过程中，电源力要反抗电场力做功，这个做功过程就是电源将其他形式的能转换成电能的过程。对于不同的电源，电源力做功的性质和大小不同，为此引入电动势这个物理量。在电源内部，电源力把正电荷从低电位（负极板）移到高电位（正极板），反抗电场力所做的功与被移动电荷电荷量的比值称为电源的电动势。用公式表示为

$$E = \frac{W}{q} \tag{1-4}$$

式中：E——电源电动势，单位名称和符号同式(1-2)中 U_{ab}。

电源内部电源力由负极指向正极，因此电源电动势的方向规定为由电源的负极（低电位）指向正极（高电位）。

在电源内部的电路中，电源力移动正电荷形成电流，电流的方向是从负极指向正极；在电源外部的电路中，电场力移动正电荷形成电流，电流方向是从正极指向负极。

特别应当指出的是电动势与电压是两个物理意义不同的量。电动势存在于电源内部，是衡量电源力做功本领的物理量；电压存在于电源的内、外部，是衡量电场力做功本领的物理量。电动势的方向从负极指向正极，即电位升高的方向；电压的方向是从正极指向负极，即电位降低的方向。

还应指出，在电路中要形成电流，必须具备两个条件：一是有自由移动的带电粒子；二是电路两端有电压存在。

第三节　电阻和电阻定律

一、物质的分类

根据物质导电能力的强弱，一般将物质分为导体、绝缘体和半导体。

导体的原子核对外层电子吸引力很小，电子较容易挣脱原子核的束缚，形成大量自由电子。一切导体都能导电，如银、铜、铝等。

绝缘体的原子核对外层电子有较大的吸引力，电子很难挣脱原子核的束缚而形成自由电子。绝缘体不能导电，如玻璃、胶木、陶瓷、云母等。

半导体的导电性能介于导体和绝缘体之间，如硅、锗等。

二、电阻

导体中的自由电子在电场力的作用下定向运动，形成电流。做定向运动的自由电子，与在平衡位置附近不断振动的原子发生碰撞，阻碍自由电子的定向运动。这种阻碍作用使自由电子定向运动的平均速度降低，自由电子的一部分动能转换成分子热运动的热能。导体对电流的阻碍作用称为电阻，用字母 R 表示。任何物体都有电阻，当有电流流过时，都要消耗一定的能量。

三、电阻定律

导体电阻的大小不仅和导体的材料有关，还和导体的尺寸有关。实验证明，在温度不变时，一定材料制成的导体的电阻跟它的长度成正比，跟它的横截面积成反比，这一规律称为电阻定律。均匀导体的电阻用公式表示为

$$R=\rho\frac{L}{S} \tag{1-5}$$

式中：ρ——电阻率，由电阻材料的性质决定，单位名称是欧[姆]米，符号为 Ω·m，常用材料在20℃时的电阻率可查表 1-2；

L——导体的长度，单位名称是米，符号为 m；

S——导体的横截面积，单位名称是平方米，符号为 m^2；

R——导体的电阻，单位名称是欧[姆]，符号为 Ω。

表 1-2　20℃时材料的电阻率

材料类别	材料名	$\rho/(\Omega\cdot m)$
导电材料	银	1.65×10^{-8}
	铜	1.75×10^{-8}
	铝	2.83×10^{-8}
	低碳铜	1.3×10^{-7}

续表

材料类别	材 料 名	ρ/(Ω·m)
电阻材料	铂	1.06×10^{-7}
	钨	5.3×10^{-8}
	锰铜	4.4×10^{-7}
	康铜	5.0×10^{-7}
	镍铬铁	1.0×10^{-6}
	碳	1.0×10^{-6}

在实用中还常用 kΩ(千欧)和 MΩ(兆欧)。

$$1\ \text{k}\Omega = 10^3\ \Omega$$

$$1\ \text{M}\Omega = 10^3\ \text{k}\Omega = 10^6\ \Omega$$

组成电阻的材料电阻值与温度有关。当温度升高时,物质分子热运动加剧,通过该电阻的自由电荷所受阻碍增大,其电阻值相应增加;同时温度升高后,物质内部自由电荷增多,使该电阻导电容易。可见温度升高后,有的材料电阻值增大,如金属银、铜、铝、钨等;有的材料电阻值会减小,如碳、半导体、电解液等。但也有的材料对温度变化反应迟钝,如康铜、锰铜等。技术上将电阻值随温度变化的程度用"温度系数"来表示。

电阻的温度系数 α 规定为:1 Ω 电阻的导电材料,当温度每升高 1 ℃时,电阻值的变化率定义为温度系数 α。设初始温度为 t_1 时该电阻值为 R_1,当温度变化到 t_2 后,电阻值变为 R_2,则 α 为

$$\alpha=\frac{R_2-R}{R_1(t_2-t_1)} \tag{1-6}$$

或

$$R_2=R_1+R_1\alpha(t_2-t_1) \tag{1-7}$$

从上式可以看出,当温度升高时,材料电阻增加,α 为正值,则这类材料称为正温度系数电阻,如金属银、铜、铝、钨等。如温度增加时电阻值反而减小,α 为负值,则这类材料称为负温度系数电阻,如碳、半导体等。

在一般情况下,若电阻值随温度变化不是太大,其温度影响可以不考虑。

【例 1-3】　一根铜导线长 $L=2\ 000$ m,横截面积 $S=2\ \text{mm}^2$,导线的电阻是多少?

解:查表 1-2 可知铜的电阻率为 $\rho=1.75\times10^{-8}\ \Omega\cdot\text{m}$,由电阻定律可求得

$$R=\rho\frac{L}{S}=1.75\times10^{-8}\ \Omega\cdot\text{m}\times\frac{2\ 000\ \text{m}}{2\times10^{-6}\ \text{m}^2}=17.5\ \Omega$$

第四节　欧姆定律

一、部分电路欧姆定律

在图 1-1a,b 段电阻电路中,电流 I 与电阻两端的电压 U 成正比,与电阻 R 成反比。这个

从实验中得到的结论叫做部分电路欧姆定律。图中电阻 R 上的电压参考方向与电流参考方向是一致的，即电流从电压的正极性端流入元件而从它的负极性端流出，称为关联参考方向。

部分电路欧姆定律用公式表示为

$$I=\frac{U}{R} \tag{1-8}$$

线性电阻中电流的真实方向总是从电压的正极性端流向负极性端，即从高电位流向低电位，所以式(1-8)在关联参考方向时才能成立。当 U，I 间为非关联参考方向(U，I 参考方向相反)时，欧姆定律应写成 $I=-\frac{U}{R}$。

值得注意的是电阻有两类：一类电阻的阻值不随电压、电流变化而变化，这类电阻称为线性电阻，由线性电阻组成的电路叫线性电路；另一类电阻的阻值随电压、电流的变化而改变，这类电阻称为非线性电阻，含有非线性电阻的电路叫非线性电路。欧姆定律只适用于线性电路。

【例 1-4】 某段电路的电压是一定的，当接上 10 Ω 的电阻时，电路中产生的电流是 1.5 A；若用 25 Ω 电阻代替 10 Ω 电阻，电路中的电流为多少？

解：电路中电阻为 10 Ω 时，由欧姆定律得

$$U=IR=1.5\ \text{A}\times 10\ \Omega=15\ \text{V}$$

用 25 Ω 电阻代替 10 Ω 电阻，电路中电流为

$$I'=\frac{U}{R'}=\frac{15\ \text{V}}{25\ \Omega}=0.6\ \text{A}$$

二、全电路欧姆定律

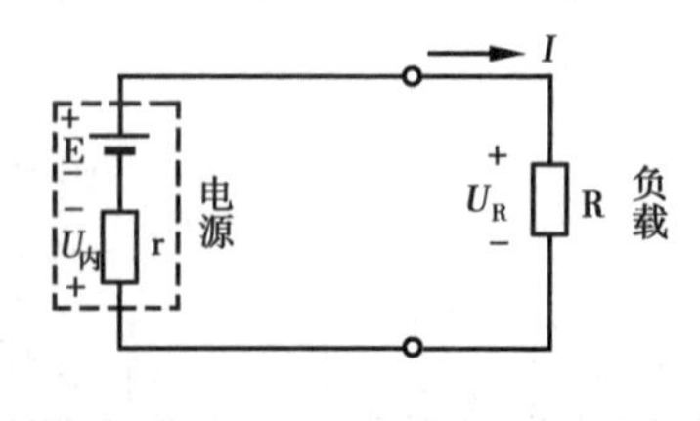

图 1-5　全电路欧姆定律

一个由电源和负载组成的闭合电路叫做全电路，如图 1-5 所示。图中 R 为负载电阻、E 为电源、r 为电源内阻。

电路闭合时，电路中有电流 I。电源力做功把其他形式的能转换为电能 W，其中一部分能量 W_1 消耗在电源内部(内电路)，另一部分能量 W_2 消耗在电源外部(外电路)。

根据能量转换与守恒定律，必然有

$$W=W_1+W_2$$

又因为　$W=qE\quad W_1=qU_{内}\quad W_2=qU_{外}$

以及　$E=U_{内}+U_{外}$

由部分电路欧姆定律可知　$U_{外}=IR\qquad U_{内}=Ir$

故可以得到　$E=I(r+R)$

即

$$I=\frac{E}{r+R} \tag{1-9}$$

上式说明，闭合电路中的电流与电源电动势成正比，与电路的总电阻(内电路电阻与外电路电阻之和)成反比，这一规律叫全电路欧姆定律。

外电路电压 $U_{外}$ 又称为路端电压或端电压，$U_{外}=E-Ir$。当 R 增大时，I 减小，$U_{外}$ 增大。当 $R\to\infty$(断路)，$I\to 0$，则 $U_{外}=E$，即断路时端电压等于电源电动势。

当 R 减小时，I 增大，则 $U_{外}$ 减小。当 $R=0$，则 $U_{外}=0$，这种情况称为短路。此时 $I=\frac{E}{r}$，

由于 r 很小，所以短路电流 I 很大，可以烧毁电源，甚至引起火灾，为此电路中必须有短路保护装置。

【例 1-5】 有一闭合电路，电源电动势 $E=12\ \text{V}$，其内阻 $r=2\ \Omega$，负载电阻 $R=10\ \Omega$，试求：电路中的电流、负载两端的电压及电源内阻上的电压降。

解：根据全电路欧姆定律

$$I=\frac{E}{r+R}=\frac{12\ \text{V}}{2\ \Omega+10\ \Omega}=1\ \text{A}$$

由部分电路欧姆定律，可求负载两端电压

$$U_{外}=IR=1\ \text{A}\times10\ \Omega=10\ \text{V}$$

电源内阻上的电压降

$$U_{内}=Ir=1\ \text{A}\times2\ \Omega=2\ \text{V}$$

第五节　电能、电功率及电流的热效应

一、电能

电流能使电灯发光，电动机转动，电炉发热……这些都是电流做功的表现。在电场力作用下，电荷定向运动形成的电流所做的功称为电功。电流做功的过程就是将电能转换成其他形式的能的过程。

如果加在导体两端的电压为 U，在时间 t 内通过导体横截面的电荷量为 q，导体中的电流 $I=\frac{q}{t}$，根据电压的定义式

$$U=\frac{W}{q}$$

可知电流所做的功，即电能为

$$W=Uq=UIt \tag{1-10}$$

上式表明，电流在一段电路上所做的功，与这段电路两端的电压、电路中的电流和通电时间成正比。

对于纯电阻电路，欧姆定律成立，即 $U=IR$，$I=\frac{U}{R}$。代入上式得

$$W=\frac{U^2}{R}t=I^2Rt$$

二、电功率

为了描述电流做功的快慢程度，引入电功率这个物理量。电流在单位时间内所做的功称为电功率。如果在时间 t 内，电流通过导体所做的功为 W，那么电功率为

$$P=\frac{W}{t} \tag{1-11}$$

式中：P——电功率，单位名称是瓦[特]，符号为 W。

电功率的公式还可以写成

$$P = UI = I^2R = \frac{U^2}{R}$$

三、焦耳-楞次定律

电流通过电阻时要做功，将电能转换为热能，电阻会发热，这种现象称为电流的热效应。19 世纪科学家焦耳和楞次通过实验，几乎同时发现，电流通过电阻时产生的热量 Q 和电流的平方、导体的电阻和通电的时间成正比，这就是焦耳-楞次定律。用公式表示如下：

$$Q = I^2Rt = UIt \tag{1-12}$$

式中：Q——电流通过电阻时产生的热量，单位名称是焦[耳]，符号为 J。

焦耳-楞次定律只适用于纯电阻电路，即只适用于电能全部转换为热能的情况。

【例 1-6】 一个白炽电灯泡额定电压 220 V，额定功率 100 W，则灯丝的热态电阻是多少？

解：由题意可知

$$U = 220\ \text{V} \qquad P = 100\ \text{W}$$

根据公式 $P=\frac{U^2}{R}$，可以求出

$$R = \frac{U^2}{P} = \frac{(220\ \text{V})^2}{100\ \text{W}} = 484\ \Omega$$

若用万用表测该灯泡未通电时（冷状态）的电阻是 36 Ω。这说明灯丝在热状态下的电阻比冷状态时的电阻大十几倍。金属的电阻是随温度升高而增大的。

第六节　负载获得的最大功率

在闭合电路中，电源所提供的功率，一部分消耗在电源的内电阻 r 上，另一部分消耗在负载电阻 R 上。电源输出的功率就是负载电阻 R 所消耗的功率，即

$$P = I^2R$$

下面讨论当负载电阻 R 变化时，R 为何值，负载能从电源处获得最大的功率。

根据全电路欧姆定律

$$I = \frac{E}{r+R}$$

将 I 代入负载电阻 R 所消耗的功率 $P=I^2R$ 中，得

$$P = \left(\frac{E}{r+R}\right)^2 R = \frac{E^2R}{R^2+2Rr+r^2} = \frac{E^2R}{R^2-2Rr+r^2+4Rr} = \frac{E^2R}{(R-r)^2+4Rr} = \frac{E^2}{\frac{(R-r)^2}{R}+4r}$$

因为电源电动势 E、电源内阻 r 是恒量，只有当分母最小时，功率 P 有最大值，所以，只有 $R=r$ 时，P 值最大。

使负载获得最大功率的条件也叫做最大功率输出定理，当负载电阻 R 和电源内阻 r 相等时，电源输出功率最大(负载获得最大功率)，即当 $R=r$，

$$P_m = \frac{E^2}{4R} \tag{1-13}$$

在电子技术中，把负载电阻等于电源内阻的状态称为负载匹配。负载匹配时，负载(如扬声器)可以获得最大的功率，但此时电源效率只有 50%。

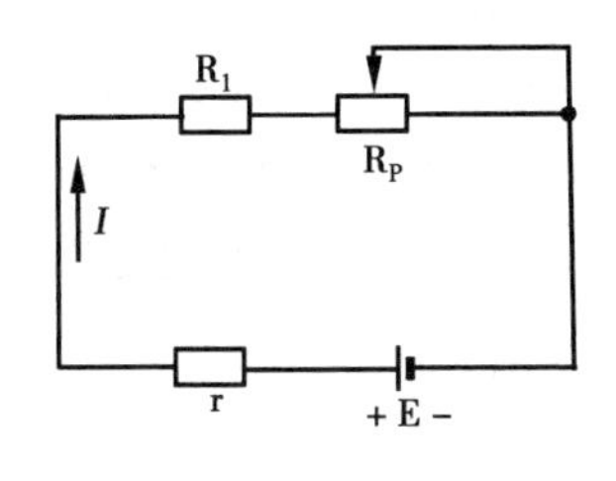

图 1-6

【例 1-7】 在图 1-6 所示电路中，$R_1=2\ \Omega$，电源电动势 $E=10\ \text{V}$，内阻 $r=0.5\ \Omega$，R_P 为可变电阻。可变电阻的阻值 R_P 为多少它才可获得最大的功率，R_P 消耗的最大功率为多少？

解：要使可变电阻 R_P 获得最大功率，可将 (R_1+r) 视为内阻，利用最大功率输出定理，可以求出

$$R_P = R_1 + r = 2\ \Omega + 0.5\ \Omega = 2.5\ \Omega$$

当 $R_P=2.5\ \Omega$ 时，消耗的最大功率为

$$P_m = \frac{E^2}{4R} = \frac{(10\ \text{V})^2}{4 \times 2.5\ \Omega} = 10\ \text{W}$$

阅读·应用一

常用电工材料

常用电工材料包括导电材料、绝缘材料和磁性材料三类。它们在电气、电子工程中应用较为广泛。

一、常用导电材料

导电材料指能导电的金属、非金属材料，如银、铜、铝、金、钠、钼、钨、锌、铂、锡、铅、汞等，在工程上根据其导电能力、机械强度、熔点等特性，选择其中的部分材料制成电线电缆、电热材料、电刷材料等。

1. 电线电缆

电线电缆主要用于传输电能和信息，常用电线电缆型号、名称及用途见表 1-3。

2. 电热材料

在工程上，电热材料主要用于制作电加热设备中的发热元件。该元件在通电状态下，能将电能转换成热能。如电炉、电饭煲、电烤箱等电器中的发热体。它们的显著特点是在高温下有良好的抗氧化性能。常用电热材料见表 1-4。

3. 电刷

用于电机和调压器等设备上作为传导电流的滑动接触件，如换向器、集电环等。常用电刷分为三大类：石墨电刷、电化石墨电刷、金属石墨电刷。由于它们类别、型号的不同，其电阻率、摩擦系数、额定电流强度等参数存在着较大差异。

表 1-3　常用电线电缆

大类	型　号	名　　称	用　　途
电线电缆	BV BLV BX BLX BLXF	聚氯乙烯绝缘铜芯线 聚氯乙烯绝缘铝芯线 铜芯橡皮线 铝芯橡皮线 铝芯氯丁橡皮线	交、直流 500 V 及以下的室内照明和动力线路的敷设，室外架空线路
	LJ LGJ	裸铝绞线 钢芯铝绞线	室内高大厂房绝缘子配线和室外架空线
	BVR	聚氯乙烯绝缘铜芯软线	活动不频繁场所电源连接线
	BVS RVB	聚氯乙烯绝缘双根铜芯绞合软线 聚氯乙烯绝缘双根平行铜芯软线	交、直流额定电压为 250 V 及以下的移动电具、吊灯电源连接线
	BXS	棉纱编织橡皮绝缘双根铜芯绞合软线（花线）	交、直流额定电压为 250 V 及以下吊灯电源连接线
	BVV	聚氯乙烯绝缘护套铜芯线（双根或 3 根）	交、直流额定电压为 500 V 及以下室内外照明和小容量动力线路敷设
	RHF	氯丁橡套铜芯软线	250 V 室内外小型电气工具电源连线
	RVZ	聚氯乙烯绝缘护套铜芯软线	交、直流额定电压为 500 V 及以下移动式电具电源连线
电磁线	QZ	聚酯漆包圆铜线	耐热 130 ℃，用于密封的电机、电器绕组或线圈
	QA	聚氨酯漆包圆铜线	耐热 120 ℃，用于电工仪表细微线圈或电视机线圈等高频线圈
	QF	耐冷冻剂漆包圆铜线	在氟里昂等制冷剂中工作的线圈如电冰箱、空调器压缩机电动机绕组
通信线缆	HY，HE HP，HJ GY	H 系列及 G 系列光纤电缆	电报、电话、广播、电视、传真、数据及其他电信息的传输

二、绝缘材料

凡电阻率大于 $1.0\times10^{7}\ \Omega\cdot m$ 的材料称为绝缘材料。在技术上主要用于隔离带电导体或不同电位的导体，以保障人身和设备的安全。此外在电气设备上还可用于机械支撑、固定、灭弧、散热、防潮、防霉、防虫、防辐射、耐化学腐蚀等场合。常用绝缘材料如表 1-5。

表 1-4　常用电热材料

大类	名称	特点	用途
电热材料	镍铬合金	工作温度达 1 150 ℃，电阻率高，高温下机械强度好，便于加工，基本无磁性	用于家用和工业电热设备
	高熔点纯金属（铂、钼、钽、钨等）	工作温度在 1 300～1 400 ℃，最高可达 2 400 ℃（钨）。电阻率较低，温度系数大	用于实验室及特殊电炉
电热元件	硅碳棒 硅碳管	工作温度在 1 250～1 400 ℃，抗氧化性能好，但不宜在 800 ℃以下长期使用	用于高温电加热设备发热元件
	管状电热元件	工作温度在 550 ℃以下，抗氧化、耐震、机械强度好、热效率高，可直接在液体中加热	用于日用电热器发热元件、液体内加热的发热元件

表 1-5　常用绝缘材料

大类	名称	用途
绝缘漆和绝缘胶类	电磁线漆、浸渍漆、覆盖漆、绝缘复合胶	制作电磁线，加强电机、电器线圈绝缘，绝缘器件表面保护，密封电器及零部件等
塑料制品	塑料、薄膜、粘带及复合制品	制作高温、高频电线电缆绝缘，电容器介质，包缠线头，电机层间、端部、槽绝缘等
电瓷制品	瓷绝缘子	用于架空线、缆的固定和绝缘
橡胶制品	橡胶管、橡胶皮、板	电线电缆绝缘皮、电气设备绝缘板、绝缘棒、电气防护用品
层压制品	层压板、层压管、层压棒	电机电器等设备中的绝缘零部件、灭弧材料
绝缘油	天然绝缘油、化工绝缘油	电力变压器、开关、电容器、电缆中作灭弧绝缘

三、磁性材料

常用磁性材料包括软磁材料和硬磁材料 2 大类：

1. 软磁材料

(1)硅钢片

硅钢片是在铁材料中加入少量硅制成。它是电力、电子工业的主要磁性材料，其使用量占所有磁性材料的 90% 以上，其含硅量在 4.5% 以内，通常加工成 0.05～1.0 mm 厚的片状，表面涂绝缘漆或坡莫合金，用以减小涡流损耗。

(2)导磁合金

①铁镍合金:又称坡莫合金。它是在铁中加入一定量的镍经真空冶炼而成。根据用途的不同,其含镍量由30%~82%不等。由于它的高频特性好,多用于频率较高的场合,如制作小功率变压器、脉冲变压器、微电机、继电器、磁放大器等的铁心、记忆元件等。

②铁铝合金:它是在铁中加入一定量的铝制成,其含铝量为6%~16%。多用于制作小功率变压器、脉冲变压器、高频变压器、微电机、互感器、继电器、磁放大器、电磁阀、磁头和分频器的磁心。

(3)铁氧体材料

铁氧体由陶瓷工艺制作而成,硬而脆,不耐冲击、不易加工,系内部以 Fe_2O_3 为主要成分的软磁性材料。适用于100 kHz~500 MHz的高频磁场中导磁,可作为中频、高频变压器、脉冲变压器、开关电源变压器、高频电焊变压器、高频扼流圈、中波与短波天线导磁材料。

2. 硬磁性材料

又称永磁材料,具有较高剩磁和较强矫顽力。在外加磁场撤去后仍能保留较强剩磁。按其制造工艺及应用特点可分为铸造铝镍钴系永磁材料、粉末烧结铝镍钴系永磁材料、铁氧体永磁材料、稀土钴系永磁材料、塑性变形永磁材料5类。

铸造铝镍钴系和粉末烧结铝镍钴系永磁材料多用于磁电式仪表、永磁电机、微电机、扬声器、里程表、速度表、流量表等内部作导磁材料。铁氧体永磁材料可用于制作永磁电机、磁分离器、扬声器、受话器、磁控管等内部导磁元件;稀土钴系永磁材料可用于制作力矩电机、起动电机、大型发电机、传感器、拾音器及医疗设备等的磁性元件;塑性变形永磁材料可用于制作罗盘、里程表、微电机、继电器等内部的磁性元件。

本章小结

一、电路

电路由电源、导线、开关、负载组成。在书面上,电路都是用电路模型表示的。

二、基本物理量

电学中的基本物理量见表1-6。

表1-6 基本物理量

物理量	符号	定义式	单位名称及符号
电动势	E	$E=\frac{W}{q}$	伏[特],V
电 流	I	$I=\frac{q}{t}$	安[培],A
电 压	U_{ab}	$U_{ab}=\frac{W_{ab}}{q}$	伏[特],V

（续表）

物理量	符号	定　义　式	单位名称及符号
电　位	V_a	某点 a 与参考点 p 间电压叫 a 点电位，即：$V_a=U_{ap}$，参考点电位为零	伏[特]，V
电　阻	R	电阻定律：$R=\rho\frac{L}{S}$	欧[姆]，Ω
电　能	W	$W=qU=IUt=I^2Rt=\frac{U^2}{R}t$	焦[耳]，J
电功率	P	$P=\frac{W}{t}=IU=I^2R=\frac{U^2}{R}$	瓦[特]，W

三、定律和定理

1. 欧姆定律

（1）部分电路欧姆定律：电路中的电流与电阻两端电压成正比，与电阻的阻值成反比，即

$$I=\frac{U}{R}$$

（2）全电路欧姆定律：电路中的电流与电源电动势成正比，与电路的总电阻成反比，即

$$I=\frac{E}{r+R}$$

2. 焦耳-楞茨定律

电流通过电阻时产生的热量 Q 与电流的平方、导体的电阻和通电的时间成正比。

$$Q=I^2Rt=UIt$$

3. 最大功率输出定理

负载电阻等于电源内阻时，电源输出的功率最大。当 $R=r$ 时，

$$P_m=\frac{E^2}{4R}$$

四、关于符号的规范表述

电路是由具有一定物理量的电器元件组成。电器元件、元件的物理量及物理量的单位都是用外文符号表示的，其表示方法具有一定规则。电器元件用正体字母表示，如本章所涉及的电源、电阻元件分别用 E 和 R 表示；而电器元件的物理量用斜体字母表示，如电源 E 的电动势、电阻元件 R 的电阻值则分别用 E 和 R 表示。至于物理量的单位符号，如表 1-3 所示，全用正体字母表示。

习 题 一

一、填空题

1. 自然界中存在着 2 种电荷，即________和______。电荷之间存在________，同种电荷______，异种电荷___________。
2. 电路中形成电流的条件是_______________和_______________。
3. 规定______定向运动的方向为电流方向。在金属导体中______的方向与自由电子运动方向相反。
4. 若在 5 min 时间内，通过导体横截面的电荷量为 3.6 C，则导体中电流是______ A。
5. 电流的大小和方向都随时间变化，这样的电流叫______。
6. 电压是衡量______做功的物理量，电动势是衡量______做功的物理量。
7. 把______的能转换成______能的设备叫电源。在电源内部电源力把正电荷从电源的______极移到电源的______极。
8. 在外电路，电流由____极流向____极，是____力做功；在内电路，电流由______极流向____，是____力做功。
9. 把电荷量 $q=2\times10^{-6}$ C 的检验电荷，由电场中 a 点移到 b 点，外力克服电场力做 2×10^{-6} J 的功，则 a，b 两点间的电压 $U_{ab}=$________，检验电荷在____点电势高，高_________ V。
10. 已知 $U_{ab}=10$ V，当选择 a 点为参考点时，$V_a=$______，$V_b=$______；当选择 b 点为参考点时 $V_a=$______，$V_b=$______。
11. 物质根据导电性能可分为______、______和______。
12. 一根长 800 m，横截面积 $S=2\ mm^2$ 的铝导线，它的电阻是________ Ω；即若将它截成等长的 2 段，每段的阻值是________ Ω。
13. 电流流通的______叫做电路，它由______、______、______和______ 4 部分组成。
14. 电源电动势 $E=4.5$ V，内阻 $r=0.5\ \Omega$，负载电阻 $R=4\ \Omega$，则电路中电流 $I=$________ A，路端电压 $U=$________ V。
15. 一个电池和一个电阻组成了最简单的闭合回路。当负载电阻的阻值增加到原来的 3 倍，电流却变为原来的 1/2，则原来内、外电阻的阻值比为______。
16. 电流在某一段电路上所做的功，除了和这段电路两端的电压、电路中的电流成正比外，还和______成正比。
17. 额定值为“220 V，40 W”的白炽灯，表明该灯泡在 220 V 电压下工作时，消耗的功率为______ W，灯丝的热态电阻的阻值为______ Ω。
18. 有 2 个白炽灯，分别为“220 V，40 W”和“220 V，60 W”，2 个白炽灯的额定电流之比是______；灯丝电阻之比是______。
19. 当负载电阻可变时，负载获得最大功率的条件是______，负载获得的最大功率为______。

20. 在电子技术中，把____________状态叫做阻抗匹配。

二、判断题（正确打“√”，错误打“×”）

1. 电压、电位和电动势3个物理量的定义式基本相同，单位都是伏[特]，因此它们是同一个量的不同表示法。（　）
2. 电路中各点的电位与参考点的选择有关。（　）
3. 电压不仅存在于电源内部，而且存在于电源外部，而电动势仅存在于电源的内部。（　）
4. 导体电阻大小与加在导体两端的电压，及通过导体的电流均有关。（　）
5. 在通常情况下，电路中输出电流的大小主要受负载电阻 R 变化的影响。（　）
6. 焦耳-楞茨定律不仅适用于纯电阻电路，也适用于电路中包含有电动机、变压器等用电器的电路。（　）
7. 负载电阻 R 等于电源内阻 r 时，负载获得最大功率。（　）

三、选择题（每题只有1个答案是正确的，将正确的选项填在括号内）

1. 导线中的电流 I=1.6 mA，10 min 通过导体横截面的电荷量为（　）。

   A. 1.6×10^{-2} C　　B. 0.96 C

   C. 0.096 C　　D. 1.6 C

2. 一根粗细均匀的导线，当其两端电压为 U 时，通过的电流是 I，若将此导线均匀拉长为原来的2倍，要使电流仍为 I，则导线两端所加的电压应为（　）。

   A. $U/2$　　B. U　　C. $2U$　　D. $4U$

3. 灯泡A为“6 V，12 W”，灯泡B为“9 V，12 W”，灯泡C为“12 V，12 W”，它们都在各自的额定电压下工作，以下说法正确的是（　）。

   A. 3个灯泡一样亮　　B. 3个灯泡电阻相同

   C. 3个灯泡电流相同　　D. 灯泡C最亮

4. 一条均匀电阻丝对折后，接到原来的电路中，在相同的时间里，电阻丝所产生的热量是原来的（　）。

   A. 1/2　　B. 1/4　　C. 2　　D. 4

四、问答题

1. 电路由哪几部分组成？各部分的作用是什么？
2. 电路分析和使用中，为什么要采用电路模型？
3. 试比较电压与电位的相同点与区别。
4. 电流、电压、电动势3个量中，它们的正方向各是怎样规定的？
5. 当负载向电源吸取最大功率时，是否可获得最高效率？为什么？
6. 电器元件、电器元件的物理量、物理量的单位是怎样规定的？
7. 电路中，当电源向负载提供电能时，如果要求减小负载，是否指减小该负载电阻？为什么？
8. 在电阻上消耗的功率 $P=I^2R$，也可表示为 $P=\frac{U^2}{R}$，前式中 P 与 R 成正比，后式中 P 与 R 成反比，请解释其中的原因？

五、计算题

1. 晶体三极管有 3 个电极，分别为 b,c,e，已知各电极电位 $V_b=6.7$ V，$V_e=6$ V，$V_c=12$ V，求 U_{be}，U_{cb}，U_{ce}，U_{bc}各为多少？

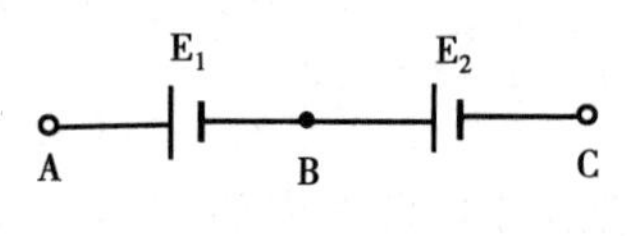

图 1-7

2. 有 2 个电池串联，如图 1-7 所示，每个电池两端的电压为 1.5 V。若分别以 A,B 为参考点，则 A,B,C 点的电位各为多少？

3. 电源的电动势 $E=2$ V，与 $R=9$ Ω 的负载电阻连接成闭合回路，测得电源两端的电压为 1.8 V，求电源的内阻 r。

4. 在图 1-8 所示电路中，$R_1=14$ Ω，$R_2=29$ Ω，当开关 S 与 1 接通时，电路中的电流为 1 A；当开关 S 与 2 接通时，电路中的电流为 0.5 A，求电源的电动势和内阻。

5. 一只白炽灯泡标有"220 V60 W"字样，试求：(1)灯丝的热态电阻；(2)灯丝流过的电流。

6. 电源电动势 $E=120$ V，外电路负载电阻 $R=119$ Ω，电源内阻 $r=1$ Ω，试求：(1)负载电阻所消耗的功率 P_1；(2)电源内阻所消耗的功率 P_2；(3)电源提供的功率 P。

7. 在图 1-9 所示电路中，电源电动势 $E=20$ V，内阻 $r=1$ Ω，$R_1=3$ Ω，R_P 为可变电阻，R_P 等于多少可获得最大功率?，最大功率 $P_m=$？

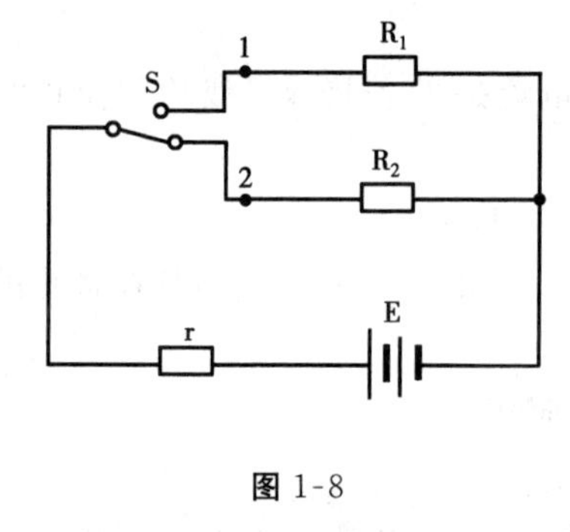

图 1-8

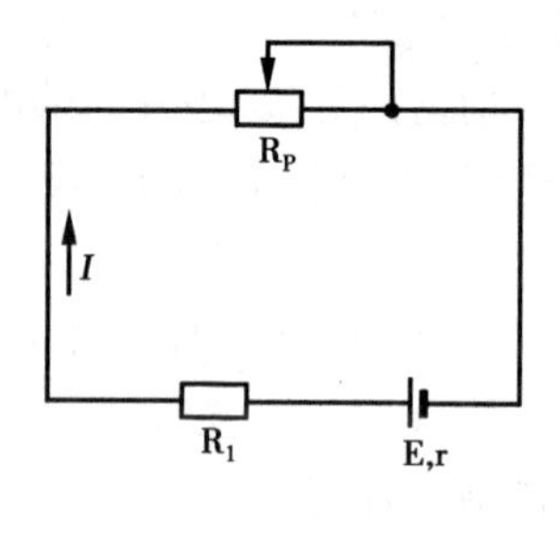

图 1-9

六、实验题

1. 用伏安法测已知定值电阻 R_x 时，可选择图 1-10 中的(a)，(b)2 种电路，试亲手实验之，看哪一种方法测量误差小？并分析其原因。

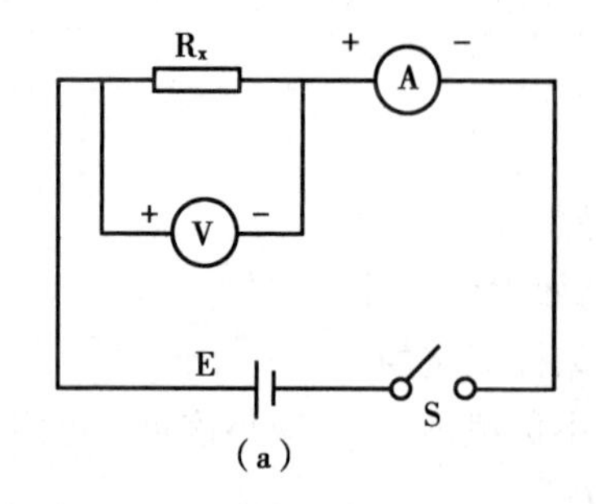

(a)

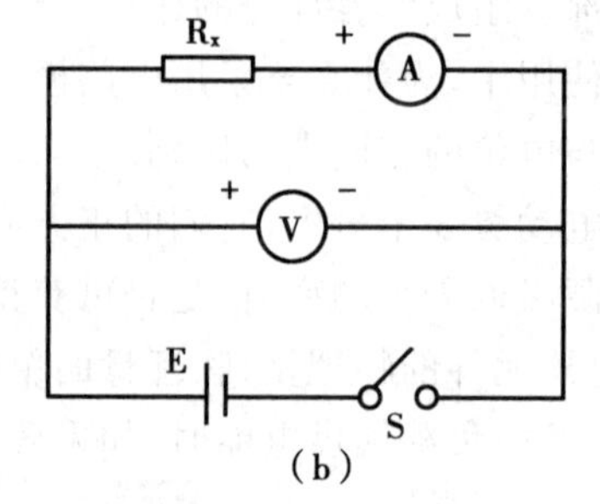

(b)

图 1-10

2. 用 250 V 交流电压表测出你家中使用的照明电压值，然后在电饭煲内加入其容积的 70% 的冷水，关闭其他用电设施，对电饭煲供电 10 min，记录电度表烧水前后的用电量，由此计算出该电饭煲发热器电阻（可视为纯电阻）。

实验一

伏安法测电阻

一、实验目的

1. 掌握直流电压表和电流表的使用方法；
2. 能够用直流电压表和电流表正确测定电阻阻值。

二、实验器材

序号	名　称	规　格	数　量	备　注
1	电阻	10 Ω，1 W	1只	
2	直流电压表	量程 10 V	1只	或万用表
3	直流电流表	量程 1 A	1只	或万用表
4	直流稳压电源	0～10 V，0.5 A	1个	
5	单刀开关		1个	
6	连接导线		足用	

三、实验原理

由部分电路欧姆定律 $R=\frac{U}{I}$，测出电阻两端电压和流过电阻的电流，即可以求出待测电阻的阻值。

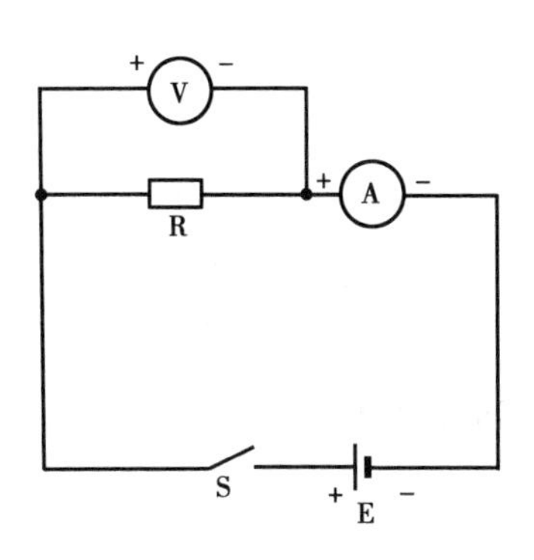

图实 1-1

四、实验步骤

1. 按照图实 1-1 所示的电路，将电源、电阻、电压表、电流表和开关用导线连接好；

2. 接线后经检验无误时方可闭合开关 S，将电压表、电流表的读数填入表实 1-1 中。改变电源电压的数值，重做上述实验。用求平均值的方法，计算出电阻平均值。

表实 1-1　实验记录

试验数值 / 实验次数 / 物理量	1	2	3	4	平均值
电压 U/V					
电流 I/A					
电阻 R/Ω					

五、实验结果分析

1. 上述实验是否有误差？如果有误差，误差是怎样产生的？

2. 如果被测电阻 R 的阻值很大，大到可以和电压表的内阻相比，那么是否还可以用上述实验电路测电阻？你有什么好办法？

六、注意事项

1. 注意直流电压表、电流表的极性，不能接错；

2. 连接好实验电路后，经教师检查无误方可接通电源。

实验二

电源电动势和内阻的测定

一、实验目的

1. 掌握全电路欧姆定律；

2. 能够用直流电压表、电流表正确测量并计算电池的电动势和内阻。

二、实验器材

序号	名　称	规　格	数　量	备　注
1	电池	1 号	1 个	
2	可变电阻	0～50 Ω，0.5 W	1 只	
3	直流电压表	量程 10 V	1 只	或万用表
4	直流电流表	量程 1 A	1 只	或万用表
5	单刀开关		1 个	
6	连接导线		足用	

三、实验原理

由全电路欧姆定律，可得出电源电动势、端电压、电流和内阻有如下关系

$$E = U + Ir_0$$

将 E，r_0 作为未知数，用电压表和电流表测出不同阻值时的端电压 U 及电流 I，然后解二元方程组求出 E 和 r_0。

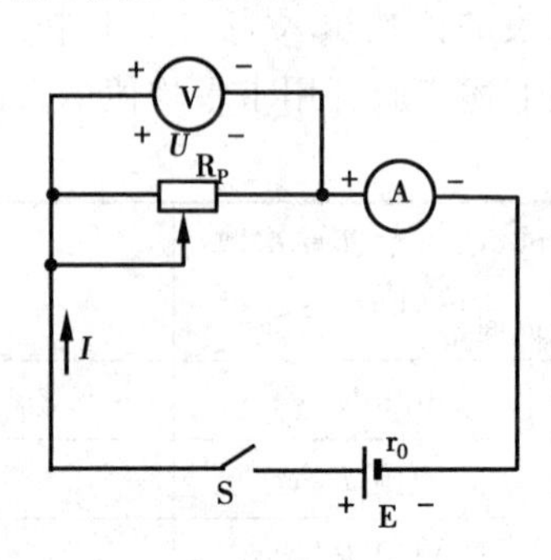

图实 2-1

四、实验步骤

1. 按图实 2-1 所示电路图，将电路连接好；

2. 将滑动变阻器活动触点置于某一适当位置（R_P 不为零），用电压表、电流表（万用表）测出电压、电流的数值，连续测 3 次（R_P 不变），将所测数据填入表实 2-1 中；

3. 改变滑动变阻器活动触点位置，按步骤 2 的顺序重做一遍；

4. 用表实 2-1 的平均值及$\begin{cases}E=U+Ir_0\\U=IR_P\\E=I(R_P+r_0)\end{cases}$，计算出电源电动势 $E=$____V，内阻 $r_0=$____Ω。

表实 2-1　实验记录

电　阻	第一次实验	第二次实验	第三次实验	平均值
R_{P_1}	$U=$____V	$U=$____V	$U=$____V	$U_1=$____V
	$I=$____A	$I=$____A	$I=$____A	$I_1=$____A
R_{P_2}	$U=$____V	$U=$____V	$U=$____V	$U_2=$____V
	$I=$____A	$I=$____A	$I=$____A	$I_2=$____A

五、实验结果分析

1. 电路中的滑动变阻器的触头能否置于 $R_P=0$ 的位置，为什么？
2. 实验中是否有误差？试分析其产生原因。

六、注意事项

1. 注意电压表、电流表极性不能接错；
2. 将滑动变阻器 R_P 连接到电路时，应将阻值置于最大值位置，然后逐渐减小，但不可为零。

第二章 直流电阻电路

学习目标

本章叙述分析直流电阻电路(含复杂直流电路)的基本方法——等效变换法、2个基本定律和2个基本定理,并能计算电路中各点电位。它是本学科极为重要的内容之一。本章所述定律、定理,不仅适用于直流电路的分析计算,也适用于正弦交流电路的分析计算。通过本章的学习要求达到:

①掌握电阻串联、并联、混联电路的特点、等效电阻的计算及其应用;

②理解电池串联与并联的特点和计算,掌握电路中电位的计算;

③理解基尔霍夫电流定律和电压定律,掌握应用KCL,KVL列电路方程、应用支路电流法求解2个网孔的电路;

④了解实际电源的2种电源模型(电压源、电流源);

⑤理解叠加定理的条件和内容,并能用其分析含有2个直流电源的电路;

⑥掌握戴维宁定理的条件和内容,分析计算网孔数$m \leqslant 2$的线性有源二端网络的戴维宁等效电路。

第一节 电阻串联电路

把几个电阻依次连接起来,组成无分支的电路,叫做电阻串联电路。图2-1(a)为由3个电阻组成的串联电路。

一、电路基本特点

1. 电流处处相等

当电阻串联电路接通电源后,整个闭合电路都有电流通过,由于电路中没有分支和电流的连续性,所以电路中电流处处相等。即

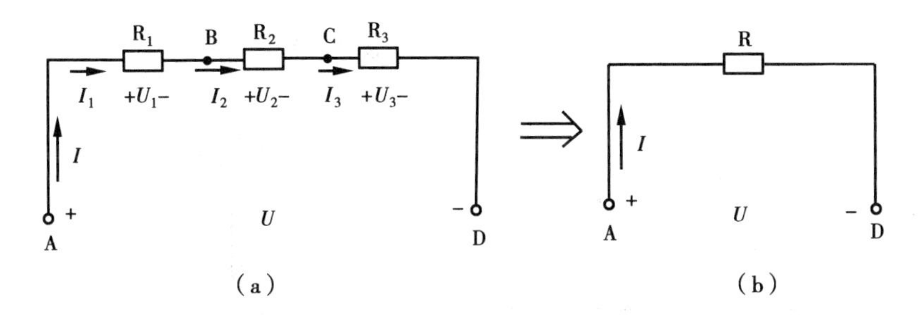

图 2-1　电阻串联电路

$$I_1 = I_2 = I_3 = I \tag{2-1}$$

2. 总电压等于各分电压之和

即

$$U = U_1 + U_2 + U_3 \tag{2-2}$$

3. 总电阻等于各分电阻之和

即

$$R = R_1 + R_2 + R_3 \tag{2-3}$$

由上式可见，R 为电阻 R_1，R_2，R_3 串联的等效电阻（又叫串联电路的总电阻），其意义是用电阻 R 代替 R_1，R_2，R_3 后，不影响电路的电流和电压。在图 2-1 中，b 图是 a 图的等效电路。显然，电阻串联电路的总电阻比电路中任一分电阻都要大。

4. 各电阻上分配到的电压与其电阻值成正比

即
$$\frac{U_1}{U_2} = \frac{R_1}{R_2}$$

由此可知，在电阻串联电路中，大电阻分配大电压，小电阻分配小电压。

5. 各电阻上分配到的功率与其电阻值成正比

即
$$\frac{P_1}{P_2} = \frac{R_1}{R_2}$$

二、电阻串联电路的应用

1. 分压

为了获取所需要的电压，常利用电阻串联电路的分压原理制成分压器，如图 2-2 所示。

由电阻串联电路特点 1 可知

$$\frac{U_1}{R_1} = \frac{U_2}{R_2} = \frac{U_3}{R_3} = \frac{U}{R}$$

所以

$$U_1 = \frac{R_1}{R}U \quad U_2 = \frac{R_2}{R}U \quad U_3 = \frac{R_3}{R}U \tag{2-4}$$

上式称为串联电路的分压公式，它是常用的重要公式。由(2-4)式可见，当电源电压 U 和总电阻 R 不变时，改变分压电阻值，就可获得所需电压。

图 2-2(a)为固定三级分压器。改变开关 S 所置位置，就可改变输出电压 U_{PD} 的大小。例如：S 置 1 时，$U_{PD}=U_{AD}$；S 置 2 时，$U_{PD}=\frac{R_2+R_3}{R_1+R_2+R_3}U_{AD}$；S 置 3 时，$U_{PD}=\frac{R_3}{R_1+R_2+R_3}U_{AD}$。

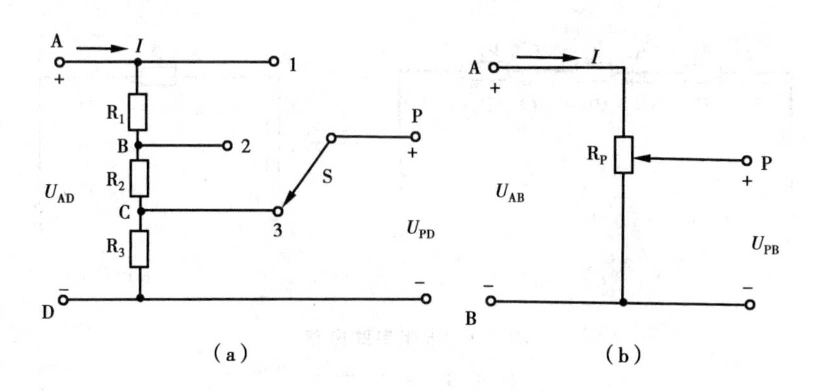

图 2-2 分压器

(a)固定三级分压器；(b)连续可调分压器

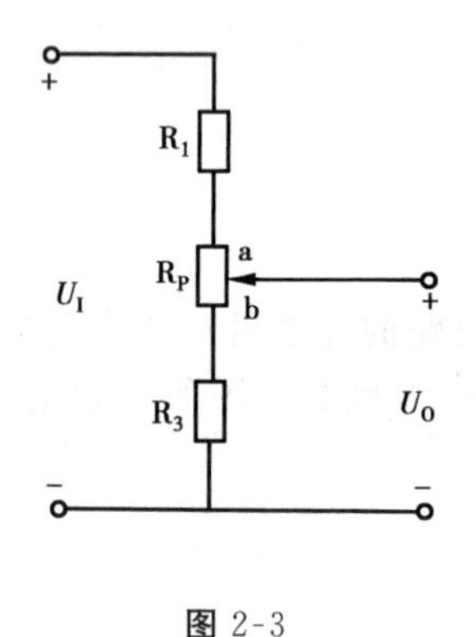

图 2-3

图 2-2(b)为连续可调分压器。改变电位器 R_P 滑动头位置，就可使输出电压 U_{PD} 由 0 至 U_{AB} 连续可变。

【例 2-1】 在图 2-3 中 $R_1=100\ \Omega$，$R_P=200\ \Omega$，$R_3=300\ \Omega$，输入电压 $U_I=12$ V，试求输出电压 U_O 的变化范围。

分析：这是一个电压在一定范围内连续可调的分压器，与前面所讲分压器的不同之处在于电阻 R_P 上、下各串联 1 个电阻，电路总电阻 $R=R_1+R_P+R_3$。当滑动头在 a 处，输出电压是 R_P 串上 R_3 后这两端的电压；当滑动头在 b 处，输出电压是 R_3 两端的电压。

解：滑动头在 a 处，由分压公式得

$$U_{O1}=\frac{R_P+R_3}{R_1+R_P+R_3}U_I=\frac{(200+300)\ \Omega}{(100+200+300)\ \Omega}\times 12\ \text{V}=10\ \text{V}$$

滑动头在 b 处，由分压公式得

$$U_{O2}=\frac{R_3}{R_1+R_P+R_3}U_I=\frac{300\ \Omega}{(100+200+300)\ \Omega}\times 12\ \text{V}=6\ \text{V}$$

输出电压 U_O 的变化范围是 6～10 V。

2. 限流

当电源电压较高，而用电负载电阻较小，负载允许通过的电流（又叫额定电流）也较小时，可在电路中串联一电阻，限制流过负载的电流。此作用叫限流，串联的电阻叫限流电阻。

【例 2-2】 在图 2-4 中，M 为直流电动机，它的额定电流为 10 A，内阻 r_0 为 1 Ω，电源电压为 220 V。欲使电动机正常工作，限流电阻阻值 R_1 应选择多大？

分析：这是一个分析限流电阻的问题。由于 R_1 与 M 串联，所以为使电动机正常工作，通过 R_1 的电流也应为 10 A。由此可求出电路总电阻 R，将总电阻 R 减去电动机内阻 r_0，则可求出限流电阻阻值 R_1 的大小。

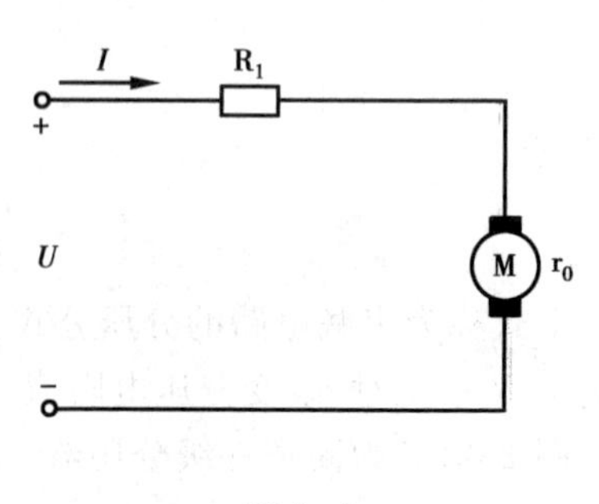

图 2-4

解：$R=\frac{U}{I}=\frac{220\ \text{V}}{10\ \text{A}}=22\ \Omega$

$$R_1 = R - r_0 = (22 - 1)\ \Omega = 21\ \Omega$$

3. 扩大电压表量程

电压表表头线圈由非常细微的绝缘电磁线绕成，它只能通过微小的电流(多为微安级或毫安级)，因此只能测量很低的电压。为了能使之测量实际电路电压，必须扩大其电压测量范围——量程。其方法是根据串联电阻的分压原理，在表头线圈上串联阻值适当大的电阻如图 2-5(a)所示。此时若将该仪表并联在电压为 U 的电路两端测量时，其电压分配为

$$U = IR_g + IR$$

式中 IR_g 为扩大量程前该表头测得的电压，IR 为串联的分压电阻 R 上所承受的电压，实际上 $U \gg IR_g$，由此扩大了该电压表量程。

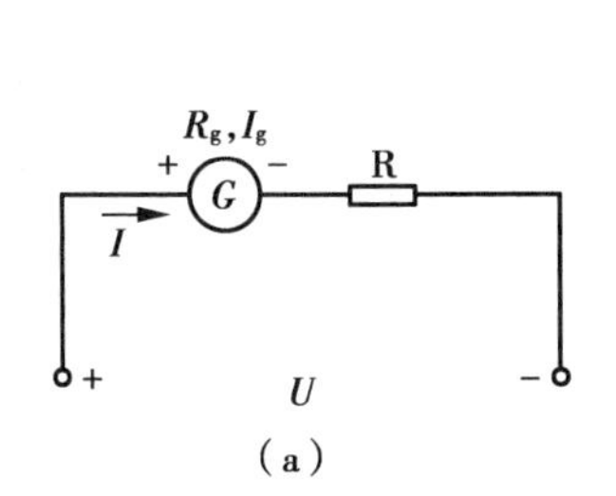

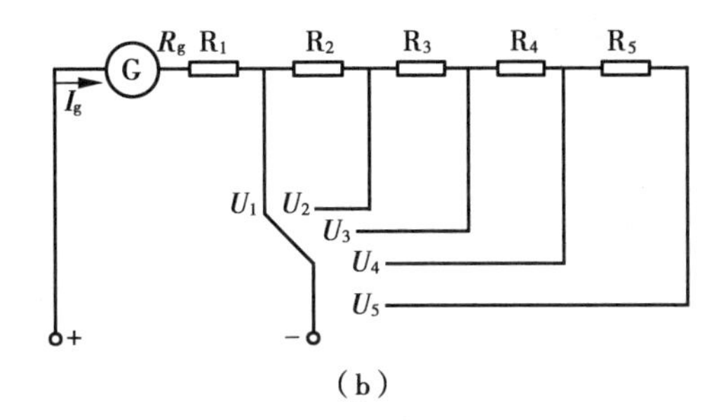

图 2-5　扩大电压表量程原理图

万用表的电压测量项目中，就是利用这一原理，将多个不同阻值的电阻串联分压，获得多个不同电压测量量程，如图 2-5(b)所示。

【例 2-3】 图 2-5(b)所示为 MF47 型万用表直流电压测量线路，它用于测量直流电压的 5 个量程分别为 $U_1=2.5\ \text{V}, U_2=10\ \text{V}, U_3=50\ \text{V}, U_4=250\ \text{V}, U_5=1\ 000\ \text{V}$，表头参数为 $R_g=2\ \text{k}\Omega, I_g=50\ \mu\text{A}$，求各分压电阻。

解：根据串联电阻分压原理和欧姆定律得：

$$R_1 = \frac{U_1 - R_g I_g}{I_g} = \frac{2.5 - 2\times10^3\times50\times10^{-6}}{50\times10^{-6}}\ \Omega = 48\ \text{k}\ \Omega$$

$$R_2 = \frac{U_2 - U_1}{I_g} = \frac{10-2.5}{50\times10^{-6}}\ \Omega = 150\ \text{k}\Omega$$

$$R_3 = \frac{U_3 - U_2}{I_g} = \frac{50-10}{50\times10^{-6}}\ \Omega = 800\ \text{k}\Omega$$

$$R_4 = \frac{U_4 - U_3}{I_g} = \frac{250-50}{50\times10^{-6}}\ \Omega = 4\ 000\ \text{k}\Omega = 4\ \text{M}\Omega$$

$$R_5 = \frac{U_5 - U_4}{I_g} = \frac{1\ 000-250}{50\times10^{-6}}\ \Omega = 15\ \text{M}\Omega$$

第二节　电阻并联电路

把 2 个或 2 个以上电阻接到电路中的 2 点之间，每个电阻两端承受的是同一个电压的电路，称电阻并联电路，如图 2-6 所示。其中，a 图是 3 个电阻组成的并联电路，b 图是其等效电路。

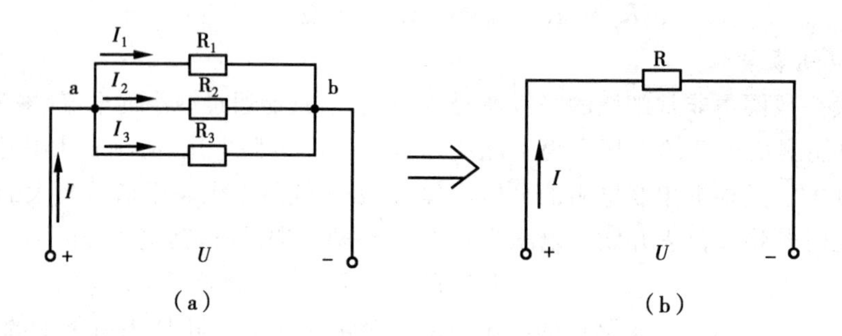

图 2-6 电阻并联电路

一、电路基本特点

1. 总电压等于各分电压

由于并联电路中的各个电阻都接在 a,b 两点间,如图 2-6(a)所示,所以每个电阻两端的电压就是 a,b 两点的电位差,即

$$U_1 = U_2 = U_3 = U = V_a - V_b \tag{2-5}$$

2. 总电流等于各分电流之和

由于电流的连续性,所以流入 a 点的电流,始终等于从 b 点流出的电流,即

$$I = I_1 + I_2 + I_3 \tag{2-6}$$

3. 并联电路总电阻的倒数等于各并联电阻的倒数之和

即

$$\frac{1}{R} = \frac{1}{R_1} + \frac{1}{R_2} + \frac{1}{R_3} \tag{2-7}$$

当由两个电阻(R_1,R_2)并联时,总电阻为 R_{12}

因为
$$\frac{1}{R_{12}} = \frac{1}{R_1} + \frac{1}{R_2} = \frac{R_1 + R_2}{R_1 R_2}$$

所以
$$R_{12} = \frac{R_1 R_2}{R_1 + R_2}$$

此公式常称为“积比和”公式,可方便地计算两电阻并联的总电阻。

若有 n 个相同的电阻 R_0 并联,则总电阻为 $R=\frac{R_0}{n}$

4. 各电阻分配到的电流与其电阻值成反比

例如在图 2-7 中,$I_1=\frac{U}{R_1}$ $I_2=\frac{U}{R_2}$

即
$$\frac{I_1}{I_2} = \frac{R_2}{R_1}$$

又因
$$I_1 = \frac{U}{R_1} = \frac{IR}{R_1} = I\frac{\frac{R_1 R_2}{R_1 + R_2}}{R_1} = \frac{R_2}{R_1 + R_2}I$$

同理

$$I_2 = \frac{R_1}{R_1 + R_2}I \tag{2-8}$$

以上二式为两电阻并联电路的分流公式，运用它们可以迅速地算出某一支路中的电流。

式(2-8)还说明：当某用电器或电路承受不了较大电流时，可另外并联一只阻值适当小的电阻从而将电流分去一部分。

5. 各电阻分配到的功率与其电阻值成反比

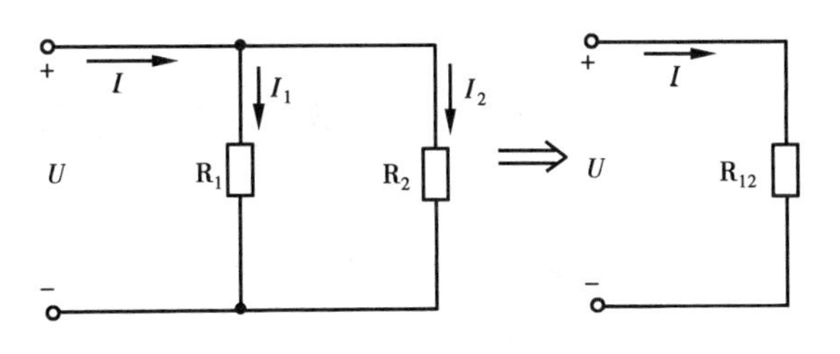

图 2-7　两个电阻并联电路

二、电阻并联电路的应用

1. 组成等电压多支路供电网络

电阻并联电路在实际生活中应用极其广泛。照明电路中的用电器通常都是并联的，用电器的额定电压是 220 V，供电电压也是 220 V，只有将用电器并联到供电线路上，才能保证用电器在额定电压下正常工作。再则，只有将用电器并联使用，才能在断开或闭合某个用电器时，不会影响其他用电器的正常工作。

2. 分流与扩大电流表量程

与电压表表头一样，电流表表头通过的满度电流也很小，无法测量实际电路中的较大电流。若应用并联电阻的分流原理，给表头并联一只阻值适当小的分流电阻 R。当电流表串入电路测量时，线路中大部分电流将流过分流电阻，而表头线圈所承受的电流只有被测电流的若干分之一。但表盘读数又是根据它们的比值按实测电流强度，从而实现了扩大电流表量程。

【例 2-4】 如图 2-8 所示，有一个表头，满刻度电流 $I_g=100\ \mu\text{A}$，内阻 $r_g=1\ \text{k}\Omega$。若要将其改装为量程为 100 mA 的电流表，需要并联多大阻值的分流电阻 R_S？

解：根据并联电路特点可知

$$I_R = I - I_g = 100\ \text{mA} - 0.1\ \text{mA} = 99.9\ \text{mA}$$

又因分流电阻两端的电压 U_R 与表头两端电压 U_g 相等，而 $U_g = I_g r_g = 100\times10^{-6}\ \text{A}\times1\times10^3\ \Omega=0.1\ \text{V}$

则
$$R_S = \frac{U_R}{I_R} = \frac{U_g}{I_R} = \frac{0.1\ \text{V}}{99.9\times10^{-3}\ \text{A}} \approx 1\ \Omega$$

【例 2-5】 如图 2-9 所示，已知总电压不变，当开关 S 断开后，I，I_1，I_2 变不变？为什么？

答：S 断开后，R_1 未变化，它两端电压也未变化，故 I_1 不变化。S 断开后，$I_2=0$，故 I_2 减小。S 断开后，总电阻 R 增大，但因总电压不变，故 I 减小。

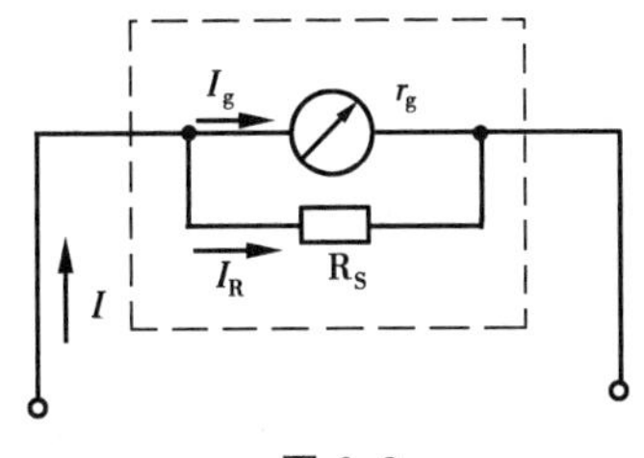

图 2-8

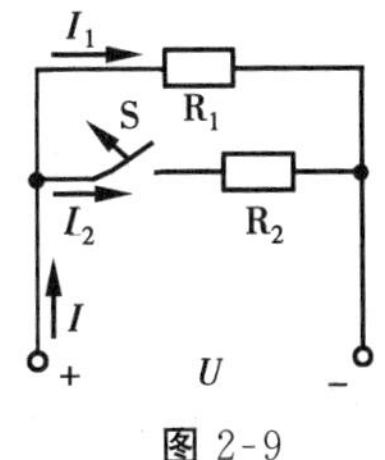

图 2-9

第三节　电阻混联电路

既有电阻串联又有电阻并联的电路叫电阻混联电路，如图 2-10 所示。

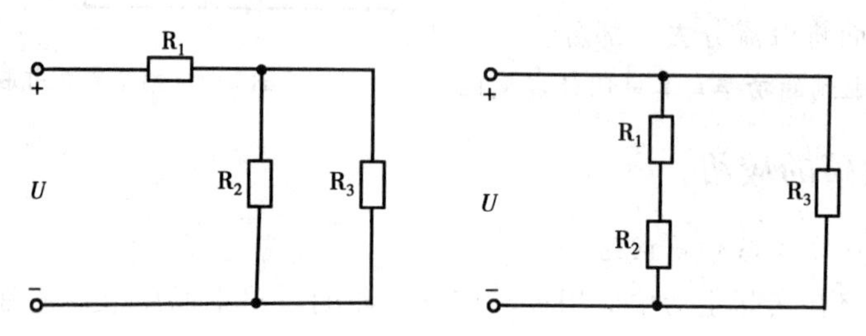

图 2-10　**电阻混联电路**

分析电阻混联电路的关键是识别电路，即搞清电路结构，明确哪些电阻是串联的，哪些电阻是并联的。

一、电路的识别

要正确识别电路中各电阻的连接关系，分析时应遵循以下原则：

(1)将电路中某些不含电阻元件的导线缩短为一点，即把导线的两个端点合并为一点；

(2)在无分支电路中各电阻一定是串联的；

(3)连接在两个共同节点之间的各电阻是并联的。

【例 2-6】 分析图 2-11 所示电路在开关 S 接通与断开时各电阻的连接关系。

解：(1)S 断开时：R_2，R_3 通过同一电流，组成无分支电路，故它们是串联的，此时电路可等效为图 2-12(a)。图中 $R_{23}=R_2+R_3$。

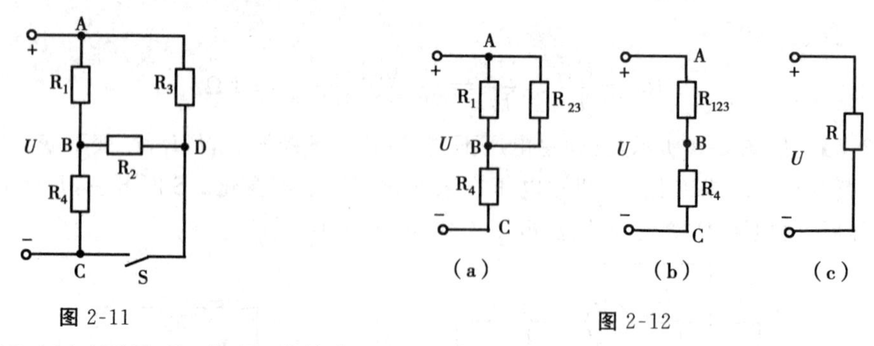

图 2-11　　**图** 2-12

由图 2-12(a)可见，R_{23} 与 R_1 连接在 A，B 两点间，故它们是并联的，此时电路可等效为图 2-11(b)。图中 $R_{123}=R_1 /\!/ R_{23}=\dfrac{R_1(R_2+R_3)^*}{R_1+R_2+R_3}$。

由图 2-12(b)可见，R_{123} 与 R_4 组成无分支电路，故它们是串联的，其等效电路如图(c)所示。

* $R_1 /\!/ R_{23}$ 表示 R_1 与 R_{23} 并联，将 $R_{123}=R_1 /\!/ R_{23}$ 作为数学式表达是不规范的，但已成习俗，本书迁就引用。

(2)S接通时：由于S接通时C,D可合并为一点，所以R_2,R_4接于两点之间，故它们是并联的，电路可等效为图2-13(a)，图中$R_{24}=R_2 /\!/ R_4=\frac{R_2R_4}{R_2+R_4}$。

由图2-13(a)可见，R_1与R_{24}串联，可用一等效电阻R_{124}代替R_1和R_{24}，$R_{124}=R_1+R_{24}$。如图2-13(b)所示。

由图2-13(b)可见，R_{124}与R_3是并联的，故等效电路，如图2-13(c)所示。

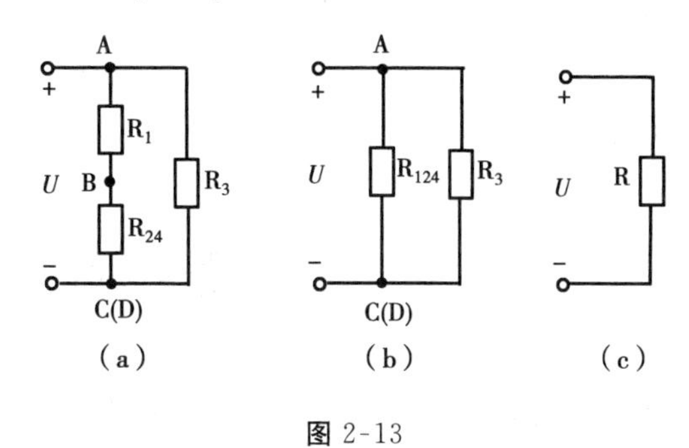

图 2-13

二、电路的分析与计算

混联电路的分析与计算步骤基本相同。一般按三步进行：

第一步，在识别电路连接关系后，运用等效电阻的概念，逐步把原电路化简成单回路电路，算出总的等效电阻；

第二步，运用欧姆定律计算总电流；

第三步，逆着化简过程，逐步返回到各电路图中，求出各分电压和分电流。

【例2-7】 在图2-14(a)中，$R_1=R_2=R_3=R_4=R$，试求S断开时A,B间的等效电阻R_{AB}为多少？

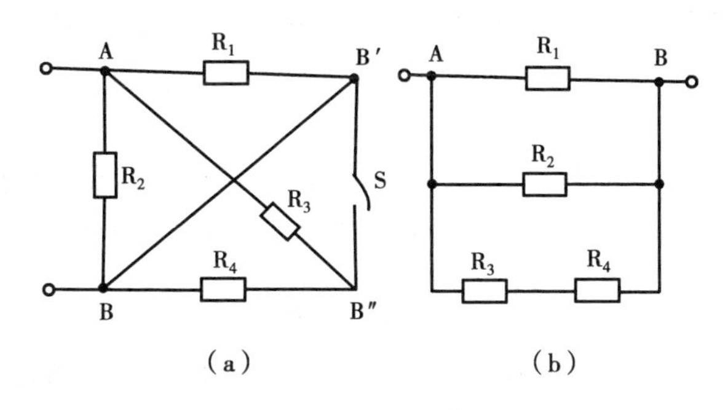

图 2-14

分析：当S断开时，B与B′可合并为一点。R_3与R_4流过同一电流，它们为串联，等效电阻$R_{34}=R_3+R_4$。由图还可见，R_1,R_2与R_{34}都接于A,B两点间，故它们为并联，等效电路如图2-14(b)所示。

解：$R_{34}=R_3+R_4=2R$

$$\frac{1}{R_{AB}}=\frac{1}{R_1}+\frac{1}{R_2}+\frac{1}{R_{34}}=\frac{1}{R}+\frac{1}{R}+\frac{1}{2R}=\frac{5}{2R}$$

$$R_{AB}=\frac{2}{5}R$$

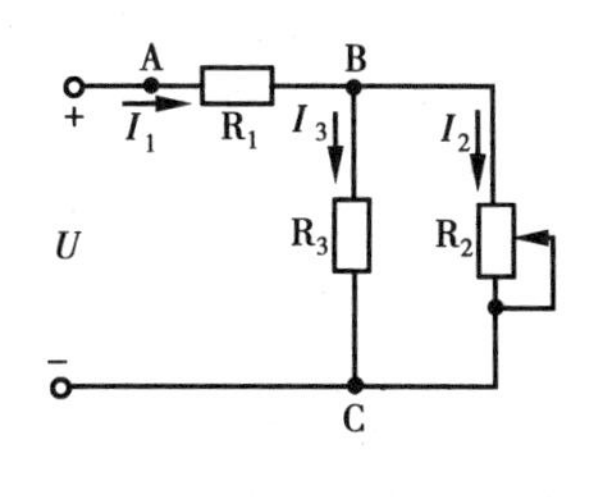

图 2-15

【例2-8】 电路如图2-15所示，已知电路中U,R_1,R_3都不变，当R_2增大时，试分析电路中总电流、各分电流、分电压如何变化？

答：当R_2增大时，因为$R_{23}=R_2 /\!/ R_3$，所以R_{23}增大，又$R=R_1+R_{23}$，故R增大，由于$I=$

$\frac{U}{R}=I_1$，所以总电流 $I=I_1$ 将减小，$U_{AB}=IR_1$ 也减小，$U_2=U_3=U_{BC}=U-U_{AB}$将增大，使 $I_3=\frac{U_3}{R_3}$增大，$I_2=I_1-I_3$ 将减小。

由此可见：当 R_2 增大时，总电流减小；R_1 上的电压减小，流过 R_1 的电流减小；流过 R_3 的电流增大，流过 R_2 的电流减小；R_2 与 R_3 两端的电压增大。

第四节　电池组

电池是日常生活中广泛应用的一种直流电源。单个电池提供的电压是一定的，最大允许电流也是一定的。超过了这些定值，电池就容易损坏。但是在许多实际应用中，常常需要较高的电压和较大的电流，这就需要把几个相同的电池连在一起使用，连在一起使用的几个电池就叫做电池组。电池组的基本接法有串联和并联 2 种。

一、电池的串联

把第 1 个电池的负极和第 2 个电池的正极相连接，再把第 2 个电池的负极和第 3 个电池的正极相连接，像这样依次连接起来，就组成了串联电池组。第一个电池的正极就是电池组的正极，最后一个电池的负极就是电池组的负极。图 2-16 示出了 3 个电池串联组成的串联电池组。

图 2-16　串联电池组

设串联电池组由 n 个电动势都为 E、内阻都为 r 的电池组成，则电池组的电动势 $E_{串}=nE$，内阻 $r_{串}=nr$。当负载电阻为 R 时，串联电池组输出的总电流为

$$I=\frac{E_{串}}{R+r_{串}}=\frac{nE}{R+nr} \tag{2-9}$$

因为串联电池组的电动势 $E_{串}$ 高于单个电池电动势 E，所以当用电器的额定电压高于电池电动势 E 时，可用串联电池组供电。但是这时用电器的额定电流必须小于单个电池允许通过的最大电流，同时注意电池的极性不能接反。

二、电池的并联

把电动势相同的电池，正极和正极相连作电池组的正极，将负极与负极相连作电池组的负极，这样连接成的电池组叫并联电池组。图 2-17 所示为 3 个电池并联的电池组。

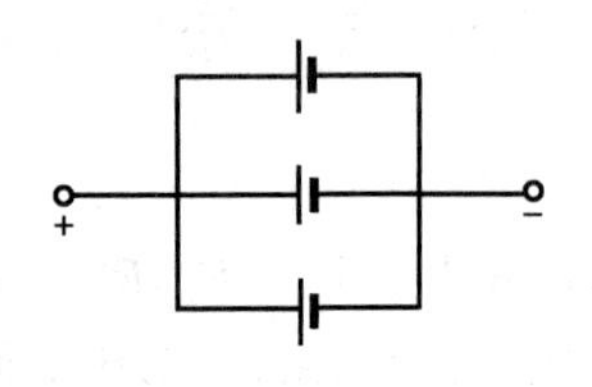

图 2-17　并联电池组

设并联电池组是由 n 个电动势都为 E，内阻都是 r 的电池组成，则并联电池组的电动势 $E_{并}=E$，并联电池组的内阻 $r_{并}=\frac{r}{n}$。

并联电池组的电动势虽然不高于单个电池的电动势，但由于每个电池中通过的电流只是全部电流的一部分，整个电池组允许通过较大的电流。因此，当用电器的额定电流比单个电池允许通过的额定电流大时，可采用并联电池组供电，但是这时用电器的额定电压必须低于单个电池的电动势。

当电池的电动势和允许通过的最大电流都小于用电器的额定电压和额定电流时，可以先组成几个串联电池组，使用电器得到需要的额定电压，再把这几个串联电池组并联起来，使整个电池组实际通过的电流大于负载允许通过的最大电流。像这样把几个串联电池组再并联起来组成的电池组，称为混联电池组。

第五节 电路中各点电位的计算

电路中每一点的电位是一定的，电位的变化反映电路工作状态的变化，检测电路中各点的电位是分析电路与维修电器的重要手段。要确定电路中某点的电位，必须先确定零电位点（参考点），然后计算该点至参考点间的电压，此电压就是该点的电位。

一、电路中各点电位的计算

电路中各点电位的计算方法与步骤如下：

(1)确定电路中的零电位点（参考点）。通常规定大地电位为零。一般选择机壳或许多元件汇集的公共点为参考点。

(2)从某点选择一条捷径（元件最少或容易计算的简捷路径）绕至零电位点，计算出选定路径上全部电压的代数和，即为某点的电位。

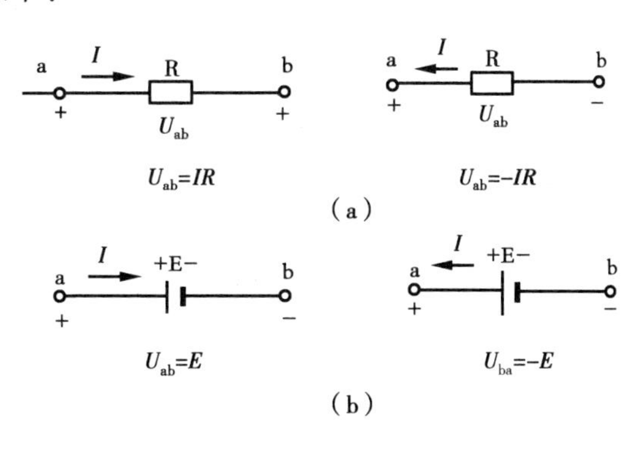

图 2-18 电压正负号的确定

在计算路径上的电压时要特别注意每项电压正负号的选择。如果在绕行中，从电源正极到负极，应取正值，反之取负值，如图 2-18(b)所示。如果在绕行中，顺着电流的方向，应取正值，反之取负值，如图 2-18(a)所示。

【例 2-9】 在图 2-19 所示电路中，$E_1=45\ \text{V}$，$E_2=12\ \text{V}$，$R_1=5\ \Omega$，$R_2=4\ \Omega$，$R_3=2\ \Omega$，试求B，C，D 三点的电位。

解：图中标明 A 点接地，故选择 A 点为参考点。为求出各电阻上的电压，先求回路电流 I。

$I=\dfrac{E_1-E_2}{R_1+R_2+R_3}=\dfrac{(45-12)\ \text{V}}{(5+4+2)\ \Omega}=3\ \text{A}$，电流方向如图所示。

所以，B 点电位

$$V_B=U_{BA}=-IR_1=-3\ \text{A}\times 5\ \Omega=-15\ \text{V}$$

$$\begin{aligned}V_B&=U_{BC}+U_{CD}+U_{DE}+U_{EA}=\\&-E_1+IR_3+E_2+IR_2=\\&-45\ \text{V}+3\ \text{A}\times 2\ \Omega+12\ \text{V}+3\ \text{A}\times 4\ \Omega=\\&-15\ \text{V}\end{aligned}$$

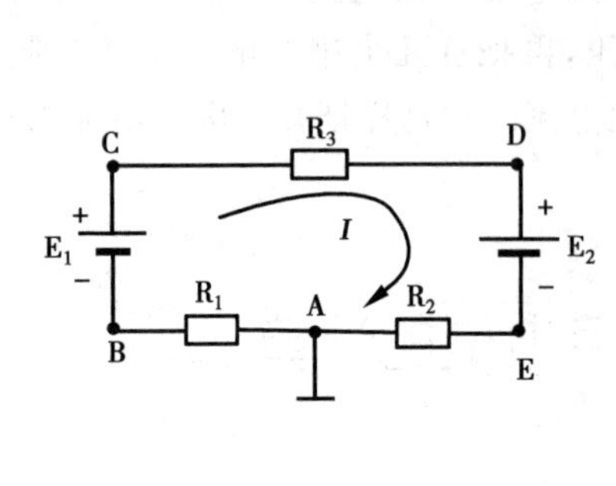

图 2-19

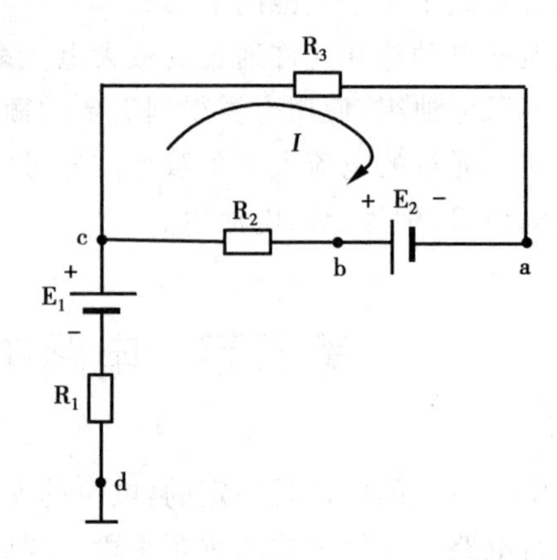

图 2-20

C 点电位

$$V_C=U_{CA}=U_{CB}+U_{BA}=E_1-IR_1=$$
$$45\ V-3\ A\times5\ \Omega=30\ V$$
$$V_C=U_{CA}=U_{CD}+U_{DE}+U_{EA}=$$
$$IR_3+E_2+IR_2=$$
$$3\ A\times2\ \Omega+12\ V+3\ A\times4\ \Omega=30\ V$$

D 点电位

$$V_D=U_{DA}=U_{DE}+U_{EA}=$$
$$E_2+IR_2=$$
$$12\ V+3\ A\times4\ \Omega=24\ V$$
$$V_D=U_{DA}+U_{DC}+U_{CB}+U_{BA}=$$
$$-IR_3+E_1-IR_1=$$
$$-3\ A\times2\ \Omega+45\ V-3\ A\times5\ \Omega=24\ V$$

从上例可以看出，电路中某点电位的大小与所选择的路径无关，但为计算简便，应选择捷径。

【例 2-10】 在图 2-20 所示电路中，$R_1=4\ \Omega$，$R_2=2\ \Omega$，$R_3=1\ \Omega$，$E_1=6\ V$，$E_2=3\ V$，试求电路中 a，b，c 点的电位。

解：选择 d 点为参考点。由全电路欧姆定律可求出闭合电路中电流

$$I=\frac{E_2}{R_2+R_3}=\frac{3\ V}{(2+1)\ \Omega}=1\ A$$

a 点电位 $V_a=U_{ad}=U_{ac}+U_{cd}=-IR_3+E_1=-1\ A\times1\ \Omega+6\ V=5\ V$

b 点电位 $V_b=U_{bd}=U_{bc}+U_{cd}=IR_2+E_1=1\ A\times2\ \Omega+6\ V=8\ V$

c 点电位 $V_c=U_{cd}=E_1=6\ V$

二、电路中电位的分析

当电路中某个电阻变化时，不仅会引起电路中的电流、电压发生变化，而且会使电路中各点的电位也发生变化。分析电路中某点电位的变化情况，一般分两步进行，即

第一步，选定参考点；

第二步，分析该点与参考点之间的电压的变化情况，即可确定该点电位的变化情况。

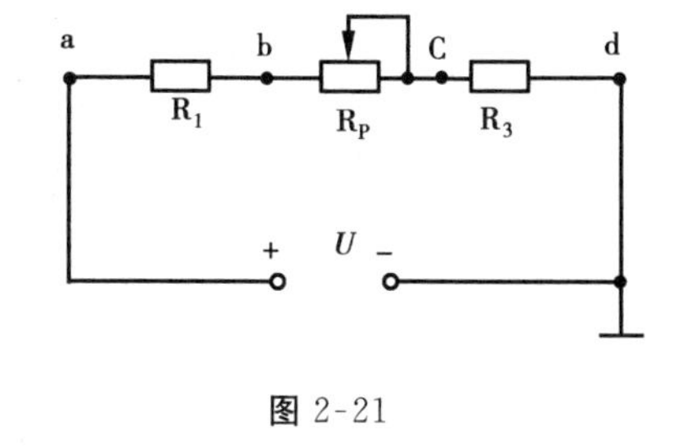

图 2-21

【例 2-11】 在图 2-21 所示电路中，已知 U 不变，当 R_P 增大时，b，c 点电位如何变化？

解：选 d 点为参考点。

当 R_P 增大时，由串联电路电压的分析可知，U_{bc} 增大，U_{ab} 和 U_{cd} 减小。

$$V_b = U_{ba} + U_{ad} = U - U_{ab}$$

故　V_b 增大

又

$$V_c = U_{cd}$$

故　V_c 减少

第六节　基尔霍夫定律

不能用串、并联分析方法化简成无分支单回路的电路，称为复杂电路。分析复杂电路应用基尔霍夫定律。基尔霍夫定律概括了电路中电流和电压分别遵循的基本规律，是用以分析和计算电路的基本依据之一。

在讨论基尔霍夫定律之前，先介绍几个有关电路结构的名词。

(1)支路：由 1 个或几个元件组成的无分支电路称为支路。在同一支路中，流过所有元件的电流相等。在图 2-22 所示电路中，R_1，R_2，E_1 构成 1 条支路 acb，R_3，E_2 构成 1 条支路 adb，R_4，R_5 构成第 3 条支路 aeb。

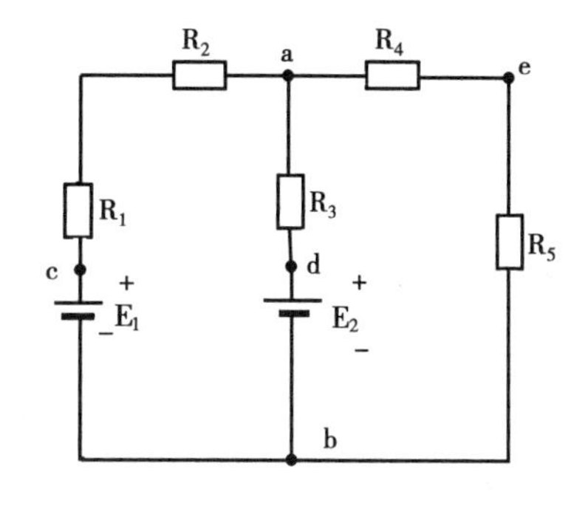

图 2-22　复杂电路

(2)节点：3 条或 3 条以上支路的连接点称为节点。在图 2-21 中，a 点与 b 点为节点，而 c，d，e 点不为节点。

(3)回路：电路中任何一个闭合路径称为回路。如图 2-21 中的 acbda，adbea，acbea 都是回路。

(4)网孔：电路中不能再分的回路(中间无支路穿过)称为网孔，如图 2-22 中的 acbda 回路和 adbea 回路都是网孔。

一、基尔霍夫第一定律——节点电流定律

基尔霍夫第一定律也称为节点电流定律，简称 KCL。它确定了汇集某一节点的各支路电流间的关系，即对电路中的任一节点，流入节点的电流之和等于流出该节点的电流之和。在图 2-23 所示电路中某节点 A，电流 I_1，I_3，I_5 流入节点，电流 I_2，I_4 流出节点，则

$$I_1 + I_3 + I_5 = I_2 + I_4 \tag{2-10}$$

此定律是电流连续性的表现。正是因为电流总是连续的，定向运动的电荷不会在节点停留。

式(2-10)又可变换为 $I_1 + I_3 + I_5 - I_2 - I_4 = 0$，此式称为节点 A 的电流方程，它是基尔霍

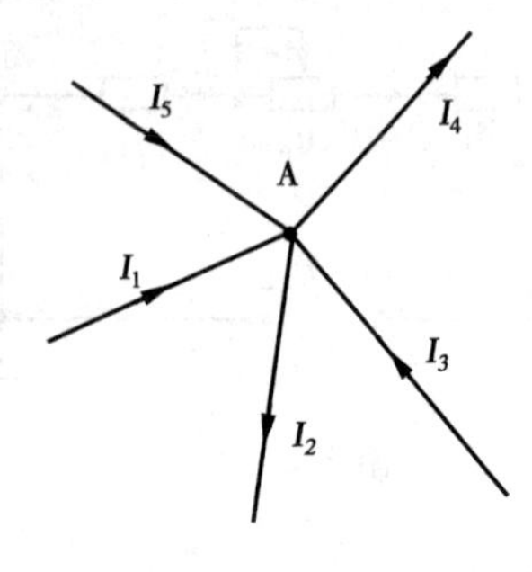

图 2-23 节点电流

夫电流定律的另一种表述,即流入任一节点电流的代数和为零(注意:这里设流入该节点的电流为正,流出该节点的电流为负)。写成一般形式为

$$\sum I = 0 \tag{2-11}$$

基尔霍夫第一定律可推广用于任何一个假想的闭合面 S(S 称为广义节点,如图 2-24 所示),此时基尔霍夫第一定律表述为通过广义节点的各支路电流代数和恒等于零。

在图 2-24(a)中,由基尔霍夫第一定律推广可得

$$I_1 + I_2 - I_3 = 0$$

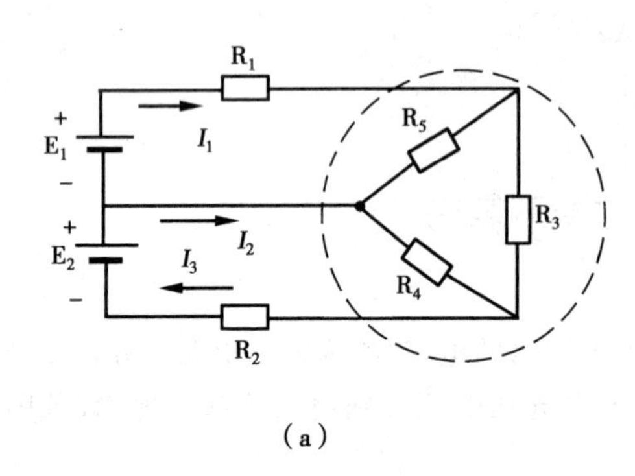

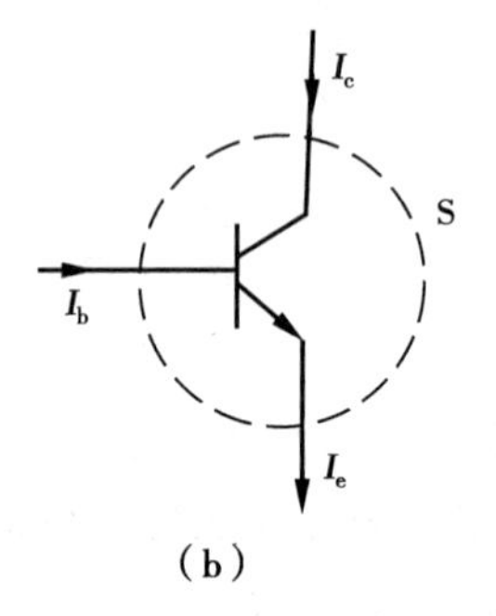

图 2-24 广义节点

对于图 2-24(b)电路

$$I_b + I_c - I_e = 0$$

二、基尔霍夫第二定律——回路电压定律

基尔霍夫第二定律也称为回路电压定律,简称 KVL。它确定了一个闭合回路中各部分电压间的关系,即对任一闭合回路,沿任一回路绕行一周,各段电压的代数和恒等于零。其数学表达式为

$$\sum U = 0 \tag{2-12}$$

图 2-25 是某复杂电路中的一个闭合回路。如果电路已选定某点为参考点,则 a,b,c,d 各点都具有确定的电位。于是,当沿回路 abcd 绕行一周时,可得各段电压的代数和为

$$\sum U = U_{ab} + U_{bc} + U_{cd} + U_{da} = V_a - V_b + V_b - V_c + V_c - V_d + V_d - V_a = 0$$

对于图 2-25 所示电路,各段电压还可表示为

$$U_{ab} = E_1 + I_1 R_1$$
$$U_{bc} = I_2 R_2$$
$$U_{cd} = - E_2 - I_3 R_3$$
$$U_{da} = - I_4 R_4$$

代入基尔霍夫第二定律中,可得

$$E_1 + I_1 R_1 + I_2 R_2 - E_2 - I_3 R_3 - I_4 R_4 = 0$$

此式称为回路电压方程。

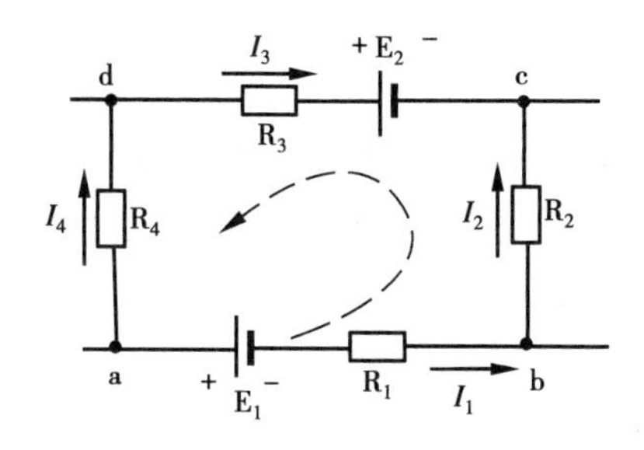

图 2-25　回路电压

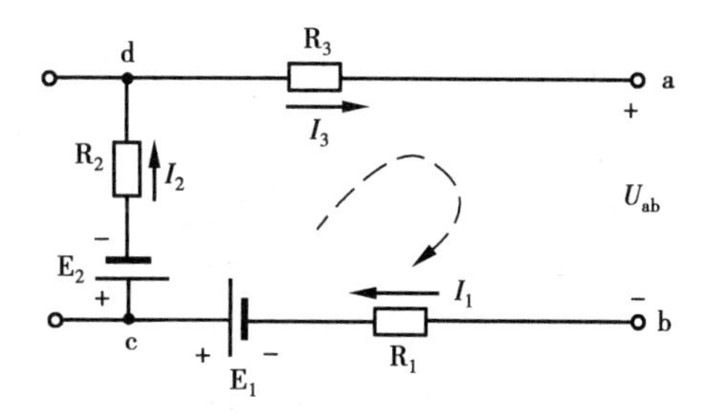

图 2-26　广义回路

基尔霍夫第二定律可推广于不闭合的假想回路，将不闭合两端点间电压列入回路电压方程。在图 2-26 所示电路中，a，b 为两端点，端电压为 U_{ab}（参考方向如图所示），对于假想回路 abcda 列回路电压方程

$$U_{ab}+I_1R_1-E_1+E_2+I_2R_2+I_3R_3=0$$

【例 2-12】 在图 2-27 所示电桥电路中，已知 $I_1=25\ \mathrm{mA}$，$I_3=16\ \mathrm{mA}$，$I_4=12\ \mathrm{mA}$，求其余各支路电流。

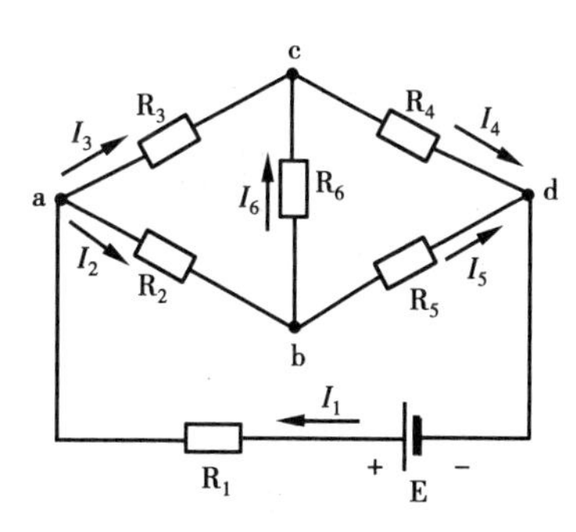

图 2-27

解：任意标定未知电流，I_2，I_5 和 I_6 的参考方向，如图所示。

应用节点电流定律在节点 a 可列出电流方程

$$I_1-I_2-I_3=0$$

由此可求出 I_2

$$I_2=I_1-I_3=(25-16)\ \mathrm{mA}=9\ \mathrm{mA}$$

应用节点电流定律，分别在节点 b 及节点 c 列出节点电流方程

$$I_2-I_5-I_6=0$$

$$I_3-I_4+I_6=0$$

可求出 I_5，I_6

$$I_6=I_4-I_3=(12-16)\ \mathrm{mA}=-4\ \mathrm{mA}$$

$$I_5=I_2-I_6=9\ \mathrm{mA}-(-4)\ \mathrm{mA}=13\ \mathrm{mA}$$

解出 I_6 是负值，表明 I_6 的实际方向与标出的参考方向相反。

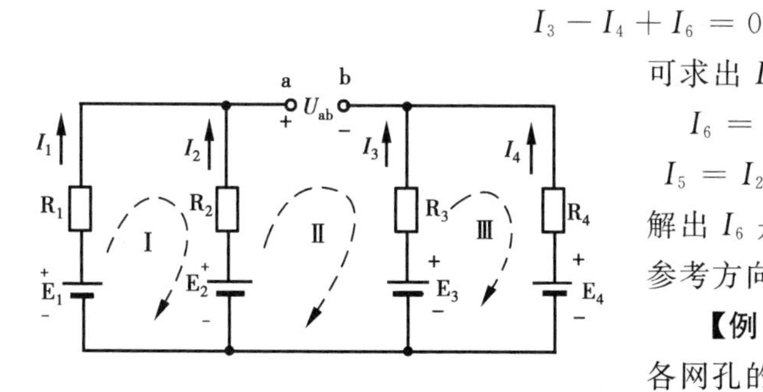

图 2-28

【例 2-13】 在图 2-28 所示电路中，列出各网孔的回路电压方程。

解：电路中有 3 个网孔，即网孔Ⅰ、网孔Ⅱ、网孔Ⅲ。标定绕行方向及各支路电流的参考方向如图所示。

网孔Ⅰ的回路电压方程为

$$I_1R_1-I_2R_2+E_2-E_1=0$$

网孔Ⅱ的回路电压方程为

$$I_2R_2+U_{ab}-I_3R_3+E_3-E_2=0$$

网孔Ⅲ的回路电压方程为

$$I_3R_3-I_4R_4+E_4-E_3=0$$

三、支路电流法

如果知道电路中各支路电流，那么容易求出各支路的电压、功率，从而掌握电路的工作状态。支路电流法是一种以支路电流为未知量，应用基尔霍夫定律列出足够的方程式联立求解的方法。它是应用基尔霍夫定律解题的基本方法。

应用支路电流法求解各支路电流的步骤如下：

第一步，任意标出各支路电流的参考方向和网孔回路电流的绕行方向；

第二步，根据基尔霍夫第一定律列出独立的节点电流方程。注意：如果电路有 n 个节点，那么只有 $n-1$ 个独立的节点电流方程；

第三步，根据基尔霍夫第二定律列出独立的回路电压方程。为保证方程的独立性，一般选择网孔来列方程，而每个网孔列出的回路方程都包含了一条新支路；

第四步，代入已知数，解联立方程组求出各支路电流。

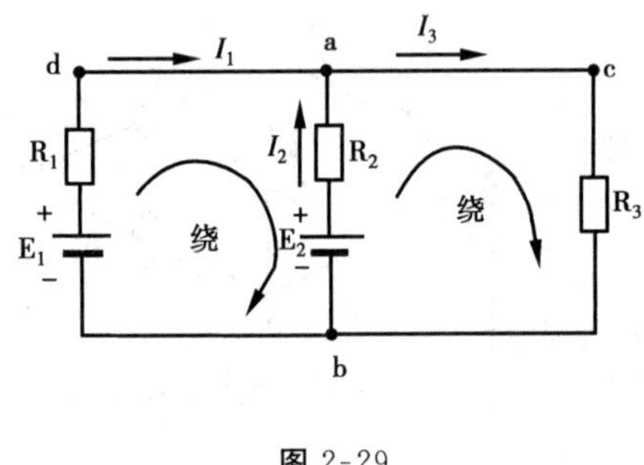

图 2-29

【例 2-14】 在图 2-29 所示 2 个并联电源对负载供电的电路中，已知 $E_1=130\ \text{V}$，$E_2=117\ \text{V}$，$R_1=1\ \Omega$，$R_2=0.6\ \Omega$，负载电阻 $R_3=24\ \Omega$，求各支路电流 I_1，I_2，I_3。

解：选定的各支路电流参考方向及回路绕行方向如图 2-29 所示。此电路虽有 2 个节点，但只有一个是独立的。对节点 a 可列出节点电流方程

$$I_1+I_2-I_3=0$$

根据基尔霍夫第二定律，可列出 2 个网孔的回路电压方程。

abda 回路的电压方程

$$I_1R_1-I_2R_2-E_1+E_2=0$$

acba 回路的电压方程

$$I_2R_2+I_3R_3-E_2=0$$

代入已知数解联立方程组

$$\begin{cases} I_1+I_2-I_3=0 \\ 1\ \Omega I_1-0.6\ \Omega I_2-130\ \text{V}+117\ \text{V}=0 \\ 0.6\ \Omega I_2+24\ \Omega I_3-117\ \text{V}=0 \end{cases}$$

解得 $$I_1=10\ \text{A}\quad I_2=-5\ \text{A}\quad I_3=5\ \text{A}$$

I_2 为负值，说明电流的实际方向与参考方向相反。

※第七节 电压源与电流源

一、电压源

实际电源可以用恒定电动势E和内阻r串联起来表示，它以输出电压的形式向负载供电，输出电压（端电压）的大小为

$$U = E - Ir$$

若电源内阻 $r=0$，则端电压 $U=E$，与输出电流的大小无关。这种电源称为理想电压源或恒压源，其符号如图2-30所示。理想电压源具有两个特点：一是它的电压恒定不变；二是通过它的电流取决于与它连接的外电路负载的大小。如果电源的内阻极小，可近似看成理想电压源，如稳压电源。一般电源内部的电阻不可忽略，它可用一个理想电压源E和内阻r串联起来表示，称为实际电压源，简称电压源，其符号如图2-31所示。

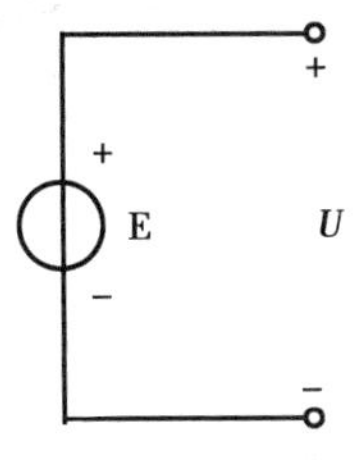

图2-30 理想电压源

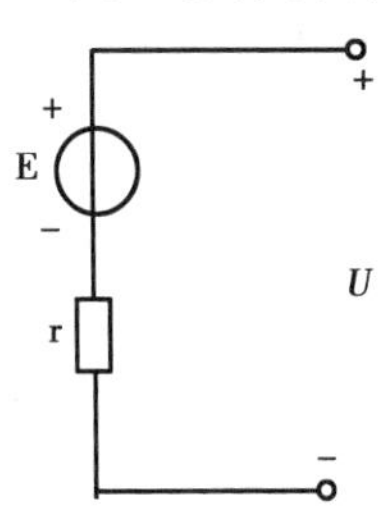

图2-31 电压源

二、电流源

电压源接上负载R后，电源向负载提供的电流为

$$I = \frac{E-U}{r} = \frac{E}{r} - \frac{U}{r} = I_S - I_0$$

式中，$I_S = \frac{E}{r}$，为电源短路电流，是一恒定电流。$I_0 = \frac{U}{r}$，为内阻上的分流电流，它的大小随端电压变化而变化，如图2-32所示。

当 $r=\infty$ 时，$I_0=0$，$I=I_S$，这种电流源称为理想电流源，其符号如图2-33(a)所示。实际的电流源可用一个理想电流源与内阻r并联表示，称为实际电流源，简称电流源，其符号如图2-33(b)所示。

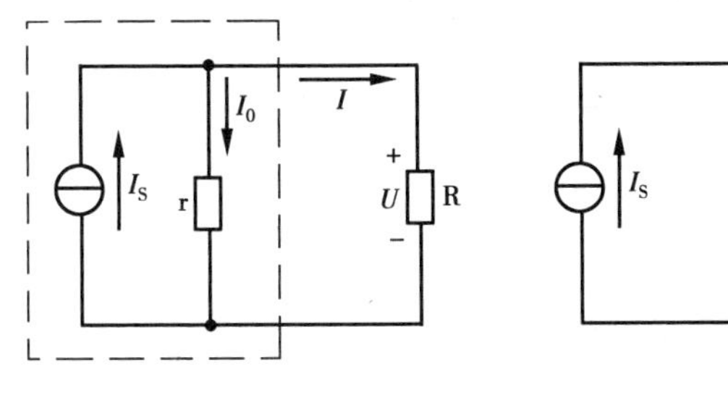

图2-32 电流源

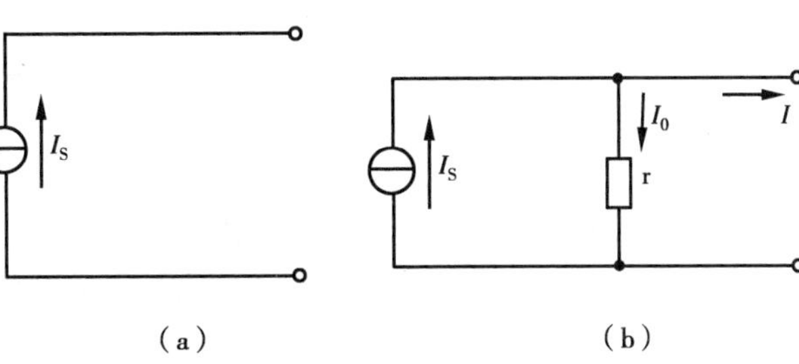

图2-33 理想电流源与实际电流源

※第八节 戴维宁定理

一、二端网络

电路也称网络。如果网络具有两个引出端与外电路相连，不管其内部结构如何，这样的网络就称为二端网络。二端网络按其内部是否含有电源，可分为无源二端网络和有源二端网络，如图 2-34 所示。

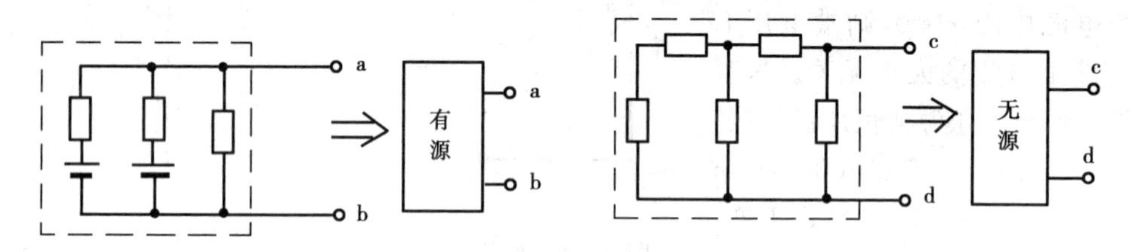

图 2-34 二端网络

一个由电阻组成的无源二端网络，可以把它等效成一个电阻，这个电阻称为该二端网络的输入电阻。

一个有源二端网络，可用一个电源代替，这样就可以化简电路，避免繁琐的电路计算。

二、戴维宁定理

戴维宁定理：任何线性有源二端网络，对外电路来说，可以用一个等效电压源代替。等效电压源的电压 E_0 等于有源二端网络两端间的开路电压 U_{ab}，如图 2-35(a)所示；等效电压源的内阻 R_0 等于该二端网络内所有电源不作用(电压源短路)而仅保留其内阻时，网络两点间的等效电阻 R_{ab}，如图 2-35(b)所示。

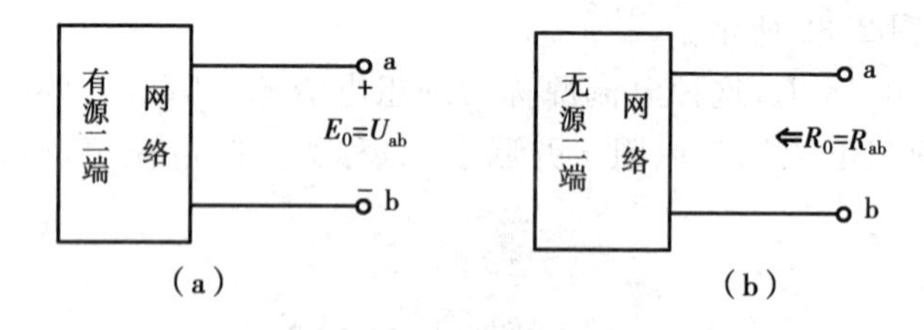

图 2-35 戴维宁定理

三、应用戴维宁定理解题的方法与步骤

下面结合例题说明应用戴维宁定理解题的方法与步骤。

【例 2-15】 在图 2-36 所示电路中，已知 $E_1=5$ V，$R_1=8$ Ω，$E_2=25$ V，$R_2=12$ Ω，$R_3=2.2$ Ω。试用戴维宁定理求通过 R_3 的电流。

解：(1)断开待求支路，分出有源二端网络，如图 2-37(a)所示。计算开路端电压 U_{ab}，即为所求等效电压源的电压 E_0(电流、电压参考方向如图所示)。

$$I = \frac{E_1 + E_2}{R_1 + R_2} = \frac{(5+25)\ \text{V}}{(8+12)\ \Omega} = 1.5\ \text{A}$$

$$E_0 = U_{ab} = E_2 - IR_2 = 25\ \text{V} - 1.5\ \text{A} \times 12\ \Omega = 7\ \text{V}$$

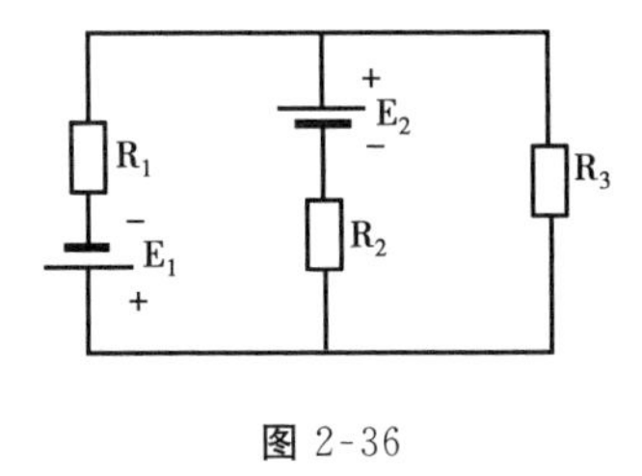

图 2-36

(2)将有源二端网络中电压源 E_1,E_2 短路,成为无源二端网络,如图 2-37(b)所示,计算出等效电阻 R_{ab} 即为所求等效电压源的内阻 R_0。

$$R_0 = R_{ab} = \frac{R_1 R_2}{R_1 + R_2} = \frac{8\ \Omega \times 12\ \Omega}{8\ \Omega + 12\ \Omega} = 4.8\ \Omega$$

(3)将所求得的等效电压源(E_0,R_0)与待求支路的电阻

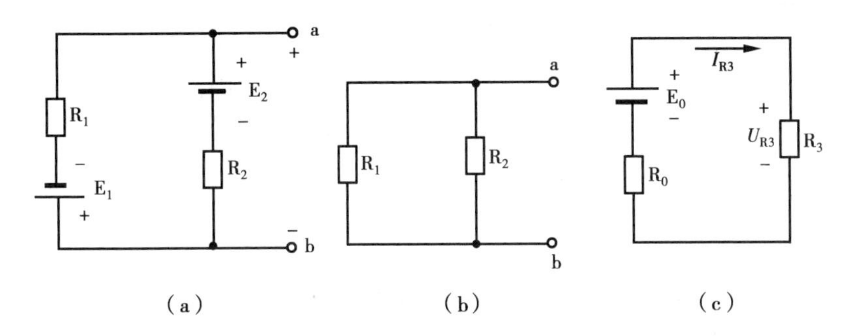

图 2-37

R_3 连接,形成等效简化电路,如图 2-37(c)所示,由此可求出支路电流 I_{R_3}。

$$I_{R_3} = \frac{E_0}{R_0 + R_3} = \frac{7\ \text{V}}{4.8\ \Omega + 2.2\ \Omega} = 1\ \text{A}。$$

通过以上分析,可以总结出应用戴维宁定理求解某支路的电流或电压的方法与步骤如下:

第一步,断开待求支路,将电路分为待求支路和有源二端网络两部分;

第二步,求出有源二端网络两端点间的开路电压 U_{ab},即为等效电压源的电压 E_0;

第三步,将有源二端网络中各电源置零后,计算无源二端网络的等效电阻,即为等效电压源的内阻 R_0;

第四步,将等效电压源(E_0,R_0)与待求支路连接,形成等效简化电路,根据已知条件求解。

在应用戴维宁定理解题时,应当注意的是:

(1)等效电源电压 E_0 的方向与有源二端网络开始时的端电压极性一致;

(2)等效电源只对外电路等效,对内电路不等效。

※第九节　叠加定理

电路的参数不随外加电压及通过其中的电流而变化,即电压和电流成正比的电路,称为线性电路。叠加定理是反映线性电路基本性质的一个重要定理,是分析线性电路的重要方法。

下面以一个例子说明叠加定理。在图 2-38(a)所示电路中,有 2 个电源 E_1,E_2 作用,回路的电流 I 由基尔霍夫第二定律可求得

$$I = \frac{E_1 - E_2}{R_1 + R_2 + R_3}$$

将上式作变换,可得

$$I=\frac{E_1}{R_1+R_2+R_3}-\frac{E_2}{R_1+R_2+R_3}=I'-I''$$

式中,$I'=\frac{E_1}{R_1+R_2+R_3}$,它是电源 E_1 单独作用(即 E_2 短路)时,在回路中产生的电流,如图 2-38(b)所示。

$I''=\frac{E_2}{R_1+R_2+R_3}$,它是电源 E_2 单独作用(即 E_1 短路)时,在回路中产生的电流,如图 2-38(c)所示。

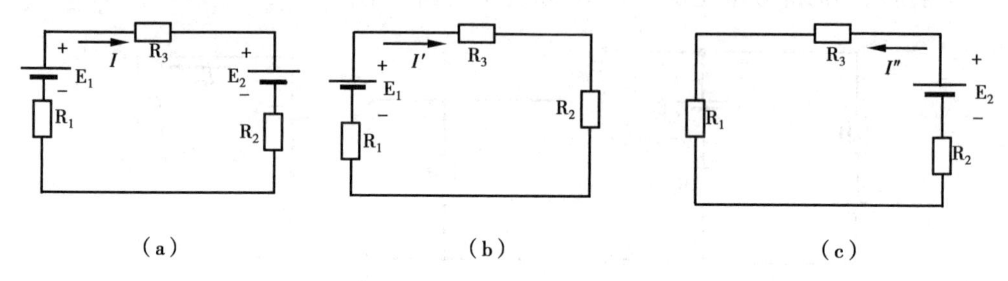

图 2-38　叠加定理示意图

由此可见,在线性电路中,若有几个电源同时在一起作用,则它们在任一支路中共同产生的电流(或电压),等于各个电源单独作用时在这一支路中产生的电流(或电压)的代数和,这就是叠加定理。应用叠加定理分析电路时可按以下步骤进行:

第一步,将复杂电路分解成几个简单电路,每个简单电路仅有一个电源作用,其余电源置零;

第二步,计算各分电路中的电流、电压;

第三步,求出各电源在各支路产生的电流和电压的代数和。

【例 2-16】 在图 2-39(a)所示电路中,$E_1=12\ \text{V}$,$E_2=6\ \text{V}$,$R_1=R_2=R_3=2\ \Omega$,用叠加定理求支路电流 I_3。

解:(1)将图 2-39(a)分解成 E_1 和 E_2 单独作用的简单电路,如图 2-39(b),(c)所示。

(2)求出 E_1,E_2 单独作用在 R_3 上产生的电流 I'_3,I''_3。在图 2-38(b)中

$$I'_1=\frac{E_1}{R_1+R_2\ /\!/\ R_3}=\frac{E_1}{R_1+\frac{R_2R_3}{R_2+R_3}}=\frac{12\ \text{V}}{2\ \Omega+\frac{2\ \Omega\times 2\ \Omega}{2\ \Omega+2\ \Omega}}=4\ \text{A}$$

$$I'_3=\frac{R_2}{R_2+R_3}I'_1=\frac{2\ \Omega}{2\ \Omega+2\ \Omega}\times 4\ \text{A}=2\ \text{A}$$

在图 2-38(c)中

$$I''_2=\frac{E_2}{R_2+R_1\ /\!/\ R_3}=\frac{E_2}{R_2+\frac{R_1R_3}{R_1+R_3}}=\frac{6\ \text{V}}{2\ \Omega+\frac{2\ \Omega\times 2\ \Omega}{2\ \Omega+2\ \Omega}}=2\ \text{A}$$

$$I''_3=\frac{R_1}{R_1+R_3}I''_2=\frac{2\ \Omega}{2\ \Omega+2\ \Omega}\times 2\ \text{A}=1\ \text{A}$$

(3)应用叠加定理求 E_1,E_2 共同作用时电流 I_3

$$I_3=I'_3-I''_3=2\ \text{A}-1\ \text{A}=1\ \text{A}$$

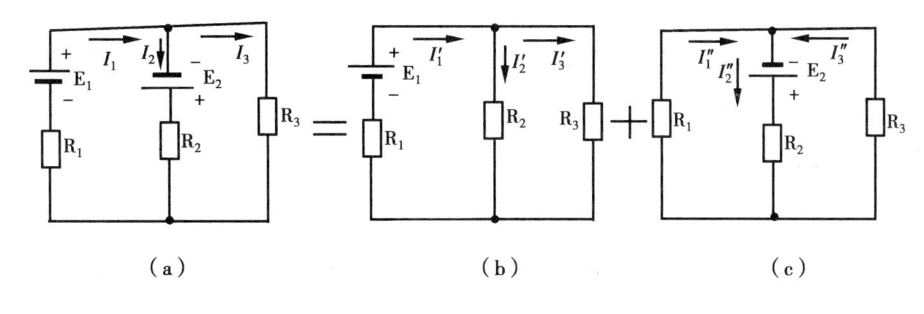

图 2-39

最后，应特别指出：叠加定理只适用于线性电路，而且只能用来计算电流和电压，不能计算功率。

第十节　电桥电路

电桥电路在生产实际和测量技术中应用十分广泛。本节只介绍直流电桥，着重分析它的平衡条件及应用。

一、直流电桥电路

直流电桥电路如图 2-40 所示。电阻 R_1，R_2，R_3，R_4 叫桥臂电阻，它们联成四边形闭合回路，组成电桥电路的 4 个“臂”。在一组对角顶点 A，B 间接入检流计，称为电桥的桥支路，在另一组对角顶点 C，D 间接上直流电源 E 和可变电阻 R_P。此电桥也叫惠司通电桥。

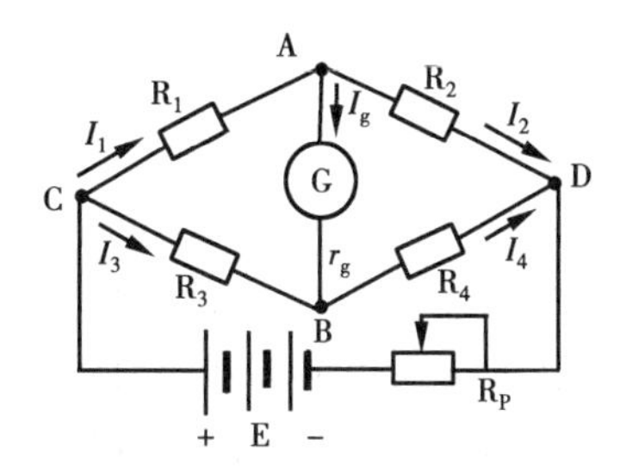

图 2-40　直流电桥

二、电桥平衡的条件

若桥支路 AB 中的电流为零($I_g=0$)，则称为电桥平衡。下面推导电桥平衡条件。

电桥平衡时，$I_g=0$，则 $U_A=U_B$

因此
$$U_{AD}=U_{BD}\quad U_{CA}=U_{CB}$$

由欧姆定律可得
$$I_1R_1=I_3R_3 \quad ①$$
$$I_2R_2=I_4R_4 \quad ②$$

①式除以②式，可得
$$\frac{I_1R_1}{I_2R_2}=\frac{I_3R_3}{I_4R_4}$$

由于电桥平衡，$I_g=0$

所以
$$I_1=I_2\quad I_3=I_4$$

由此
$$\frac{R_1}{R_2}=\frac{R_3}{R_4} \tag{2-13}$$

或 $$R_1R_4 = R_2R_3 \tag{2-14}$$

由上式可知直流电桥的平衡条件是:电桥邻臂电阻的比值相等或电桥两相对桥臂电阻的乘积相等。这是判断电桥是否平衡的依据。

三、平衡电桥的应用

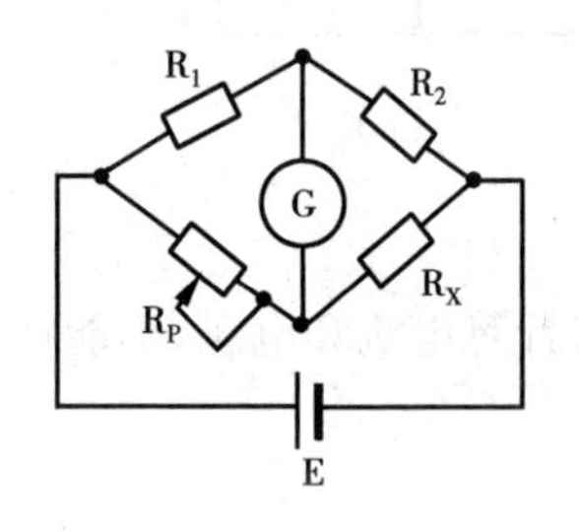

图 2-41 调节电桥平衡

电桥平衡时,4个桥臂电阻之间具有一定关系,因此可利用此关系精确测量电阻。测量电路如图 2-41 所示,R_1,R_2 的阻值是确定的,R_P 是有刻度盘的可调电阻,R_X 是待测量电阻。调节 R_P 使电桥平衡,根据电桥平衡条件,可由下式计算读出 R_X 的大小。

$$R_X = \frac{R_2}{R_1}R_P$$

阅读 · 应用二

常用电池

常用电池分为电化学电池、机械能电池和太阳能电池 3 大类。电化学电池是指将化学能与电能相互转换的装置;同理机械能电池是将机械能与电能相互转换的装置;太阳能电池则是将太阳光能与电能相互转换的装置。

下面介绍应用广泛的电化学电池和光电池。

一、电化学电池

1. 原电池

原电池多为日常生活中使用的干电池,也称一次性电池。它由正极、负极、电解质溶液、隔膜和封装等零部件组成。干电池种类很多,人们最熟悉的是锌锰干电池。锌锰干电池又分糊式、叠层式、纸板式和碱性等品种,以糊式和叠层式用得最多。它的阴极为锌片(即外壳用锌皮),阳极为碳棒,由二氧化锰和石墨组成。电解质为氯化铵和氯化锌水溶液。二氧化锰能将碳棒上生成的氢气和氧化合成水,预防碳棒过早极化。

干电池品种有 100 多种,有 1 号到 8 号、全防潮、半防潮、全密封、圆柱形、方形、钮扣型等多种。其中体积和质量小于 8 号的称微型电池,它有钮扣形、硬币形、圆柱形、三角形、扁方形等,负极大部分用锌制成,也有的用镉或锂。

干电池多用作携带式、移动式小型电子设备如收音机、照相机、电子表、计算器等的电源。干电池虽然使用方便,但它的活性物质只能一次性充电,电用完后不能再恢复,所以称为一次性电池。

2. 蓄电池

蓄电池称为二次电池,可以反复充电使用,常用的有酸性铅蓄电池和碱性镉镍蓄电池 2

类。

铅蓄电池是在一个硬橡胶或硬塑料制成的容器中盛着稀硫酸电解质溶液。正极用二氧化铅板，负极用海绵状铅。该电池充电时，依靠直流电流在极板上产生化学反应，将电能转换成化学能贮存在极板上。放电时极板上的化学能转换成电能提供直流用电器电源。

铅蓄电池可作发电厂、医院、影剧院、科研机构等场所事故照明电源及其他电源，启动用铅蓄电池可作车辆、船舶动力机启动和照明电源，还可作电动搬运车、叉车、生产车和牵引机动车动力直流电源。

镉镍蓄电池与铅蓄电池结构基本相同，其正极为氢氧化镍，负极为氢氧化镉，以氢氧化钾溶液为电解质。在碱性蓄电池中还有铁镍蓄电池、锌银蓄电池等。镉镍蓄电池外形有方形、圆柱形和扁形 3 种。在常温下循环充放电可达几千乃至上万次，是目前蓄电池中充放电循环寿命最长的电池。除大量应用于军事外，也广泛应用于电器、电信、照明、不停电装置等设备的直流操作、控制电源。

随着技术的进步，人们又在原有蓄电池品种基础上研制出便于携带的镍氢(Ni-MH)电池和锂电池，它们大量用于目前移动通信终端设备手机上作电源。

镍氢电池结构与镉镍电池基本相同，其正极由氢氧化镍及添加剂制成，负极用吸、脱能力较强的储氢合金和氢气组成。正负极用橡胶或塑料栅极隔离，电池槽(外壳)用硬塑料或钢材料制作，以氢氧化钾溶液置于槽内作电解质。每个单体电池电压为 1.2 V，通常由若干个单体电池组成电池组，循环充放电次数在 6 000 次左右，工作温度在 −18～80℃。这种电池的优点是快速充电性能好，循环使用寿命长，无污染、免维修；缺点是成本高、有记忆效应和自放电损耗。

锂电池结构与一般蓄电池基本相同，其显著优点是输出电能高，缺点是循环使用寿命较短，只有 1 000 次左右且价格高。

二、光电池

光电池是将光能转换成电能的半导体装置，技术上以太阳能电池为代表。这种电池以半导体硅为主要材料，硅材料对光线反映灵敏，在光照射下内部产生带电粒子电子——空穴对，并将正电荷聚集在正极而将负电荷聚集在负极形成电动势。使用中多将单体硅光电池通过串联或并联形成光电池组，可供人造卫星、空间飞行器、空间通信设备、机场跑道标志灯、航标灯、广播电视差转机、无线电话、铁路公路信号电源。光电池的显著优点是无污染、无噪声、安全、故障率低、维护简便、容量较大，是我国能源发展的方向之一。

本章小结

一、电阻的串、并联

电阻串、并联电路的特点，见表2-1。

表2-1 串、并联电阻的特点

连接方式 / 项目	串联	并联
电流	$I=I_1=I_2=\cdots$	$I=I_1+I_2+I_3+\cdots$
电压	$U=U_1+U_2+U_3+\cdots$	$U=U_1=U_2=\cdots$
电阻	$R=R_1+R_2+R_3+\cdots$	$R=R_1 /\!/ R_2 /\!/ R_3 /\!/ \cdots$
电阻与分压	与阻值成正比	各支路电阻上电压相等
电阻与分流	不分流	与电阻值成反比
功率分配	与电阻值成正比	与电阻值成反比

二、基尔霍夫定律

基尔霍夫定律包括基尔霍夫第一定律(KCL)与基尔霍夫第二定律(KVL)，它是研究电路的最基本的定律，对于简单电路、复杂电路、直流电路、交流电路、线性电路和非线性电路均适用。KCL说明了在电路的任一节点上，电流的代数和恒等于零，即 $\sum I=0$。KVL说明了绕任一闭合回路一周，电压降的代数和恒等于零，即 $\sum U=0$。

三、戴维宁定理

任何线性有源二端网络对外电路而言，可用一个等效电压源代替。等效电压源的电压 E_0 等于有源二端网络两端点间的开路电压；等效电压源的内阻 R_0 等于该二端网络中各电源置零后所得无源二端网络两端点间的等效电阻。

四、直流电桥平衡

直流电桥桥支路无电流，称为直流电桥平衡。电桥平衡条件为电桥邻臂电阻的比值相等或电桥两相对桥臂电阻的乘积相等。

五、电路中各点电位的计算

首先确定参考点，然后从待求点选择一捷径至参考点，列出选择路径上全部电压代数和的方程，从而计算出该点的电位。

习题二

一、填空题

1. 在串联电阻电路中，电流处处______，电路总电压与分电压关系为________________，电路等效电阻与分电阻关系为________________，电路消耗的总功率与分电阻消耗的功率关系为________________________。
2. 在实际应用中，并联电阻可用于______________，______________和______________。
3. 并联电阻电路中，总电压等于__________，总电流等于__________，等效电阻与各分电阻的关系是________________，各电阻上分配的电流和功率均与各自的阻值成______比。
4. 并联电阻电路常用于______和扩大__________的量程。
5. 设 n 个型号相同的电池串联，每个电池电动势为 E，内阻为 r，则总电功势为______ V，总内阻为______ Ω。如将它们换成并联，总电动势为______ V，总内阻为______ Ω。
6. 电压源用______和______串联表示，电流源用______和______并联表示。
7. 二端网络指____________________它们分为______源和______源 2 种类型。
8. 戴维宁定理适用于____________________网络。
9. 叠加定理适用于______性电路和有________________同时作用的电路。

二、判断题

1. 串联电阻电路中，等效电阻恒大于任一分电阻。 (　　)
2. 并联电阻电路中，等效电阻恒大于任一分电阻。 (　　)
3. 电压表内阻越大，测量误差越小。 (　　)
4. 电流表内阻越大，测量误差越小。 (　　)
5. 1 个理想电压源可看成恒压源，它可视为 1 个电动势与电阻的串联电路。 (　　)
6. 电池的混联既可提高电池组的电动势又可扩大输出电流。 (　　)
7. 用电流表测电压和用电压表测电流都是危险的，但前者比后者更危险。 (　　)
8. 电路中任意两点间电位相等，则它们之间电压也相等。 (　　)
9. 用一电阻连接在无电压的两点之间，电阻中无电流通过，则该 2 点电位为零。 (　　)
10. 叠加定理只能用于分析计算线性电路而不能用来分析计算非线性电路。 (　　)
11. 用基尔霍夫定律求解支路电流时，解出的电流为负值，说明实际电流与假定电流方向相反。 (　　)

三、单项选择题

1. 如要扩大电压表量程，应在表头线圈上加入(　　)。

   A. 串联电阻　　B. 并联电阻

   C. 混联电阻　　D. 都不是

2. 将“110 V,100 W”和“110 V,40 W”2 灯泡串联后接于 220 V 照明电路上,其结果为(　　)。

A. 40 W 灯泡最亮　　B. 100 W 灯泡最亮

C. 2 灯泡一样亮　　D. 2 灯泡都不亮

3. 在图 2-42 中,E 为恒压源,$R_2>R_1$,当开关 S 闭合时,通过 R_1 的电流(　　)。

A. 减小　　B. 增大

C. 不变　　D. 不能判定

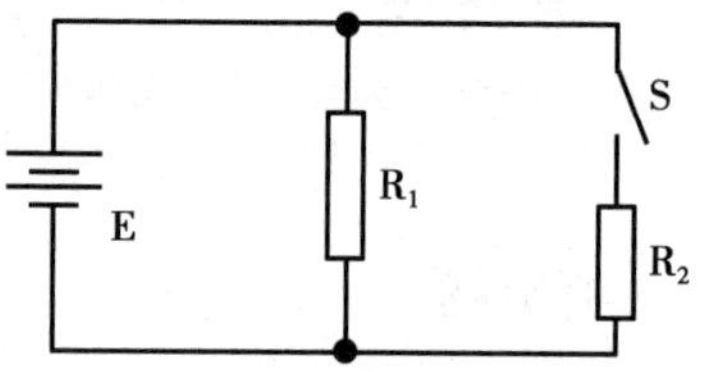

图 2-42

4. 为减小测量误差,在电压表和电流表表头内阻的选择上应(　　)。

A. 电压表内阻大,电流表内阻小

B. 电压表内阻小,电流表内阻大

C. 2 者都应大

D. 2 者都应小

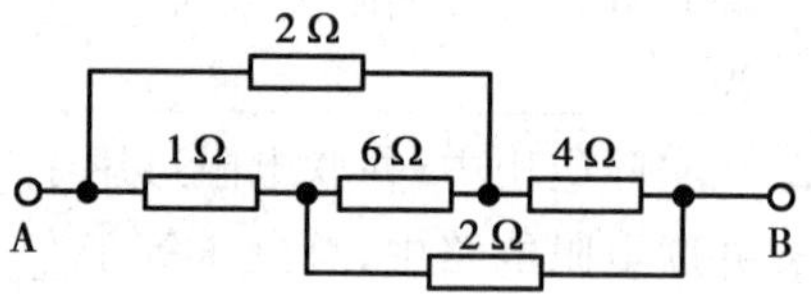

图 2-43

5. 在图 2-43 中 R_{AB}的阻值为(　　)。

A. 1 Ω　　B. 4 Ω　　C. 2 Ω　　D. 6 Ω

6. 电动势和内阻分别为 E,r 的 9 个电池组成如图2-44所示电池组,其总电动势和总内阻分别为(　　)。

A. $9E$,$9r$　　B. $3E$,$3r$

C. $3E$,r　　D. $9E$,$3r$

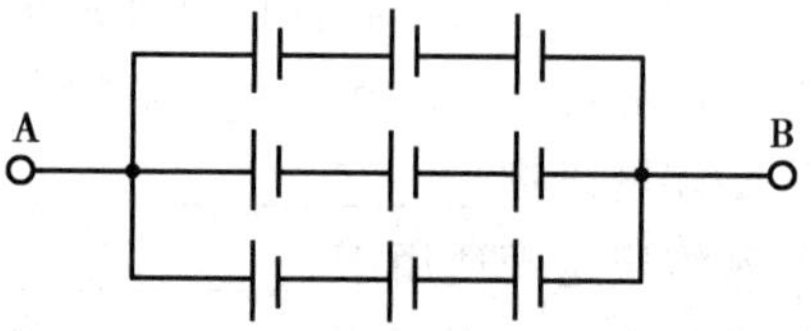

图 2-44

7. 在图 2-45 中,C 点电位为(　　)。

A. 0 V　　B. 2 V　　C. 10 V　　D. 12 V

8. 在图 2-46 中,应用戴维宁定理,其开路电压 U_0 和内阻 r_0 分别为(　　)。

A. 3 V,2 Ω　　B. 6 V,2 Ω0

C. 15 V,3 Ω　　D. 27 V,9 Ω

9. 电桥电路处于平衡状态时应满足(　　)。

A. 对臂电阻相等　　B. 对臂电阻乘积相等

C. 对臂电流相等　　D. 对臂两端电压相等

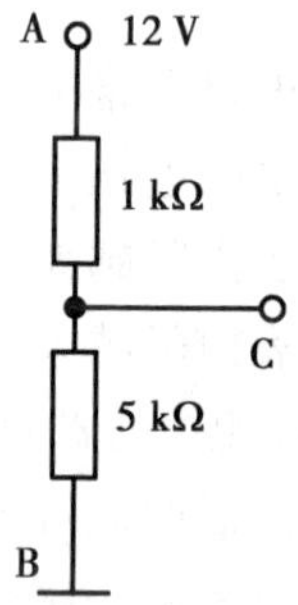

图 2-45

四、问答题

1. 试分析,混联电路的计算应按哪几个步骤进行?
2. 在分析计算电路中相关点电位时,应采用哪些方法和步骤?
3. 试述用支路电流法分析计算复杂直流电路的要点。
4. 简述 2 种实际电源模型各自的含义。
5. 戴维宁定理是怎样定义含源二端网络的电动势和内阻的?

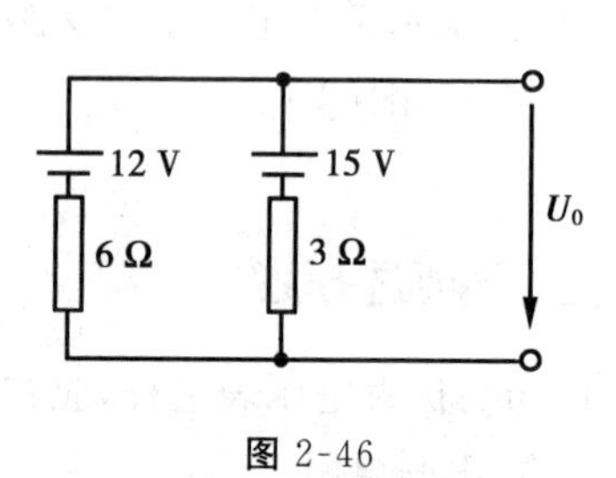

图 2-46

五、计算题

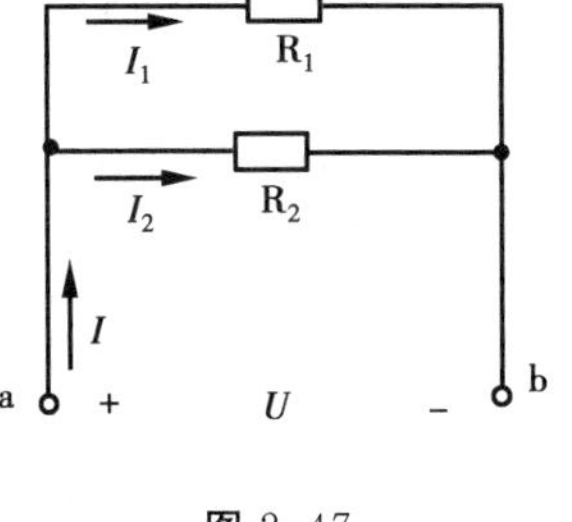

图 2-47

1. 在图 2-47 所示电路中，$R_1=45\ \Omega$，通过 R_1 的电流是总电流的$\frac{1}{10}$，R_2 为多少？电路的总电阻 R 为多少？
2. 在图 2-47 所示电路中，$U_{ab}=60$ V，若总电流 $I=150$ mA，$R_1=1.2\ \text{k}\Omega$，试求 R_2 的大小和通过 R_1，R_2 的电流 I_1，I_2。
3. 电源电压是 12 V，4 只瓦数相同的灯泡工作电压都是 6 V，要使灯泡正常工作，应将这些灯泡如何连接？
4. 在图 2- 48 所示电路中，$R_1=R_2=R_5=10\ \Omega$，$R_3=R_4=20\ \Omega$，试求 R_{AB} 为多少？

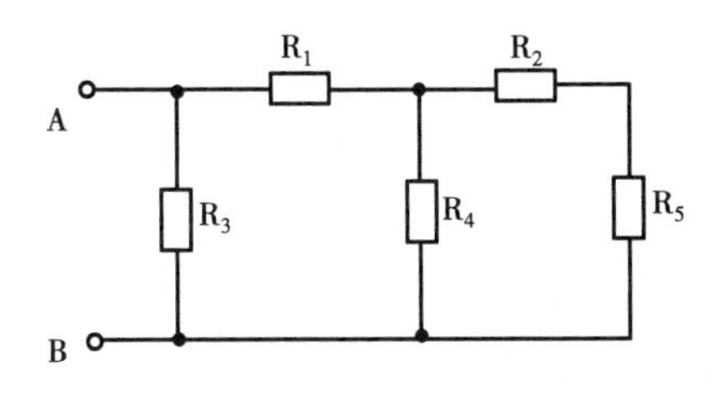

图 2-48

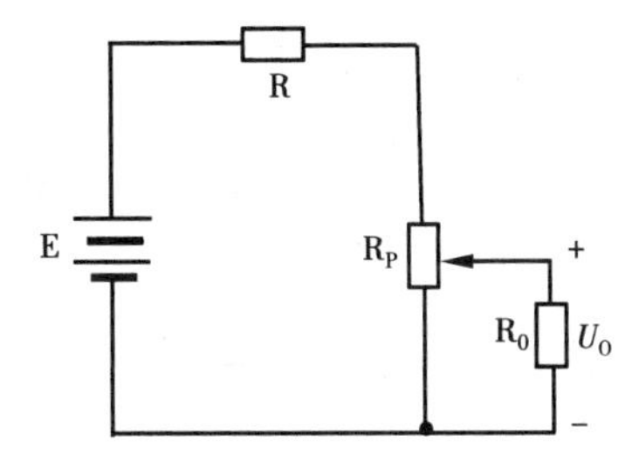

图 2-49

5. 试计算图 2-49 所示电路在电位器 R_P 由下至上调节时，负载电压的变化范围。图中，$E=20$ V，$R=15\ \text{k}\Omega$，$R_P=10\ \text{k}\Omega$，$R_0=10\ \text{k}\Omega$。
6. 有 5 个相同的电池，每个电池的电动势是 1.5 V，内阻是 0.1 Ω，若将它们串联起来，则总电动势为多少？总的内阻 r 为多少？若将它们并联起来，则总电动势为多少？总的内阻为多少？

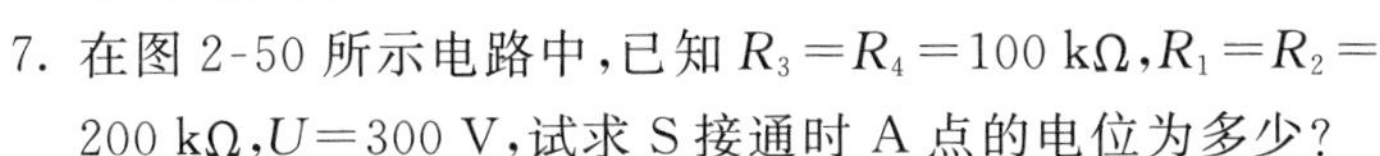

7. 在图 2-50 所示电路中，已知 $R_3=R_4=100\ \text{k}\Omega$，$R_1=R_2=200\ \text{k}\Omega$，$U=300$ V，试求 S 接通时 A 点的电位为多少？
8. 在图 2-51 所示电路中，A 点的电位为多少？
9. 在图 2-50 所示电路中，当开关 S 由接通变为断开时，请定性分析 A 点电位是升高或降低。

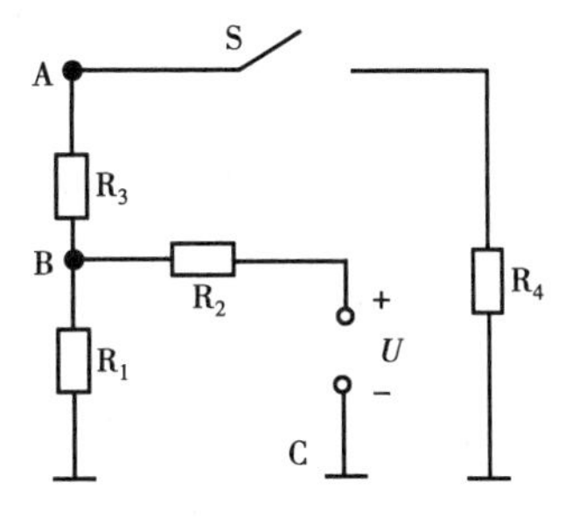

图 2-50

10. 在图 2-52 所示电路中，已知 $I_1=5$ A，$I_2=3.5$ A，$I_3=3$ A，试求通过 R_4，R_5，R_6 中的电流大小和实际方向。

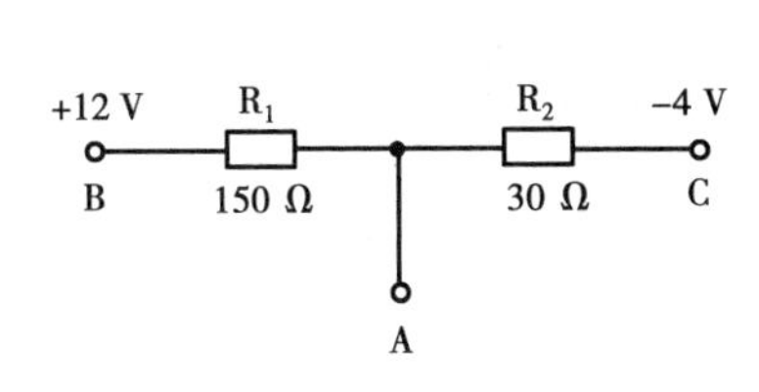

图 2-51

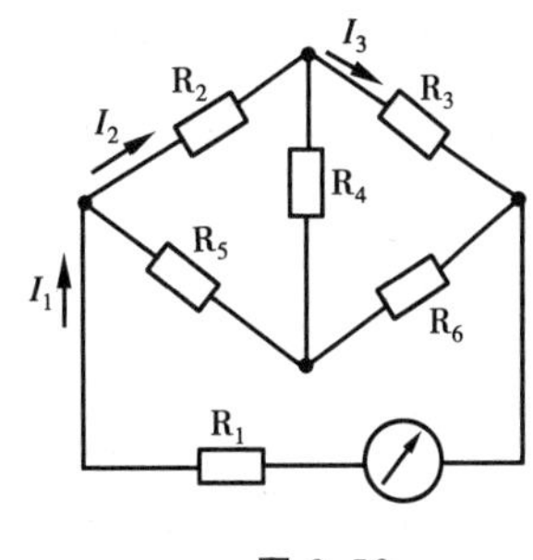

图 2-52

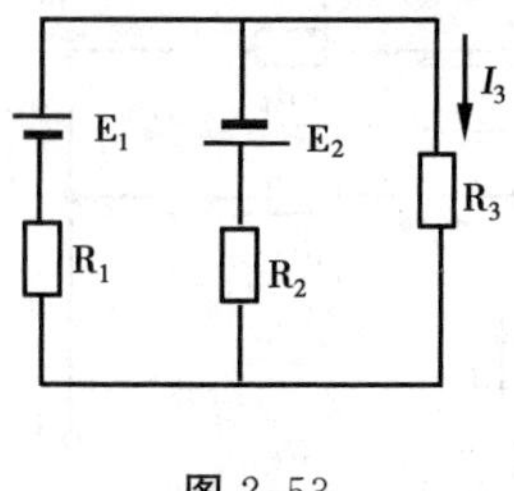

图 2-53

※11. 在图 2-53 所示电路中，已知 $E_1=12$ V，$R_1=6$ Ω，$E_2=15$ V，$R_2=3$ Ω，$R_3=10$ Ω。试用戴维宁定理求流过 R_3 的电流 I_3。

12. 在图 2-54 所示电路中，调节 $\frac{R_1}{R_2}=10$，$R_3=50\Omega$，此时电表指示为零，试求待测电阻 R_X 的大小。

13. 在图 2-55 所示晶体管测试电路中，用电压表测得 $E=1.5$ V，$U_{be}=0.7$ V，试求电流 I_b。

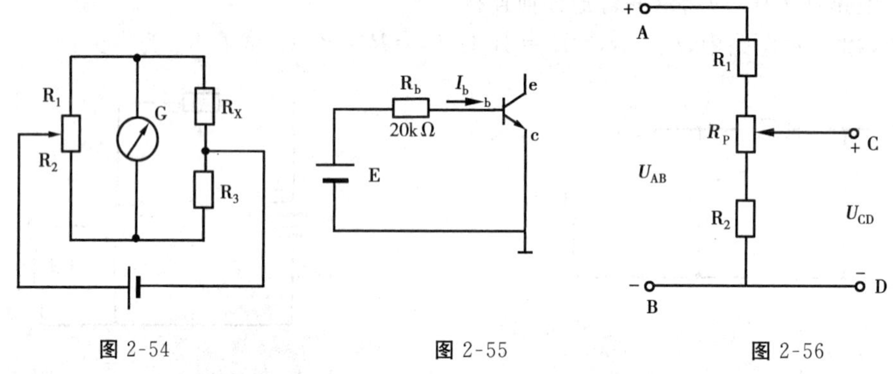

图 2-54　图 2-55　图 2-56

14. 在图 2-56 中，已知 $R_1=5$ Ω，$R_2=10$ Ω，可变电阻 R_P 的阻值在 0～25 Ω 之间变化，A，B 两端接 20 V 恒定电压，当滑动片上下滑动时，CD 间所能得到的电压变化范围是多少。

15. 在图 2-57 所示电路中，2 个完全相同的电池向电阻 $R=11.75$ Ω供电，每个电池的电动势 $E=6$ V，内阻 r 为 0.5 Ω，则 R 上的电流为多少？

16. 在图 2-58 所示电路中，$R_1=R_2=R_3=36$ Ω，$R_4=5$ Ω，电源电动势 $E=12$ V，内阻 $r=1$ Ω，P 点接地，则 A 点的电位为多少？

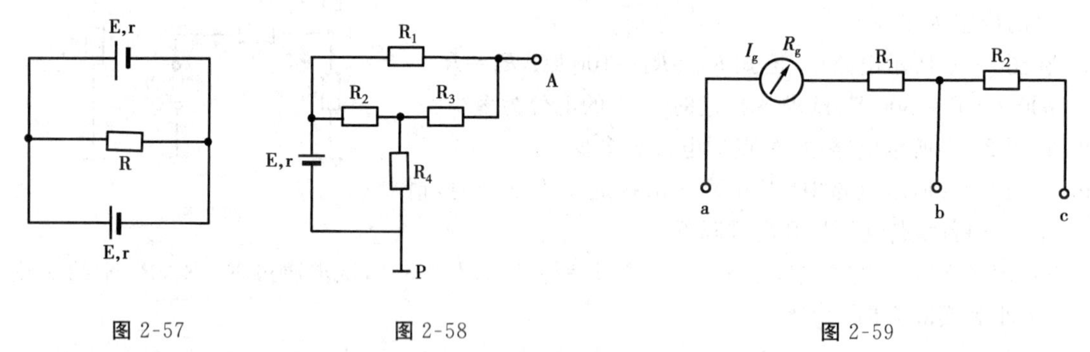

图 2-57　图 2-58　图 2-59

17. 图 2-59 所示是有 2 个量程的电压表。当使用 a，b 两端点时，量程为 10 V；当使用 a，c 两端点时，量程为 100 V，已知电流表的内阻 $R_g=500$ Ω，满偏电流 $I_g=1$ mA，求电阻 R_1，R_2。

18. 图 2-60 所示的是有 2 个量程的安培表，当使用 a，b 两端点时，量程为 1 A；当使用 a，c 两端点时，量程为 0.1 A。已知电流表的内阻 R_g 为 200 Ω，满偏电流 I_g 为 2 mA，R_1 和 R_2 为多少？

※19. 如图 2-61 所示电路中，若 $E_1=60$ V，$E_2=10$ V，$r_1=2$ Ω，$r_2=5$ Ω，$R_1=8$ Ω，$R_2=15$ Ω，$R_3=15$ Ω。试用戴维宁定理求通过 R_3 上的电流。

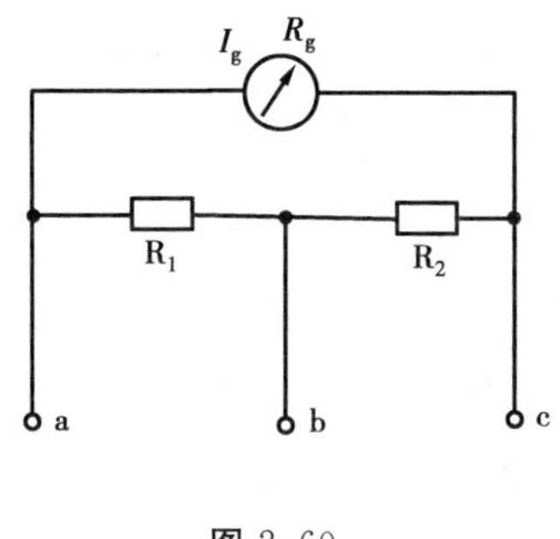

图 2-60

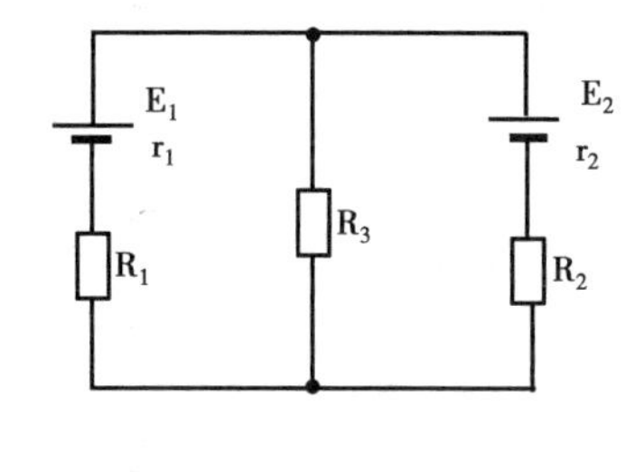

图 2-61

六、实验题

1. 试调查你家庭供用电情况的下列数据：(1)所有用电器功率的总和；(2)家庭线路敷设方式：明敷、金属管敷设或塑料管敷设；(3)线路选用绝缘导线为塑料绝缘线；(4)线路工作温度按30 ℃计。
2. 试根据表 2-2、表 2-3 和表 2-4 选择出你家中保险丝规格和供电干线横截面积。

表 2-2　常用铅锡合金熔丝的规格

直径/mm	额定电流/A	熔断电流/A	直径/mm	额定电流/A	熔断电流/A
0.28	1.00	2.00	0.81	3.75	7.50
0.32	1.10	2.20	0.98	5.00	10.00
0.35	1.25	2.50	1.02	6.00	12.00
0.36	1.35	2.70	1.25	7.50	15.00
0.40	1.50	3.00	1.51	10.00	20.00
0.46	1.85	3.70	1.67	11.00	22.00
0.52	2.00	4.00	1.75	12.50	25.00
0.54	2.25	4.50	1.98	15.00	30.00
0.60	2.50	5.00	2.40	20.00	40.00
0.71	3.00	6.00	2.78	25.00	50.00

表 2-3　500 V 铜心绝缘导线长期连续负荷允许通过的电流

导线	线心结构			导线明敷设 I/A				橡皮绝缘导线多根同穿在一根管内时允许负荷电流 I/A												塑料绝缘导线多根同穿在一根管内时允许负荷电流 I/A											
截面积	股	单心直径	成品外径	25℃		30℃		25℃						30℃						25℃						30℃					
				橡皮	塑料	橡皮	塑料	穿金属管			穿塑料管			穿金属管			穿塑料管			穿金属管			穿塑料管			穿金属管			穿塑料管		
S/mm²	数	d/mm	$d_{外}$/mm					2根	3根	4根	2根	3根	4根	2根	3根	4根	2根	3根	4根	2根	3根	4根	2根	3根	4根	2根	3根	4根	2根	3根	4根
1.0	1	1.3	4.4	21	19	20	18	15	14	12	13	12	11	14	13	11	12	11	10	14	13	11	12	11	10	13	12	10	11	10	9
1.5	1	1.37	4.6	27	24	25	22	20	18	17	17	16	14	19	17	16	16	16	13	19	17	16	16	15	13	18	16	15	15	14	12
2.5	1	1.76	5.0	35	32	33	30	28	25	23	25	22	20	26	23	22	23	21	19	26	24	22	24	21	19	24	22	21	22	19	18
4	1	2.24	5.5	45	42	42	39	37	33	30	33	30	26	35	31	28	31	28	24	35	31	28	31	28	25	33	29	26	29	26	23
6	1	2.73	6.2	58	55	54	51	49	43	39	43	38	34	46	40	36	40	36	32	47	41	37	41	36	32	44	38	35	38	34	30
10	7	1.33	7.8	85	75	80	70	68	60	53	59	52	46	64	56	50	55	49	43	65	57	50	56	49	44	61	53	47	52	46	41
16	7	1.68	8.8	110	105	103	96	86	77	69	76	68	60	80	72	64	71	64	56	82	73	65	72	65	57	77	68	61	67	61	53
25	19	1.28	10.6	145	138	136	129	113	100	90	100	90	80	106	94	84	94	84	75	107	95	85	95	85	75	100	89	80	89	80	70
35	19	1.51	11.8	180	170	168	159	140	122	110	125	110	98	131	114	103	117	103	92	133	115	105	120	105	93	124	108	98	112	98	87
50	19	1.81	13.8	230	215	215	201	175	154	137	160	140	123	164	144	128	150	131	115	165	146	130	150	132	117	154	137	112	140	123	109
70	49	1.33	17.3	285	265	267	248	215	193	173	195	175	155	201	181	162	182	164	145	205	183	165	185	167	148	194	171	154	173	156	138
95	84	1.20	20.8	345	325	323	304	260	235	210	240	215	195	243	220	197	224	201	182	250	225	200	230	205	185	234	210	187	215	192	173
120	133	1.80	21.7	400	—	374	—	300	270	245	278	250	227	280	252	229	260	234	212	—	—	—	—	—	—	—	—	—	—	—	—
150	37	2.24	22.0	470	—	439	—	340	310	280	320	290	265	318	290	262	299	271	248	—	—	—	—	—	—	—	—	—	—	—	—
185	37	2.49	24.2	540	—	505	—	—	—	—	—	—	—	—	—	—	—	—	—	—	—	—	—	—	—	—	—	—	—	—	—
240	61	2.21	27.2	660	—	617	—	—	—	—	—	—	—	—	—	—	—	—	—	—	—	—	—	—	—	—	—	—	—	—	—

注：导电线心最高允许工作温度 +65℃。

表 2-4　500 V 铝心绝缘导线长期连续负荷允许通过的电流

导线截面积 S/mm^2	线心结构			导线明敷设 I/A				橡皮绝缘导线多根同穿在一根管内时允许负荷电流 I/A												塑料绝缘导线多根同穿在一根管内时允许负荷电流 I/A											
	股数	单心直径 d/mm	成品外径 $d_{外}$/mm	25℃		30℃		25℃						30℃						25℃						30℃					
				橡皮	塑料	橡皮	塑料	穿金属管			穿塑料管			穿金属管			穿塑料管			穿金属管			穿塑料管			穿金属管			穿塑料管		
								2根	3根	4根	2根	3根	4根	2根	3根	4根	2根	3根	4根	2根	3根	4根	2根	3根	4根	2根	3根	4根	2根	3根	4根
2.5	1	1.76	5.0	27	25	25	23	21	19	16	19	17	15	20	18	15	18	16	14	20	18	15	18	16	14	19	17	14	17	16	13
4	1	2.24	5.5	35	32	33	30	28	25	23	25	23	20	26	23	22	23	22	19	27	24	22	24	22	19	25	22	21	22	21	20
6	1	2.73	6.2	45	42	42	39	37	34	30	33	29	26	35	32	28	31	27	24	35	32	28	31	27	25	33	30	26	29	28	24
10	7	1.33	7.8	65	59	61	55	52	46	40	44	40	35	49	43	37	41	38	33	49	44	38	42	38	33	46	41	36	39	38	34
16	7	1.68	8.8	85	80	80	75	66	59	52	58	52	46	62	55	49	54	49	43	63	56	50	55	49	44	59	52	47	51	49	44
25	7	2.11	10.6	110	105	103	98	86	76	68	77	68	60	80	71	64	72	64	56	80	70	65	73	65	57	75	65	61	68	61	57
35	7	2.49	11.8	138	130	129	122	106	94	83	95	84	74	99	89	78	89	79	69	100	90	80	90	80	70	94	84	75	84	79	70
50	19	1.81	13.8	17	165	164	154	138	118	105	120	108	95	124	110	98	112	101	89	125	110	100	114	102	90	117	103	94	107	96	88
70	19	2.14	16.0	220	205	206	192	165	150	130	153	135	120	154	140	124	143	126	112	155	143	127	145	130	115	145	134	119	136	125	111
95	19	2.49	18.3	265	250	248	234	200	180	160	184	165	150	187	168	150	172	154	140	190	170	152	175	158	140	178	159	142	164	149	133
120	37	2.01	20.0	310	—	290	—	230	210	190	210	190	170	215	197	178	197	178	159	—	—	—	—	—	—	—	—	—	—	—	—
150	37	2.24	22.0	360	—	337	—	260	240	220	250	227	205	243	224	206	234	212	192	—	—	—	—	—	—	—	—	—	—	—	—

注：导电线心最高允许工作温度 +65℃。

实验三

基尔霍夫定律的验证

一、实验目的

1. 验证基尔霍夫定律;
2. 通过实验加深对电流参考方向的理解。

二、实验器材

序号	名　　称	代　号	规　　格	数　量	备　注
1	电阻	R_1	510 Ω,0.5 W	1只	
2	电阻	R_2	1 kΩ,1 W	1只	
3	电阻	R_3	300 Ω,0.5 W	1只	
4	直流电压表	Ⓥ	量程 30 V	1个	或万用表
5	直流电流表	Ⓐ	量程 300 mA	3个	或万用表
6	直流稳压电源	E_1,E_2	0~30 V,1 A	2台	
7	单刀双掷开关	S_1,S_2	不限	2个	
8	接线板			1块	
9	连接导线		足用		

三、实验原理

根据基尔霍夫第一定律,汇于任意节点的各支路电流的代数和为零,即

$$\sum I = 0$$

根据基尔霍夫第二定律,沿任意闭合回路绕行一周,回路中各段电压的代数和为零,即 $\sum U = 0$,用电流表测出各支路电流,用电压表测出回路中各段电压,通过计算验证基尔霍夫定律。

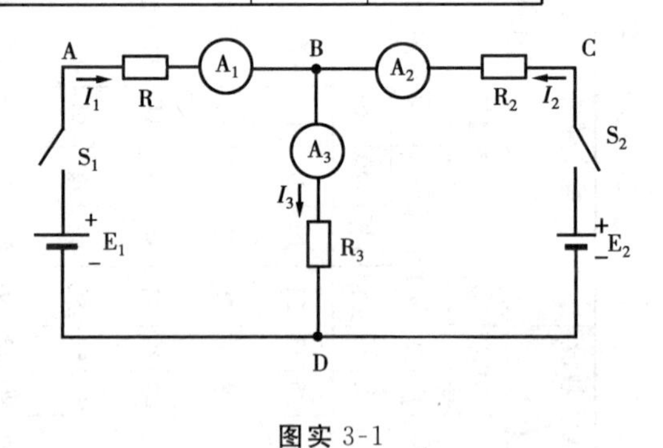

图实 3-1

四、实验步骤

1. 按图实 3-1 所示连接好电路,将 E_1 调至 6V,E_2 调至 12V,检查无误后接通电源;
2. 将电流表的读数填入表实 3-1;
3. 用电压表分别测出 AB,BC,CD,DA,DB 段的电压,填入表实 3-2 中;
4. E_1 调至 10 V,E_2 调至 20 V 重做上述实验。

表实 3-1　实验记录(一)

电源电压 \ 电流	I_1	I_2	I_3
$E_1=6$ V,$E_2=12$ V			
$E_1=10$ V,$E_2=20$ V			

表实 3-2　实验记录(二)

电源电压 \ 电压	V_{AB}	V_{BC}	V_{CD}	V_{DA}	V_{DB}
$E_1=6$ V,$E_2=12$ V					
$E_1=10$ V,$E_2=20$ V					

五、实验结果分析

1. 应用表实 3-1 的数据,计算汇于节点 B,节点 D 的电流是否满足基尔霍夫第一定律;
2. 应用表实 3-2 的数据,计算 2 网孔各段的电压是否满足基尔霍夫第二定律;
3. 说明应用基尔霍夫定律解题时,支路电流出现负值的含义及原因。

实验四

直流电桥测电阻

一、实验目的

1. 掌握电桥平衡条件;
2. 能够应用直流电桥较精确地测量电阻。

二、实验器材

序号	名　称	代　号	规　格	数量	备　注
1	待测电阻	R_X	20 Ω 左右,0.5 W	1 只	
2	电阻箱	R	$(0\sim10)\times(0.1+1+10+10^2)$	1 台	
3	可变电阻	R_P	0～10 Ω,1 W	1 个	
4	滑线电桥		滑线长 1 m	1 个	
5	检流计	Ⓖ		1 台	
6	直流电源	E	0～3 V,1 A	1 台	
7	连接导线			足用	带鳄鱼夹

三、实验原理

电桥平衡条件为$\frac{R_1}{R_2}=\frac{R_3}{R_4}$,对于均匀的电阻丝,$\frac{R_3}{R_4}=\frac{L_1}{L_2}$,所以$\frac{R_1}{R_2}=\frac{L_1}{L_2}$。在 R_1,R_2 中,一个为待测电阻,另一个为标准电阻箱,L_1,L_2 的长度可用直尺测量,则

$$R_X=\frac{L_2}{L_1}R$$

其原理图如图实 4-1 所示。

四、实验步骤

1. 按照图实 4-1 所示电路图,将电路连接好;

2. 将滑动变阻器 R_P 置于最大值,即 $R_P=10\ \Omega$。估计 R_X 的数值(可用万用表测量),将电阻箱电阻 R 调节到估计值,记入表实 4-1 中。

3. 将检流计触头 D 置于滑线电阻 AC 的中间附近,闭合开关 S,移动触头 D 使检流计中电流为零。

4. 断开开关 S,用直尺测量 L_1,L_2 的长度,记入表实 4-1。

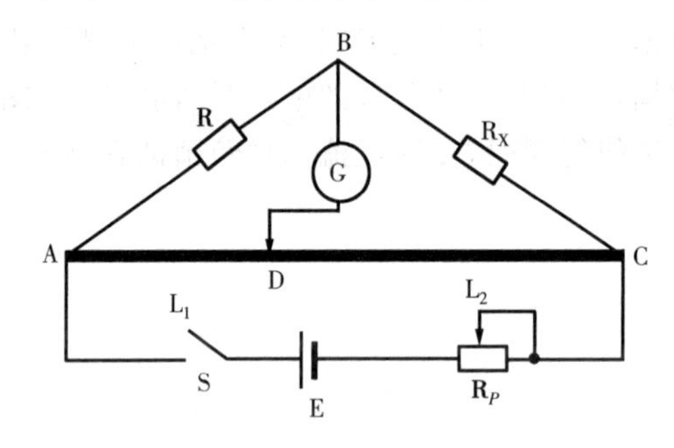

图实 4-1

5. 在较小范围内改变电阻 R,重做上述实验,将 R,L_1,L_2 数值记入表实 4-1 中。

表实 4-1　实验记录

变阻箱阻值	电桥平衡时 L_1	电桥平衡时 L_2	$R_X=\frac{L_2}{L_1}R$
$R=$　　Ω	$L_1=$　　cm	$L_2=$　　cm	
$R=$　　Ω	$L_1=$　　cm	$L_2=$　　cm	
$R=$　　Ω	$L_1=$　　cm	$L_2=$　　cm	

五、实验结果处理

1. 根据实验数据计算出待测电阻 R_X 的阻值;

2. 求出待测电阻 R_X 的平均值。

第三章
磁场及其与电流的作用

学习目标

本章是在回顾初中物理磁场及其与电流作用的基础上，进一步讨论了磁场的基本物理量、铁磁物质及其磁化规律、磁场对运动电荷的作用，最后介绍了磁路及其基本定律。通过本章学习应达到：

①了解磁场的概念，理解载流直导线、载流线圈的磁场形状及方向；

②理解磁场基本物理量：磁感应强度、磁通、磁场强度和磁导率的基本概念；

③了解铁磁性物质及其磁化规律；

④掌握磁场对载流导体及运动电荷的作用，了解磁路及其基本定律。

第一节　电流的磁场

一、磁场

磁体对周围的铁磁物质具有吸引力，互不接触的磁极之间也具有作用力，这种力通常称为磁力。我们知道力是物体对物体的作用，它需要某种媒介来传递，那么磁力是靠什么来传递的呢？

磁力是由磁场来传递的。在磁体的周围存在一种特殊形式的物质，这种特殊形式的物质称为磁场。任何磁体的周围空间均存在着磁场，磁场是物质的一种特殊形态，它具有力和能量的性能，但又看不见、摸不着，没有具体的形态。将小磁针放在磁场中的某一位置时，它总是受磁力的作用而转动到一定的方向后再静止。这说明磁场在每一点上都有确定的方向。人们规定：将一个可以自由转动的小磁针放入磁场中某点，当小磁针静止时，N 极所指的方向就是该点的磁场方向。

为了形象地用图形描述磁场情况，可以在磁场中画出一些有方向的曲线，使这些曲线上每一点的切线方向都和该点的磁场方向一致，这种曲线称为“磁感线”（又叫磁场线、磁感应线），如图3-1所示。在图中常用磁感线的疏密程度来表示该处磁场的强弱，用沿磁感线绕行方向的切线方向来表示该处的磁场方向。值得注意的是，磁感线是为了形象地描述磁场而引入的一系列假设的曲线，并非真实存在。

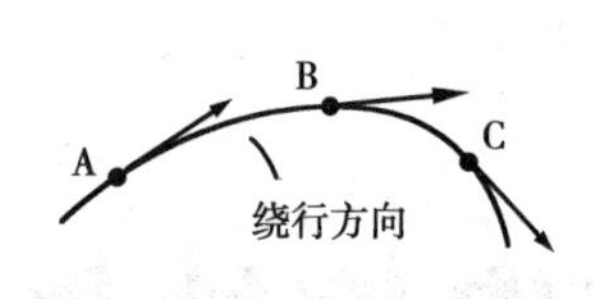

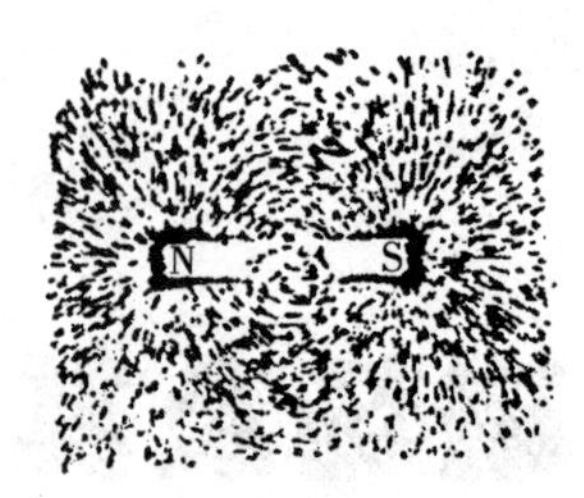

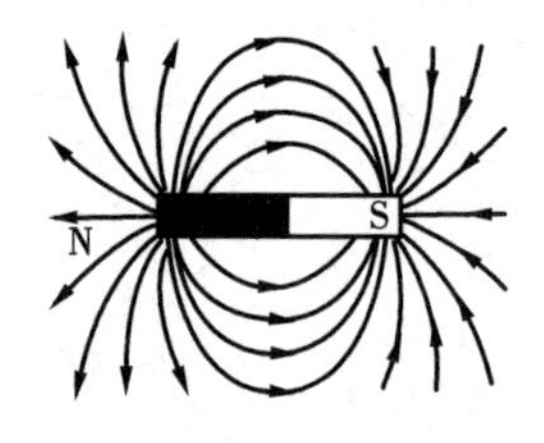

图 3-1 磁感线

磁感线具有以下特点：

(1)磁感线在磁体外面的方向都是由 N 极指向 S 极，而在磁体内部却是由 S 极到 N 极，形成一个闭合回路；

(2)磁感线互不相交，即磁场中任一点的磁场方向是惟一的，其方向就是该点磁感线的方向；

(3)磁场越强，磁感线越密；

(4)当存在导磁材料时，磁感线主要趋向从导磁材料中通过。

二、电流的磁场

电流也可以产生磁场。1820 年，丹麦物理学家奥斯特在水平放置的铂丝正下方放了一枚磁针，当给铂丝通电时，磁针发生了偏转，转到与铂丝垂直的方向，如图 3-2 所示，这表明电流也具有磁效应。

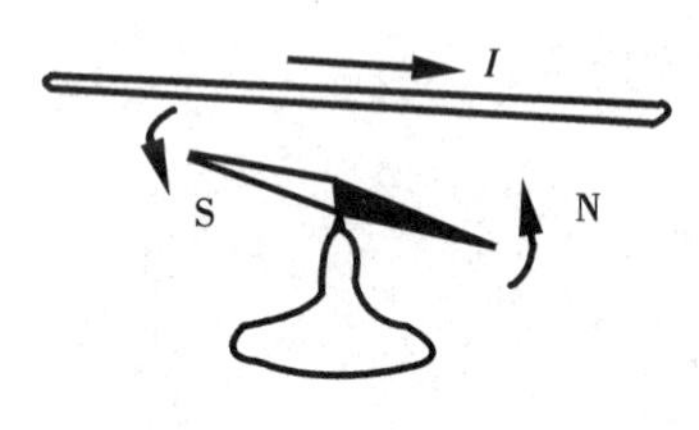

图 3-2 直线电流的磁场

1. 通电直导线的磁场

取一根直导线，把它穿过一块较大的硬纸板的中心，如图 3-3(a)所示。在纸板上均匀地撒上铁屑，当导线通以电流时，假如使电流从导线下端流到上端，用手指轻敲纸板，铁屑就会有规则地以导线为中心，形成许多圆环，这表明导线通过电流时在周围空间产生了磁场。我们还可以用一个可以自由转动的小磁针放在圆环上，当小磁针静止时，小磁针 N 极的方向就是小磁针所在位置磁感线的方向。如果改变电流的方向，从导线的上端流向下端，那么可以看到磁感线形状不变，但小磁针 N 极的指向与前相反，也就是说，磁场的方向改变了。通电直导线中电流方向和磁场方向之间的关系可以用右手螺旋定则来描述：即把右手的大拇指伸直，四指握住导线，当大拇指指向电流方向时，其余四指所指的方向就是磁感线的方向，如图 3-3(b)。

综上所述，通电直导线在周围空间产生的磁场具有如下特性：

(1)磁感线是一组以直导线为圆心的同心圆；

(2)导线中电流越强，则磁场越强；

(3)越靠近直导线，磁感线越密，即磁场越强；

(4)磁感线方向取决于导线中电流的方向。

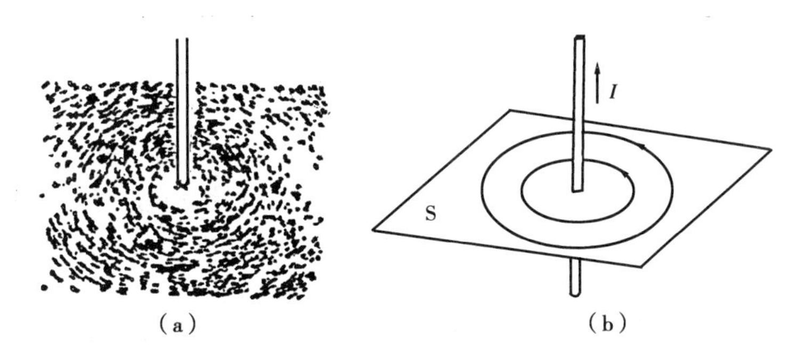

图 3-3　直线电流磁感线

2. 通电线圈的磁场

当电流流经一个螺旋线圈时，线圈电流产生的磁场类似于条形磁体产生的磁场，即磁感线从 N 极出发，回到另一端 S 极。为了判断线圈电流与磁场方向间的关系，也可以用右手螺旋定则来确定，即将右手的大拇指伸直，用右手握住线圈，四指指向电流的方向，则大拇指所指的方向便是线圈中磁感线的 N 极的方向，如图 3-4 所示。

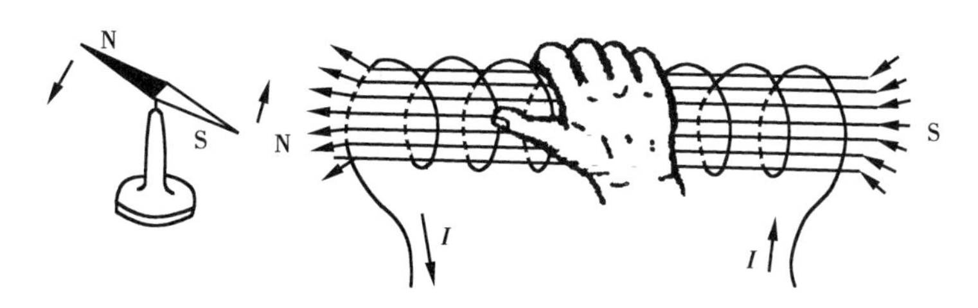

图 3-4　载流线圈磁场及右手螺旋定则

第二节　磁场的基本物理量

用磁感线描述磁场，具有形象直观的优点，但只能进行定性分析，要定量地解决问题，则需引入磁场的基本物理量。

一、磁感应强度

不仅两个磁极之间有磁场力的作用，而且载流导体在磁场中也会受到磁场力的作用。如图 3-5 所示，在匀强磁场中悬挂 1 根直导线 MN。当电路中有电流通过时，载流导体 MN 受到力的作用而向上运动。电流反向时，运动方向相反。这表明通电导体在磁场中受到磁场力的作用。同样的载流导体在不同的磁场中所受的磁场力也不同，所以根据载流导体在磁场中的受力情况可以确定该处磁场的强弱。进一步实验可以证明，载流导体 MN 所受力的大小与导体的有效长度 L，电流 I 及磁场的强弱 B 有关。即

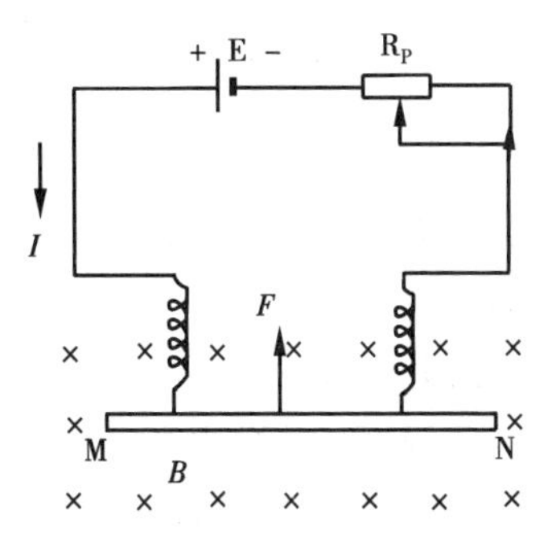

图 3-5　载流导体所受磁场力

$$F = BIL$$

由此可得

$$B = \frac{F}{IL} \tag{3-1}$$

式中：F——与磁场垂直的通电导体受到的磁场力，单位名称是牛[顿]，符号为 N；

L——通电导体在磁场中的有效长度，单位名称是米，符号为 m；

B——导体所在处的磁感应强度，它反映磁场中某点磁场的强弱和方向。单位名称是特[斯拉]，符号为 T。

磁感应强度既反映了磁场中某点磁场的强弱，又反映了该点磁场的方向，故磁感应强度是矢量。我们规定磁场中某点的磁感应强度方向就是该点磁场的方向。对于某确定磁场中的不同点，磁感应强度未必相同。因此，可以用磁感应强度来定量描述磁场中某点的性质。

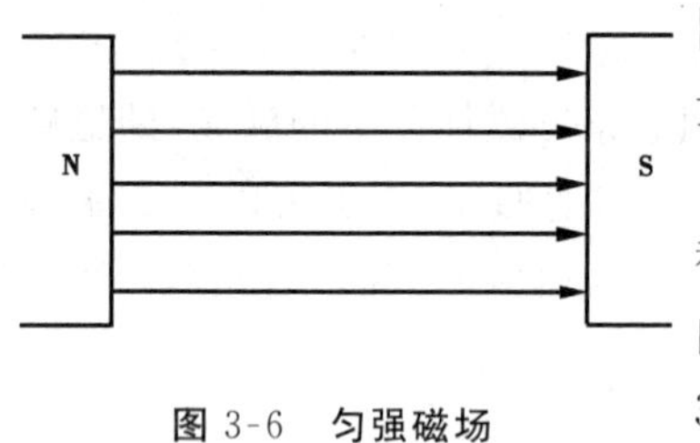

图 3-6　匀强磁场

如果在磁场的某一区域中，磁感应强度的大小和方向都相同，这个区域就称为匀强磁场。匀强磁场的磁感线，方向相同，疏密程度一样，是一些分布均匀的平行直线，如图 3-6 所示。

匀强磁场是最简单但又很重要的磁场，在电磁仪器和实验中常常用到。例如，通电长线圈内部的磁场和距离很近的两个平行异名磁极间的磁场都可以认为是匀强磁场。

二、磁通

磁感应强度 B 仅仅反映了磁场中某一个点的性质。在研究实际问题时，往往要考虑某一个面的磁场情况，为此、我们引入了一个新的物理量——磁通，用字母 Φ 表示。

磁感应强度 B 和与其垂直的某一截面积 S 的乘积，称为通过该面积的磁通量，简称磁通。

在匀强磁场中，磁感应强度 B 是一个常数，磁通的计算公式为

$$\Phi = BS \tag{3-2}$$

式中：S——与 B 垂直的某一截面面积，单位名称是平方米，符号为 m^2；

Φ——通过该面积的磁通，单位名称是韦[伯]，符号为 Wb。

上式可以写成

$$B = \frac{\Phi}{S} \tag{3-3}$$

这说明在匀强磁场中，磁感应强度就是与磁场垂直的单位面积上的磁通。所以，磁感应强度又叫做磁通密度。

【例 3-1】　在 B 为 0.5 T 的匀强磁场中，放入一面积为 400 cm^2 的矩形线框，如果磁感应强度与线框平面的夹角 α 分别为 0°，30°，90°时，求通过该矩形线框的磁通各为多少。

分析：磁感应强度与平面不垂直时，不能直接应用磁通定义公式 $\Phi=BS$。由于磁感应强度是矢量，可应用矢量分解的方法，将其分解为垂直平面分量和平行平面分量，平行平面分量不穿过该平面，磁通为零；垂直平面分量可以应用磁通公式 $\Phi=BS$ 来计算。

解：磁感应强度的垂直分量为

$B'=B\sin\alpha$

(1)$\Phi=B'S=BS\sin\alpha=BS\ \sin0°=0$

(2)$\Phi=B'S=BS\sin\alpha=BS\ \sin30°=0.01\ \text{Wb}$

(3)$\Phi=B'S=BS\sin\alpha=BS\ \sin90°=0.02\ \text{Wb}$

三、磁导率

磁场中各点的磁感应强度的大小不仅与磁体或电流的大小、导体的形状有关，而且与磁场内介质的性质有关。用一个插有铁心的通电线圈去吸引铁钉，然后把通电线圈中的铁心换为铜棒再去吸引铁钉，发现两种情况下吸力的大小不同，前者比后者要大得多。这表明不同的介质对磁场的影响是不同的，其影响的强弱程度与介质的导磁性能有关。磁导率 μ 就是用来衡量物质导磁能力的物理量。μ 的单位名称是亨[利]每米，符号为 H/m。不同物质的磁导率 μ 不同。在相同条件下，μ 值越大，磁感应强度 B 越大，磁场越强；μ 值越小，磁感应强度 B 越小，磁场越弱。

由实验可测定，真空中的磁导率是一个常数，用 μ_0 表示

$$\mu_0 = 4\pi \times 10^{-7}\ \text{H/m}$$

由于真空中的磁导率是一个常数，为了便于对各种物质的导磁性能进行比较，通常以真空中磁导率 μ_0 为基准，将其他物质的磁导率 μ 与 μ_0 比较，其比值叫相对磁导率，用 μ_r 表示，即 $\mu_r=\mu/\mu_0$。相对磁导率是没有单位的量。根据 μ_r 的大小，可将物质分为 3 类：

(1)顺磁性物质：顺磁性物质的磁导率 μ_r 略大于 1，如空气、氧、锡、铝、铅等。

(2)反磁性物质：反磁性物质的磁导率 μ_r 略小于 1，如氢、铜、石墨、银和锌等。在磁场中放置反磁性物质，磁感应强度 B 减小。

(3)铁磁性物质：铁磁物质的磁导率 μ_r 远大于 1，如铁、钢、铸铁、镍和钴等。在磁场中放置铁磁性物质，可使磁感应强度 B 增加几千甚至几万倍。

顺磁性物质和反磁性物质的相对磁导率都接近于 1，因而除铁磁性物质外，其他物质的相对磁导率都可认为等于 1，并称这些物质为非铁磁性物质。

铁磁性物质的相对磁导率见表 3-1。

表 3-1　铁磁性物质的相对磁导率

物质名称	μ_r	物质名称	μ_r
钴	174	镍铁合金	6 000
镍	1 120	真空中熔化电解铁	12 950
软铁	2 180	坡莫合金	115 000
硅钢片	7 000～10 000	铝硅铁粉心	7
未退火铸铁	340	锰锌铁氧体	5 000
已退火铸铁	620	镍锌铁氧体	1 000

四、磁场强度

既然磁场中各点磁感应强度与磁介质的性质有关，这就使磁场的计算显得比较复杂。为了使磁场的计算简单，我们引入磁场强度这个物理量来描述磁场的性质，通常用符号 H 表示。

磁场中某点的磁感应强度 B 与磁介质磁导率 μ 的比值，称为该点的磁场强度。即

$$H = \frac{B}{\mu} \tag{3-4}$$

或

$$B = \mu H = \mu_0 \mu_r H \tag{3-5}$$

式中：H——磁场中某点的磁场强度，单位名称是安[培]每米，符号为 A/m。

磁场强度是一个矢量，它的方向和磁感应强度的方向一致。

第三节　铁磁性物质及其磁化规律

一、铁磁物质的磁化

磁场中放置铁磁物质，可使铁磁物质磁化，产生磁性，使磁场大大加强。下面研究铁磁物质是怎样被磁化的。

铁磁性物质内部包含有许许多多具有磁性的小磁体，这些小磁体称为磁畴。在没有外界的磁场作用时，小磁畴杂乱无章地排列，磁畴间的磁性被抵消，对外部(整体)不呈现磁性，如图 3-7 所示。在外界磁场作用下，小磁畴受到磁力作用，会转到与外界磁场一致的方向上变成有序整齐的排列，如图 3-8 所示，对外部(整体)呈现出很强的磁场，与原磁场相加，使总磁场明显加强。像这种原来没有磁性，在外磁场作用下产生磁性的现象称为磁化。所有铁磁物质都能够被磁化。

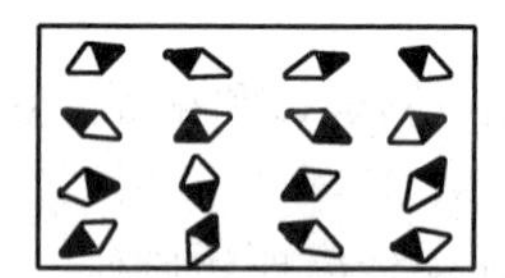

图 3-7　未受外磁场作用的磁畴

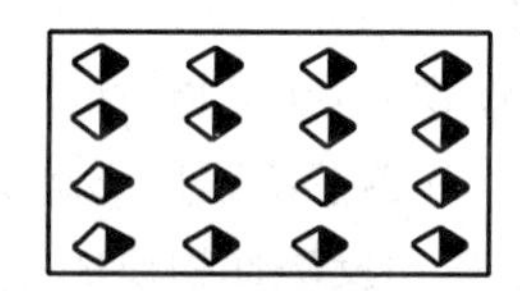

图 3-8　外磁场作用下的磁畴

二、磁化曲线

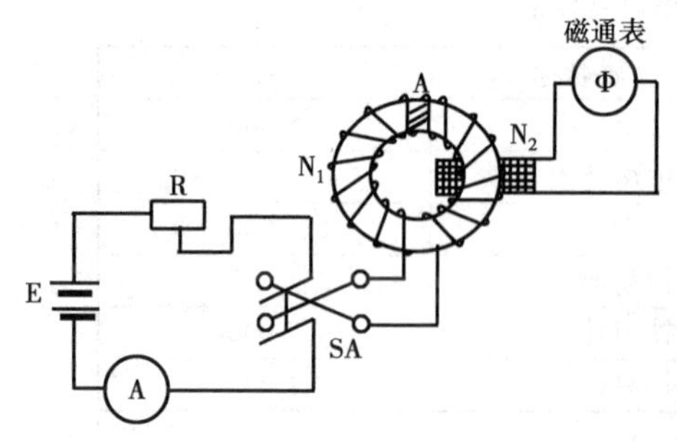

图 3-9　B-H 关系实验

铁磁性物质都可以被磁化，但不同的铁磁性物质的磁化特性不同。磁感应强度 B 随磁场强度 H 变化的规律，可用 B-H 曲线，亦即磁化曲线来表示。磁化曲线可以反映出物质的磁化特性。

在图 3-9 所示的实验装置中，将待研究的磁感应强度为零的铁磁材料作为线圈的铁心，并制成闭合环状，环上均匀有序地绕满导线，将开关闭合后，调节电阻 R 来改变线圈中电流的大小，从而改变磁场强度 H。以磁场强度 H 为横坐标，磁感应强度 B 为纵坐标，可以得到如图 3-10 所示的磁化曲线。

当 $I=0$ 时，则 $H=0$，$B=\mu H=0$；当 I 增加时，H 随之增强，B 也随之增强。由于铁磁性

物质的磁导率 μ 不是常数，$B=\mu H$，所以 B 与 H 是一种非线性关系。一般磁化曲线可大致分成4段，各段反映了铁磁性物质磁化过程中的性质。

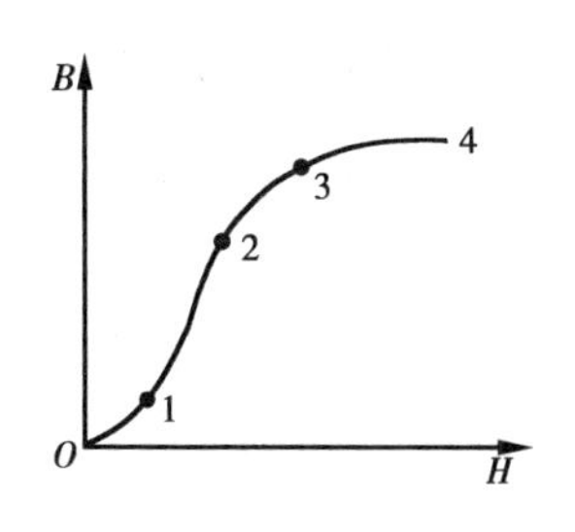

图3-10　磁化曲线

(1)0→1段曲线变化较缓慢，当 H 增加时，B 增加较慢。说明小磁畴有惯性，较弱的外磁场不能使它转向而成为整齐有序的排列。

(2)1→2段曲线急剧上升，当 H 增加时，B 相应地快速增加。说明小磁畴在外磁场作用下向外磁场方向转动，使磁场增强，磁感应强度 B 迅速增强。

(3)2→3段曲线近似平坦，铁磁性材料中大部分小磁畴在外磁场作用下已成为整齐有序的排列，H 的增强对 B 的影响不大。

(4)3→4段曲线已趋平坦，H 对 B 几乎无影响，铁磁材料中的全部小磁畴已排列整齐，B 已达饱和状态，H 增加也不能使 B 再增加，这时的磁感应强度称为饱和磁感应强度。

三、磁滞回线

磁化曲线只是反映了铁磁性物质在外磁场由零逐渐增强时的磁化过程。但在实际应用中，铁磁性物质往往是工作在交变磁场中，所以有必要研究铁磁性物质反复交变磁化的问题。

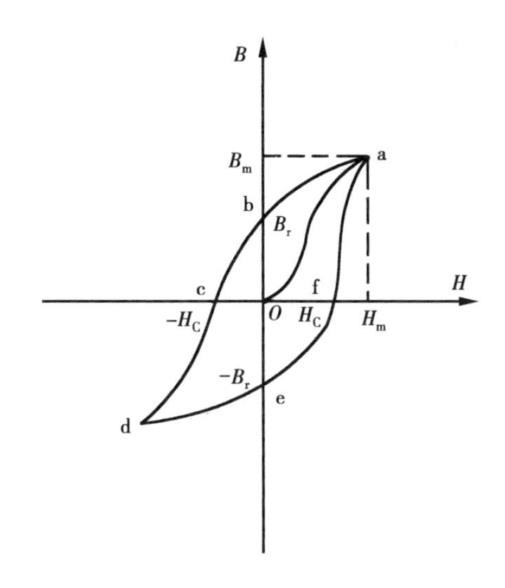

图3-11　磁滞回线

当 B 随 H 沿起始磁化曲线达到饱和值以后，逐渐减小 H 的数值，实验表明这时 B 并不是沿起始磁化曲线减小，而是沿另一条在它上面的曲线ab下降，如图3-11所示。当 H 减至零时，B 值不等于零，而是保留一定的值称为剩磁，用 B_r 表示，永久磁铁就是利用剩磁很大的铁磁性物质制成的。为了消除剩磁，必须外加反方向的磁场，随着反方向磁场的增强，铁磁性物质逐渐退磁，当反向磁场增大到一定的值时，B 值变为零，剩磁完全消失，bc这一段曲线叫退磁曲线。这时的 H 值是为克服剩磁所加的磁场强度，称为矫顽磁力，用 H_C 表示。矫顽磁力的大小反映了铁磁性物质保存剩磁的能力。

当反向磁场继续增大时，B 值就从零起改变方向，并沿曲线cd变化，铁磁性物质的反向磁化同样能达到饱和点d。此时，若使反向磁场减弱到零，B-H 曲线将沿de变化，在e点 $H=0$，再逐渐增大正向磁场，B-H 曲线将沿efa变化而完成一个循环。从整个过程看，B 的变化总是落后于 H 的变化，这种现象称为磁滞现象。经过多次循环，可以得到一个封闭的对称于原点的闭合曲线(abcdefa)，这条曲线称为磁滞回线。

铁磁性物质的反复交变磁化，会损耗一定能量。这是由于在交变磁化时，磁畴要来回翻转，产生能量损耗，这种损耗称为磁滞损耗。磁滞回线包围的面积越大，磁滞损耗就越大，所以剩磁和矫顽磁力越大的铁磁性物质，磁滞损耗就越大。因此，磁滞回线的形状经常被用来判断铁磁性物质的性质并作为选择材料的依据。

四、铁磁性物质的分类

铁磁性物质根据磁滞回线的形状可以分为软磁性物质、硬磁性物质和矩磁性物质3大类。

1. 软磁性物质

软磁性物质的磁滞回线窄而陡，回线所包围的面积比较小。因而在交变磁场中的磁滞损耗小，比较容易磁化，但撤去外磁场，磁性基本消失，即剩磁和矫顽磁力都较小。这种物质适用于需要反复磁化的场合，可以用来制造电机、变压器、仪表和电磁铁的铁心。软磁性物质主要有硅钢、玻莫合金（铁镍合金）和软磁铁氧体等。

2. 硬磁性物质

硬磁性物质的磁滞回线宽而平，回线所包围的面积比较大，因而在交变磁场中的磁滞损耗大，必须用较强的外加磁场才能使它磁化；磁化以后撤去外磁场仍能保留较大的剩磁，而且不易去磁，即矫顽磁力也较大。这种物质适合于制成永久磁铁。硬磁性物质主要有钨钢、铬钢、钴钢和钡铁氧体等。

3. 矩磁性物质

这是一种具有矩形磁滞回线的铁磁性物质，如图3-12所示。它的特点是很小的外磁场作用就能使它磁化并达到饱和，去掉外磁场后磁感应强度仍然保持与饱和时一样。电子计算机中作为存储元件的环形磁心就是使用的这种物质。矩磁性物质主要有锰镁铁氧体和锂锰铁氧体等。

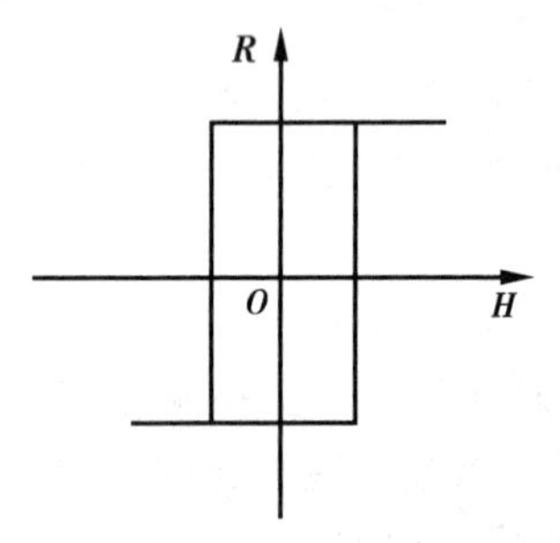

图3-12　矩磁性物质磁滞回线

第四节　磁场对载流导体的作用

一、磁场对载流直导线的作用

1. 左手定则

在匀强磁场中，垂直于磁场方向的一段通电直导线所受磁场力的大小，可由磁感应强度的定义式 $B=F/IL$ 求得

$$F = BIL \tag{3-6}$$

须注意，上式只适用于匀强磁场，而且电流方向垂直于磁场方向。力的方向可以用左手定则来判断。伸开左手，使拇指与四指在同一平面内并且互相垂直，让磁感线垂直穿过掌心，四指指向电流方向，则拇指所指的方向就是通电导体受力的方向，如图3-13所示。通电导体受力的方向既与磁场方向垂直，又与电流方向垂直。这一点可以用实验来证明，在左手定则中，也反映了这种关系。

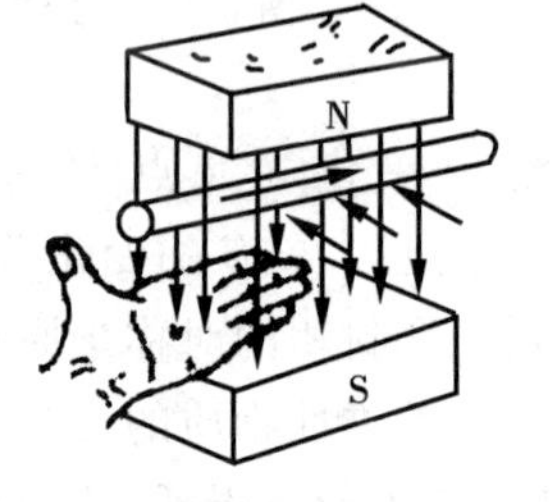

图3-13　左手定则

2. 安培定律

如果在匀强磁场中，电流方向与磁场方向成一夹角 θ，这时可将磁

感应强度 B 分解为垂直于电流和平行于电流的两个分量 B_1 和 B_2，如图 3-14 所示。B_2 对通电导体没有作用力，磁场对电流的作用力就是 B_1 对通电导体的作用力，即

$$F = BIL\sin\theta \tag{3-7}$$

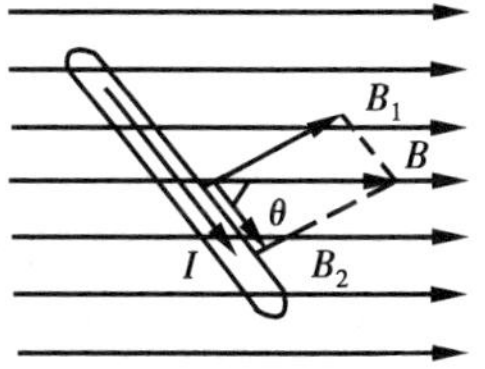

图 3-14 安培定律示意图

上式通常称为安培定律。由式可见，通电导体在磁场中所受的力大小不仅与 I,B,L 的大小有关，还与电流方向和磁场方向之间的夹角有关。当 $\theta=0°$ 或 $\theta=180°$ 时，F 最小，当 $\theta=90°$ 时，F 最大。这与实验结果是相符的。F 的方向，可对垂直于电流的磁感应强度分量用左手定则来判定。

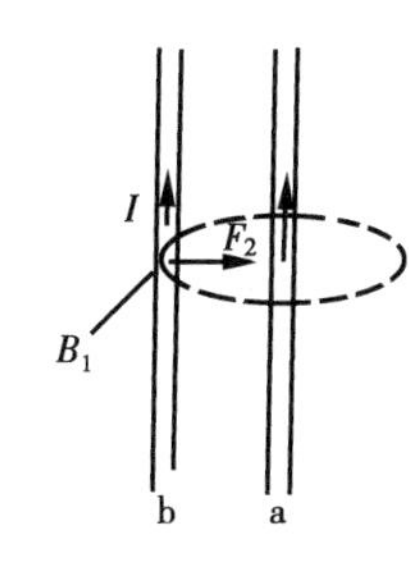

图 3-15

【例 3-2】 实验证明两根平行长直导线通以相同方向电流时，它们相互吸引，试分析其原因。

分析：设电流方向都向上，如图 3-15 所示。通电导线 b 受到的力 F 来自通电导线 a 产生的磁场的作用。根据右手螺旋定则可知：通电导线 a 在导线 b 处的磁场方向 B_1 是垂直于纸面向外的，再应用左手定则，可以判定 F_1 的方向是指向导线 a。用同样的方法，可以判定通电导线 a 所受的力 F_2 是指向导线 b。

由此可见，两根平行直导线通以同向电流时，相互吸引。

如果两平行直导线通以反向电流，则相互排斥。请读者自行分析原因。

【例 3-3】 在磁感应强度为 0.5T 的匀强磁场中，有一长度为 80 cm 的直导线，导线中的电流为 2 A，导线与磁感线的夹角分别为 0°，30°，90°，求导线各受多大的力。

解：载流直导线在磁场中受力的大小为

$F=BIL\sin\theta$

(1)$\theta=0°$ 时，$F_1=BIL\sin\theta=0$

(2)$\theta=30°$ 时，$F_2=BIL\sin\theta=0.5\ \text{T}\times2\ \text{A}\times0.8\ \text{m}\times0.5=0.4\ \text{N}$

(3)$\theta=90°$ 时，$F_3=BIL\sin\theta=0.5\ \text{T}\times2\ \text{A}\times0.8\ \text{m}\times1=0.8\ \text{N}$

二、磁场对矩形载流线圈的作用

把一个通电矩形线圈放在磁场中，它会转动，而且总是使线圈电流的磁场转到与外磁场一致的方向上。这里先研究一匝通电线圈在匀强磁场中的转动情况。面积为 S 的矩形载流线圈 abcd 放在匀强磁场中，线圈平面和磁感线的夹角为 θ，线圈顶边和底边的长为 L_2，它们分别在与磁感线平行的平面内，两侧边长为 L_1，它们与磁感线垂直。顶边和底边所受的力大小相等，方向相反，而且作用在同一条直线上，它们彼此平衡。侧边 ab，cd 受到的力大小相等，方向相反，但是不在同一条直线上，如图 3-16 所示。这两个力的合力矩不为零，从而使线圈绕“OO'”轴转动。

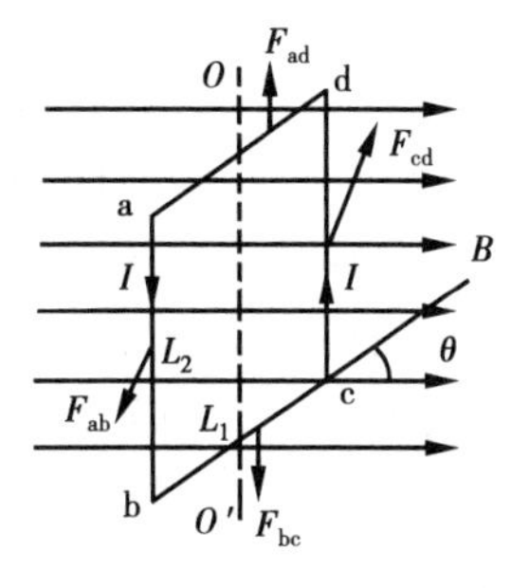

图 3-16 线圈与磁感线垂直边受力示意

设匀强磁场的磁感应强度为 B，$F_{ab}=F_{cd}=BIL_1$，这两个力的力矩的大小都是 $0.5L_2BIL_1\cos\theta$，方向相同，使图 3-16 中线圈绕 OO' 轴沿逆时针的方向转动。它们的合力矩是

$$M = M_1 + M_2 = BIL_1L_2\cos\theta = BIS\cos\theta \tag{3-8}$$

式中：M——线圈中的力矩，单位名称是牛[顿]米，符号为 N·m。

对于 n 匝密绕平面线圈，它所受的磁力矩是单匝线圈的 n 倍，即

$$M = nBIS\cos\theta \tag{3-9}$$

由上式可见，当 $\theta=0°$，即线圈平面与磁感线平行时，线圈受到磁力矩最大；当 $\theta=90°$，即线圈平面与磁感线垂直时，线圈受到的磁力矩等于零。这时 F_{ab}，F_{cd}在同一条直线上，彼此平衡，所以线圈会静止在这个位置上。此时线圈自身电流在其中心轴线上的磁场方向和外磁场方向一致。实验事实和图 3-16 的分析都证明，矩形通电线圈受到磁力矩转动，使线圈中电流的磁场沿着与外磁场夹角小于 180°的方向转到与外磁场相一致的方向上。

第五节　磁场对运动电荷的作用

磁场对通电导线有力的作用，而通电导线中的电流是由大量电荷做定向运动形成的，那么，磁场对运动电荷是否有作用力？磁场对通电导线的作用是不是作用在各运动电荷上的力的宏观表现？现通过下面的实验来加以研究。

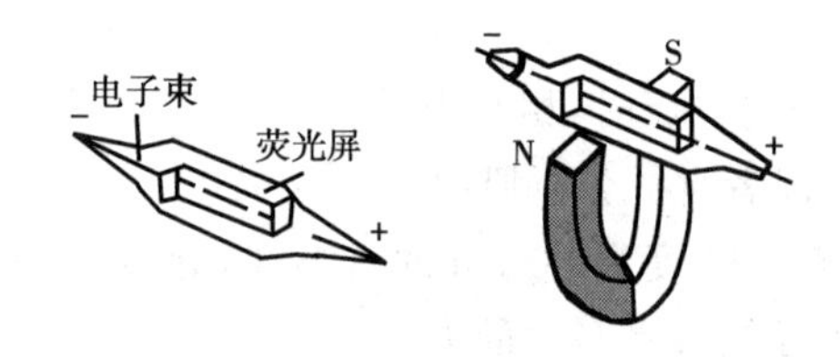

图 3-17　阴极射线管

一、洛伦兹力

在一只阴极射线管两极间加上电压时，则阴极发出电子束，从荧光屏上看到电子束沿直线前进。如果把阴极射线管放入蹄形磁铁间，从荧光屏上看到电子束发生偏转，如图 3-17 所示。这表明在磁场中运动电荷的确受到磁场力的作用。

荷兰物理学家洛伦兹首先研究并确定了运动电荷所受到的磁场力的规律，所以把这种力称为洛伦兹力。

实验证明，磁场中电量为 q 的粒子，当其速度 v 的方向与磁感应强度 B 的方向之间的夹角为 θ 时，运动电荷受到的洛伦兹力的大小为

$$f = qvB\sin\theta \tag{3-10}$$

洛伦兹力的方向仍可以用左手定则判定，但是应该注意，电流方向是正电荷的运动方向。所以，判定时对正电荷，左手四指所指的方向是其速度方向；对负电荷，左手四指所指的方向是其速度的相反方向。

【例 3-4】　如图 3-18 所示，一个两价负离子以 $v=3.0\times10^6\ \text{m/s}$ 的速度与磁场方向成 $\theta=30°$角进入 $B=1.2\ \text{T}$ 的匀强磁场，求它所受洛伦兹力的大小和方向。

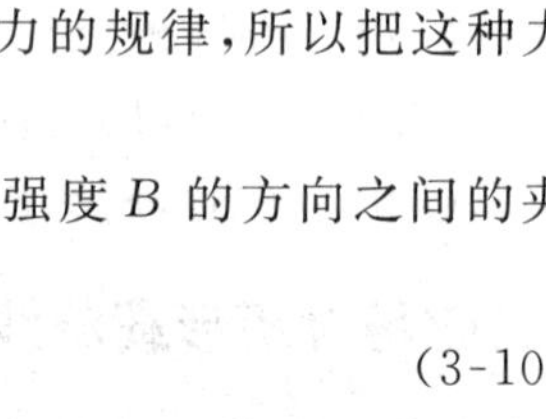

图 3-18

解：两价负离子电量 $q=-2e$，但在计算洛伦兹力的大小时只将其绝对值代入公式，即可求出该离子受到的洛伦兹力的大小。

$F=qvB\sin\theta=2evB\sin\theta=$

$2\times1.6\times10^{-19}\ \text{C}\times3.0\times10^{6}\ \text{m/s}\times1.2\ \text{T}\times\sin30°=$

$5.8\times10^{-13}\ \text{N}$

根据左手定则可以判定，该离子所受的洛伦兹力的方向为垂直纸面向外。

*二、带电粒子垂直进入匀强磁场的运动

设一质量为 m，电量为 q 的粒子，以速度 v 垂直进入磁感应强度为 B 的匀强磁场。那么在洛伦兹力 f 作用下，带电粒子将做什么样的运动呢？

由左手定则可知，洛伦兹力 f，速度 v，磁感应强度 B 三者相互垂直。所以洛伦兹力 f 和速度 v 都在和磁场方向垂直的平面内，由于除洛伦兹力外，粒子不受其他任何作用，因此带电粒子必然在垂直于磁场方向的平面内运动。因为洛伦兹力 f 垂直于速度 v，所以洛伦兹力对带电粒子不做功，不改变带电粒子速度的大小。这样，粒子所受洛伦兹力 $f=qvB$ 的大小不变。注意到做匀速圆周运动的物体所受的合力（向心力）的大小不变，其方向与速度方向垂直，由此可见，带电粒子做匀速圆周运动，洛伦兹力 f 就是粒子运动所需的向心力，如图 3-19 所示。

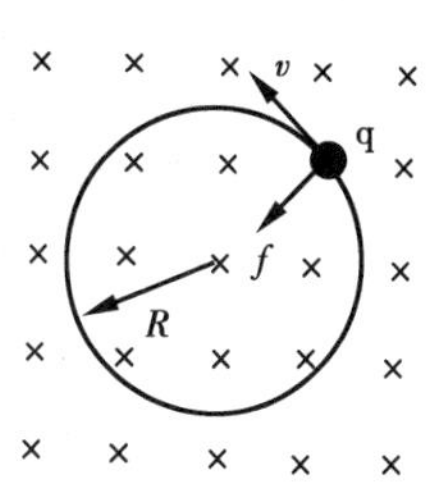

图 3-19 洛伦兹力为向心力

由洛伦兹力和向心力公式得

$$R=\frac{mv}{qB} \tag{3-11}$$

上式表明，带电粒子做匀速圆周运动的半径 R 与速度 v 的大小成正比，与磁感应强度 B 的大小成反比。用洛伦兹力演示仪可进行定性验证。当加速电压增加，即粒子速度增大时，粒子的运动半径随之增大；当激励电流增大，即磁场增强时，粒子的运动半径随之减小。

将 $v=\frac{2\pi R}{T}$ 带入式(3-11)得

$$T=\frac{2\pi m}{qB} \tag{3-12}$$

上式表明，带电粒子做匀速圆周运动的周期 T 与速度 v 的大小和运动半径 R 无关。

于是，可以得出一个重要结论：某一带电粒子垂直进入匀强磁场，不论速度大小如何变化，它做匀速圆周运动的周期不变，只是速度大，运动半径也大；速度小，运动半径也小。质谱仪、回旋加速器就是根据这个原理制成的。

*三、应用举例——回旋加速器

回旋加速器是能使带电粒子加速从而获得高能粒子的一种装置。如图 3-20 所示，回旋加速器的核心部分是 2 个封闭在真空容器内，形状像字母“D”的金属盒，叫做 D 形盒，其间有一狭小缝隙，中心附近放置有离子源（如质子、粒子等）。D 形盒 D_1 和 D_2 作为电极，接在高频电源上。两 D 型盒放置在巨大的电磁铁产生的强大的匀强磁场中，且与磁场方向垂直。

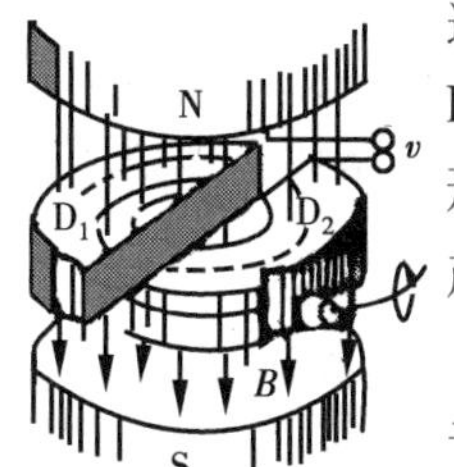

图 3-20 回旋加速器结构

当两电极上加高频交变电压时，将在缝隙里形成一个交变的电场。由于金属 D 形盒的静电屏蔽作用，D 形盒内部电场强度为零，因此 D 形盒内只存在强大的匀强磁场。

如图 3-21 所示，在某一时刻，从离子源，比如质子源发出一个质子，如果此时 D_1 盒低于 D_2 盒的电势，那么质子在电场力的作用下，被加速到 v_1 进入 D_1 盒，在洛伦兹力作用下沿半径 R_1 做匀速圆周运动，经时间 t_1 到达 A 点。如果此时交

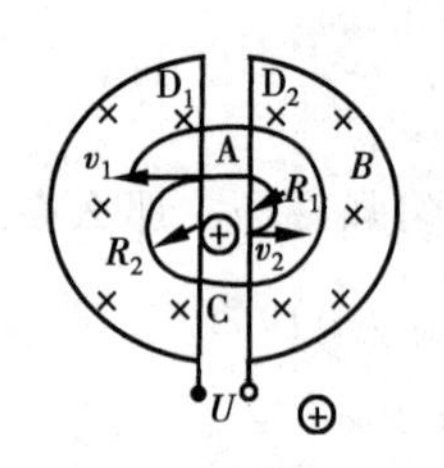

图 3-21　回旋加速器原理

变电压极性恰好反向，那么 D_1 盒的电势高于 D_2 盒，质子在电场力的作用下，被加速到 v_2 进入到 D_2 盒，在洛伦兹力作用下沿半径 R_2 做匀速圆周运动，经时间 t_2 到达 C 点。由前面的结论可知，因为速度 $v_2>v_1$，所以轨道半径 $R_2>R_1$，但绕半个圆周所用时间 $t_2=t_1=T/2$，T 为交变电压的周期，可使它恰好成为粒子在 D 形盒内做圆周运动的周期。当质子到达 C 点时，交变电压恰好完成一个周期性变化，D_1 盒电势又低于 D_2 盒，电场的方向恰好又改变，质子又被加速。这样反复多次，质子速度越来越大，轨道半径也越来越大，最后到达边缘，用特殊的装置将它引出成为高能粒子。

由此可见，回旋加速器中磁场是迫使离子回旋，改变速度的方向，只有电场才能对粒子提供能量，使粒子不断加速。

*第六节　磁路及其基本定律

一、磁路

由铁磁材料组成，能让磁通集中通过的回路称为磁路。在技术上为了形成良好磁路，通常将铁磁材料制成一定形状的铁心，作为各种电器设备的磁路。与电路类似，磁路也分无分支磁路与有分支磁路，如图 3-22 所示。

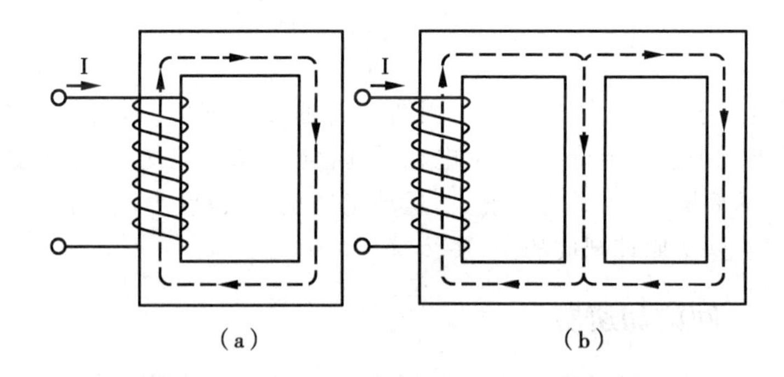

图 3-22　磁路

能集中通过铁磁材料磁路的磁通称为主磁通，散发在磁路以外通过其他物质的磁通称为漏磁通。在漏磁通不严重的情况下，为了减少分析计算的难度，常将漏磁通忽略而只考虑主磁通。

二、磁路的欧姆定律

电流通过线圈将产生磁场，通过线圈电流越大，产生的磁场越强，磁通也越多；若线圈匝数越多，产生的磁通也越多。可以说电流通过线圈产生的磁通，是随着电流的增大、线圈匝数的增多而增多的，即电流通过线圈产生的磁通与线圈匝数 N 和通电电流 I 的乘积成正比，即

$$E_m = IN \tag{3-13}$$

式中，E_m 是通过线圈电流和线圈匝数的乘积，称为磁动势，单位为安(A)。类似电路中的电阻R，磁路中当磁通通过铁磁材料时，也会受其阻碍作用，这种阻碍作用称为磁阻，用 R_m 表示。

实验指出类似电阻定律，磁阻的大小与磁路长度 l 成正比，与磁路横截面积 S 成反比，还与组成磁路的铁磁材料有关，即

$$R_m = [illegible] \tag{3-14}$$

式中：μ 为磁导率，单们为亨/米(H/m)，l，S [illegible]

从上面分析可以看出：通过磁路的磁[illegible]与磁阻成反比，这个规律称为磁路的欧姆定律，其公式为：

$$\Phi = [illegible] \tag{3-15}$$

从前述学习可以看出：磁路及其欧姆定律与电路及其欧姆定律存在着诸多对应关系，具体内容列表于3-2中加以说明：

表3-2　磁路与电路的对应关系

磁路	磁动势 E_m	磁通 Φ	磁阻 R_m	磁阻定律 $R_m=l/\mu S$	磁路欧姆定律 $\Phi=\frac{E_m}{R_m}$
电路	电动势 E	电流 I	电阻 R	电阻定律 $R=\rho\frac{l}{S}$	电路欧姆定律 $I=\frac{E}{R}$

阅读·应用三

扬声器工作原理

扬声器又称喇叭，它是一种将电能转换成声能的器件。扬声器有舌簧式、晶体式、动圈式等几种，常用的是动圈式。动圈式喇叭主要由环形永久磁铁、音圈架、音圈、纸盆架、纸盆等部件组成。在环形磁铁的磁场缝隙间套着一个能自由移动的线圈称为音圈。音圈先粘在音圈架上，然后再与纸盆粘接在一起，纸盆又固定在纸盆架上。当音频电流通过扬声器音圈时，音圈在磁场中受到磁场力的作用会发生振动，音圈的振动带动纸盆振动从而发出声音。音频电流越大，作用在音圈上的磁场力也就越大，音圈和纸盆振动的幅度也越大，从而产生的声音就越响。音频电流的大小和方向不断变化，使扬声器产生随音频变化的声音，这就是动圈式扬声器的工作原理。

阅读·应用四

消磁与充磁技术

一、消磁

使物体磁性减弱的过程称为去磁。使物体剩磁为零,失去永久磁性的过程称为消磁。在技术上的某些场合,当不需要铁磁材料带有磁性,则应将其磁性消除。消磁方法较多,常用又简便易行的是反复去磁法。其方法是将待消磁的物体置于交变磁化场中反复磁化,每反复磁化一次就减弱磁化场强度一次(实用中多采用减小励磁电流)最后将磁化场磁场强度减小到零,也就使待消磁物体剩磁减小到零。其反复去磁曲线如图3-23所示。

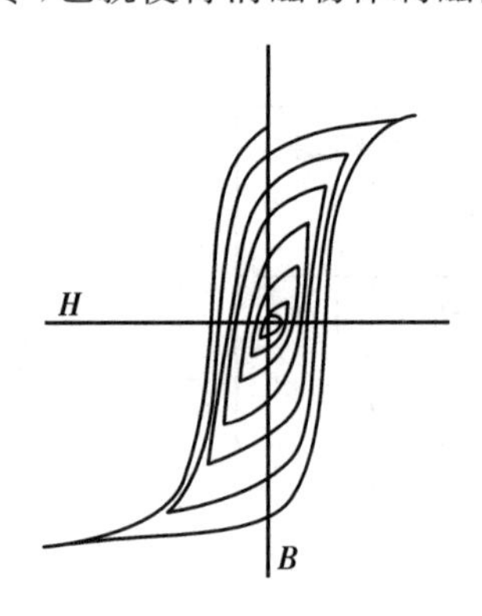

图3-23 去磁曲线

磁带录音机的录放音磁头和交流抹音磁头主要由软磁性材料制成。在机器工作时,磁头上不应有剩磁,否则将增加噪声。消除磁头剩磁所用的消磁器或消磁电路就是由铁心和线圈组成。消磁时在消磁线圈两端加上交变电压,使其在消磁线圈周围产生交变磁场。先用该磁场使磁头磁化直至饱和,然后缓慢移开消磁器,使消磁器作用在磁头上的交变磁场逐渐减弱直至为零,即可消除磁头剩磁。

二、充磁

充磁一般在永久磁铁上进行。它使原来不带磁性或磁性较弱的硬磁性材料带上较强剩磁和矫顽力。充磁方法较多,工业上批量生产的多用充磁机,一般用户和实验室则可用下述方法充磁:

1. 接触充磁法

将被充磁铁两极分别接触充磁磁源异性磁极,连续摩擦几下即可充磁。此法简单易行,特别适合临时充磁,但效果较差。

2. 通电充磁法

将被充磁铁绕上线圈,一般2 000匝左右,一端接6～12 V干电池组正极,另一端与电池组负极瞬时碰触,连续几次即可充磁。

用此法在对有一部分剩磁的旧磁铁充磁时,应特别注意线圈绕向和电池组极性是否与原磁铁极性相同。如果两者极性相反会削弱原磁场。

本章小结

一、电流的磁效应

在磁体和载流导线的周围存在着磁场，磁极间的相互作用或磁体对载流导线的作用都是通过磁场完成，当小磁针静止时，N 极所指的方向规定为该点的磁场方向。电流的磁场方向可用右手螺旋定则来判定。使用右手螺旋定则时要特别注意拇指与四指所指方向的意义。

二、磁场的基本物理量

B，Φ，μ，H 为描述磁场的 4 个基本物理量。

(1)磁感应强度 B：是描述磁场力的效应的物理量，它是矢量，表示磁场中任意一点磁场的强弱和方向，其方向与该点磁场方向相同。磁场中某点磁感应强度的大小为 $B=\frac{F}{IL}$（载流导线与磁场方向垂直)，单位名称是特[斯拉]，符号为 T。

(2)磁通 Φ：磁感应强度 B 和与它垂直的某一截面积 S 的乘积，称为通过该面积的磁通。在匀强磁场中，磁通的表达式为 $\Phi=BS$，磁通的单位名称是韦[伯]，符号为 Wb。

(3)磁导率 μ：是用来描述物质导磁能力的物理量。相对磁导率为 $\mu_r=\frac{\mu}{\mu_0}$

(4)磁场强度 H：磁场中某点的磁感应强度 B 与介质磁导率的比值，称为该点的磁场强度。磁场强度是矢量，其方向与该点的磁感应强度方向一致。表达式为 $H=\frac{B}{\mu}$，单位名称是安每米，符号为 A/m。

三、铁磁性物质

(1)铁磁性物质内磁畴无外磁场作用前杂乱排列，对外不显磁性，在外磁场作用下，磁畴发生转动并按磁极规则排列，以至饱和。

(2)磁化曲线反映磁化时磁感应强度 B 随磁场强度 H 变化的规律，可以反映物质的磁化特性。

(3)磁滞回线是铁磁性物质所特有的磁滞特性。

四、磁场对载流导线的作用

(1)磁场对载流直导线的作用力的方向可由左手定则来判定，其大小为 $F=BIL\sin\theta$，式中 θ 为磁感应强度与电流的夹角。

(2)磁场对载流矩形线圈要产生一个力偶矩，在 $M=nBIS\cos\theta$ 式中，n 为线圈的匝数，θ 为磁场方向与线圈平面的夹角。

五、磁场对运动电荷的作用

运动电荷在磁场中所受的作用力称为洛伦兹力，洛伦兹力的方向可由左手定则判定，其大小为 $f=qvB\sin\theta$，式中 θ 为速度方向与磁感应强度方向间的夹角。

六、磁路及其欧姆定律

由铁磁材料组成，能让磁通集中通过的回路称为磁路。集中通过铁磁材料磁路的磁通称主磁通，散发在其他物质中的磁通称漏磁通。

磁路中磁通与磁动势成正比，与磁阻成反比，即 $\Phi=\frac{E_m}{R_m}$ 称为磁路欧姆定律。

习题三

一、填空题

1. 磁感线疏密程度表示该点________的强弱，磁感线上任一点的________方向表示该点磁场的方向。在磁体外部，磁感线由________极指向________极。
2. 直线电流周围磁场形状是____________，可用________定则判断其方向。
3. 载流导体在磁场中____________与导体中________和导体长度的乘积的比值叫磁感应强度。它是________量，其常用单位为________。
4. 磁通是____________和与其垂直的某一截面积的乘积。它反映了磁场中某________的磁场情况，而磁感应强度是反映磁场中某____________的磁场情况。
5. 确定载流导体在磁场中受力方向用________定则判断，其方法是伸出________手，让姆指与其余四指________且在____________，让________从手心进入，其余四指方向与________方向一致，则姆指指向____________方向。
6. 磁场对运动电荷的作用力称__________力。大小等于______________，方向用__________判定。
7. 集中通过________磁路的磁通称主磁通。散发在该磁路外的磁通称________。

二、判断题

1. 磁感线能描述磁场的形状、大小和方向。（　）
2. 科学上规定，磁感线总是从北极指向南极。（　）
3. 磁感应强度是矢量，它同时表述了磁场的强弱和方向。（　）
4. 通电线圈在磁场中的受力方向可用左手定则判断，也可用楞茨定律判断。（　）
5. 磁场强度是标量，它与介质磁导率有关。（　）
6. 软磁性材料多用于制造电机铁心，因它有较强的剩磁。（　）
7. 磁性材料中，磁场强度总是滞后于磁感应强度，这种现象称为磁滞。（　）
8. 电路可以是断开的，磁路总是闭合的。（　）
9. 线圈匝数与线圈中电流的乘积称为磁动势。（　）
10. 磁路欧姆定律与电路欧姆定律相比，磁通类似电流，磁阻类似电阻。（　）

三、单项选择题

1. 磁感线方向规定为（　）。

A. 始于 N 极止于 S 极

B. 始于 S 极止于 N 极

C. 磁体内部由 N 极指向 S 极，磁体外部由 S 极指向 N 极

D. 磁体内部由 S 极指向 N 级，磁体外部由 N 极指向 S 极

2. 磁感应强度和磁通的关系为(　　)

A. 磁通大，磁感应强度一定大

B. 磁感应强度大，磁通小

C. 磁通和磁感应强度成正比增大

D. 磁感应强度等于磁通与它在垂直方向所通过的面积之比

3. 在图 3-24 中，条形磁铁在空中下落且通过线圈，设磁铁在空中重力加速度为 g，此时磁铁下落的加速度(　　)。

A. 大于 g　　B. 小于 g

C. 等于 g　　D. 不能判定

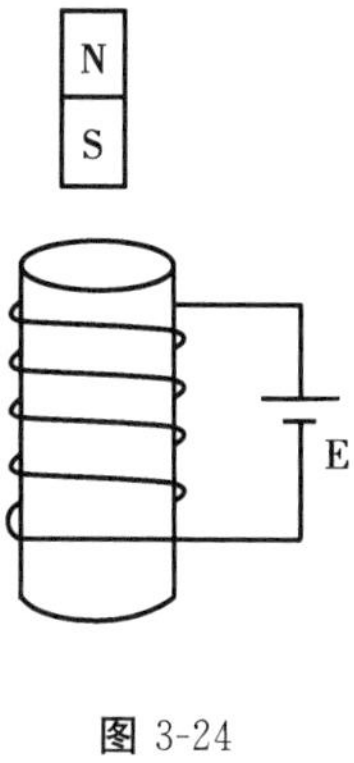

4. 两根平行直导线通过相反方向的直流电流时，它们之间的作用力(　　)。

A. 互相排斥　　B. 互相吸引

C. 无相互作用　　D. 都不正确

图 3-24

5. 在图 3-25 中，当负电荷按图示方向射入由上至下的匀强磁场中时，将会发生(　　)。

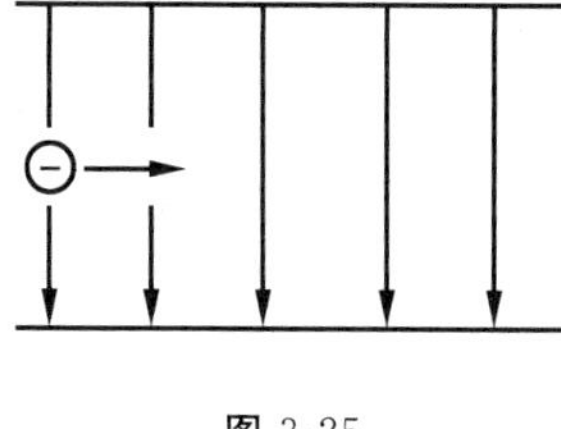

A. 向上偏转　　B. 向下偏转

C. 垂直于纸面向纸后偏转　　D. 垂直于纸面向纸前偏转

图 3-25

四、问答题

1. 磁场中某一点的磁场方向是怎样规定的？怎样用右手螺旋定则来判断直线电流、环形电流、通电线圈的磁场方向？

2. 计算磁通量的公式 $\Phi = BS$ 适用于什么样的磁场？对公式中的面积 S 应有什么样的要求？

3. 1 根软铁和 1 根条形磁铁，外形完全一样又没有任何标记。不用其他工具和仪器，你能把它们区分开吗？

4. 图 3-26 中，当电流通过环型线圈时，小磁针的 S 极指向读者。试确定线圈中的电流方向。

5. 在图 3-27 中，当线圈通以图示方向电流时，试标出各小磁针的 N 极。

6. 试确定图 3-28 中电源的正负极。

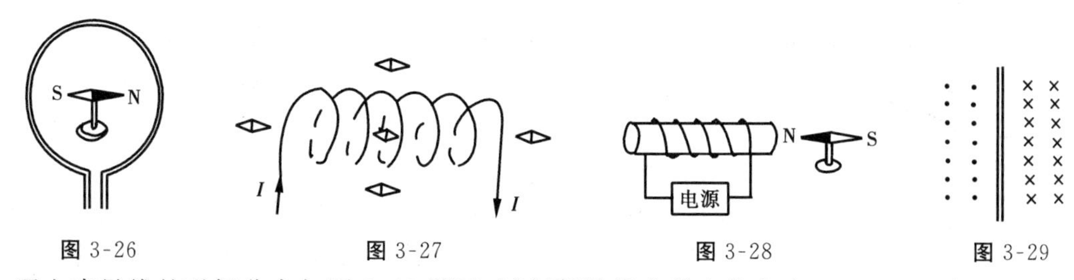

图 3-26　　图 3-27　　图 3-28　　图 3-29

7. 通电直导线的磁场分布如图 3-29 所示，试判断导线中的电流方向。

8. 铁磁性物质的磁化曲线有什么特点？

9. 试判断图 3-30 所示磁场中，通电导体的受力方向。

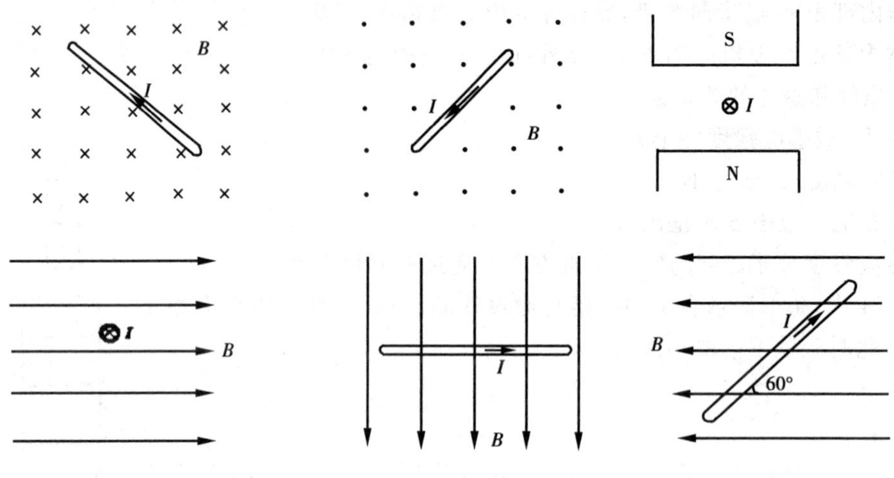

图 3-30

10. 用 1 根条形磁铁慢慢靠近发光的白炽灯泡，你会看到灯丝会颤动起来，请解释这一现象？

11. 目前世界上研究了一种新的发电技术——磁流体发电技术，图 3-31 就是磁流体发电机的示意图。高温等离子气流中含有大量的正、负离子，当气流从里向外高速通过磁场时，电极 A，B 就可以向电路输送电流。你能说出它的工作原理吗？电极 A，B 中哪一个是正极？哪一个是负极？

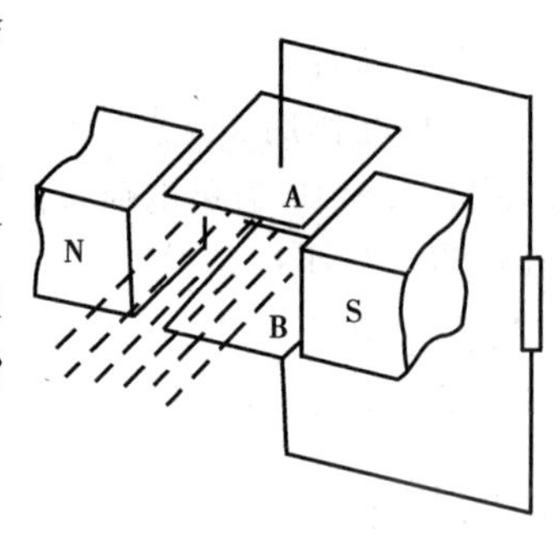

图 3-31

五、计算题

1. 边长为 2.0 cm 的正方形线圈置于某匀强磁场中，线圈平面与磁场方向垂直。测得穿过它的磁通量为 8.0×10^{-6} Wb，问该磁场的磁感应强度 B 是多大？

2. 某匀强磁场的磁感应强度 $B=0.6$ T，一半径 $R=8\times10^{-2}$ m 的圆环置于该磁场中，求：

(1)圆环平面与磁场方向垂直时，穿过圆环平面的磁通量；

(2)圆环平面与磁场平行时穿过圆环平面的磁通量。

3. 已知硅钢片中，磁感应强度为 1.4 T，磁场强度为 5 A/cm，求硅钢片的相对磁导率。

4. 在匀强磁场中，垂直放置一横截面积为 12 cm^2 的铁心，设其中的磁通为 4.58×10^{-3} Wb，铁心的相对磁导率是 5 000，求磁场的磁场强度。

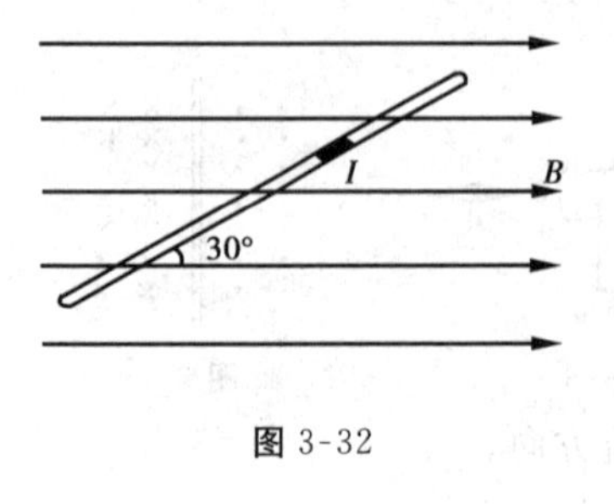

图 3-32

5. 长 10 m 的载流直导体，流过的电流为 10 A，放置在匀强磁场中，导线与磁场方向的夹角为 30°，如图 3-32 所示。如果导体受到的电磁力为 2 N，求磁感应强度 B，并指出导体受力的方向。

6. 在磁感应强度为 0.02 T 的匀强磁场中，放置一个长 40 cm、宽 25 cm 的矩形线圈，线圈匝数 n 为 10 匝，线圈中的电流为 2 A，求线圈所受到的最大磁力矩。

7. 一个带电粒子，带有 5×10^{-14} C 正电荷量，以 4×10^{6} m/s 的速度进入磁感应强度 $B=1.2$ T 的匀强磁场，速度方向与磁场方向的夹角分别为 0°，30°，90°，求带电粒子分别所受洛伦兹力的大小。

六、实验题

在蹄形磁铁中置入一多匝线圈，将线圈悬挂并能在磁极中自由摆动。当线圈两端分别与电池正负极碰触时，会发生什么现象？如将线圈两端对调分别与电池正负极碰触，又会怎样？当分别增加串联电池节数和增加线圈匝数时，又会发生什么现象？试说明其中的道理。

第四章 电磁感应

学习目标

电磁感应及其相关定律，覆盖了电气、电子工程的各个领域，在工程上应用极为广泛，是学习电工技术、电子技术的重要基础。通过本章学习应达到：

①了解电磁感应现象，掌握楞茨定律与电磁感应定律；

②理解自感、自感电动势和线圈中的磁场能；

③了解互感、互感电动势，理解互感线圈同名端的概念。

第一节　电磁感应现象

利用导体在磁场里作适当的相对运动可以获得电流的现象，称为电磁感应现象；这样获得的电流称为感应电流；形成感应电流的电动势称为感应电动势。

一、感应电流的产生

利用磁场获得感应电流的具体方法有 4 种，现用下述实验来说明。

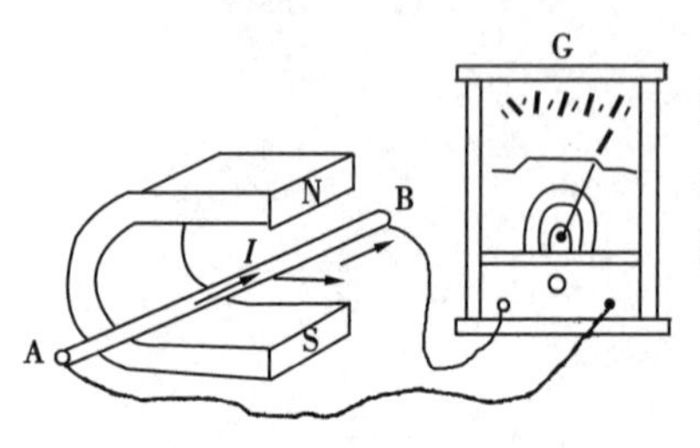

图 4-1　电磁感应现象(一)

(1)如图 4-1 所示，将一段直导体 AB 与检流计相连，置于蹄形磁铁中。可发现，当导线做切割磁感线运动时，检流计 G 的指针发生偏转，这表明闭合线路里有感应电流流过。

实验结果显示：

①当导体 AB 和磁场相对静止时，线路里没有感应电流；

②当导线 AB 在平行于磁感线方向和磁场做相对运动时，线路里没有感应电流；

③只有当导线 AB 在不平行于磁感线的方向和磁场做相对运动时，电流计的指针才偏转，

线路里才有感应电流。

综上所述，可以得出结论：当闭合线路的一部分导线在磁场里做切割磁感线的运动时，线路里就有感应电流产生。

(2)用条形磁铁在线圈里做插入或拔出实验。如图4-2所示，当磁铁和线圈相对静止时，线路中没有感应电流；当磁铁对线圈做插入或拔出运动时，线路里都有感应电流，电流计G的指针都将发生方向不同的偏转。

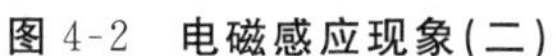
图4-2　电磁感应现象(二)

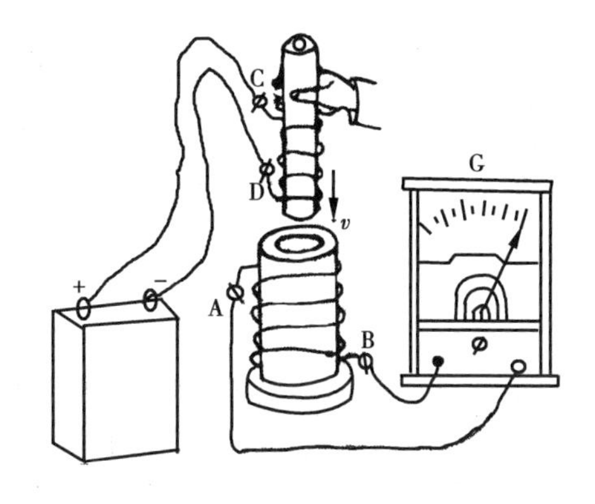

图4-3　电磁感应现象(三)

(3)如图4-3所示，AB是一个原来不通电的副线圈；CD是另一个线圈，它和电源串在一起，称为原线圈；G是1只电流计。由于电流的通过，原线圈的周围建立了磁场，情况和条形磁铁相似，所以当原线圈和副线圈做插入或拔出的相对运动时，副线圈也有感应电流。如果条形磁铁放在线圈中不动，电流计指针指零，表明回路中没有电流。

(4)如图4-4所示，原线圈CD电路里串联上1个开关S和变阻器R_P。当启动开关，使原线圈里突然断电或突然通电时，副线圈AB里都有感应电流；当拨动变阻器，使原线圈里的电流迅速增加或迅速减少时，副线圈里也都有感应电流。

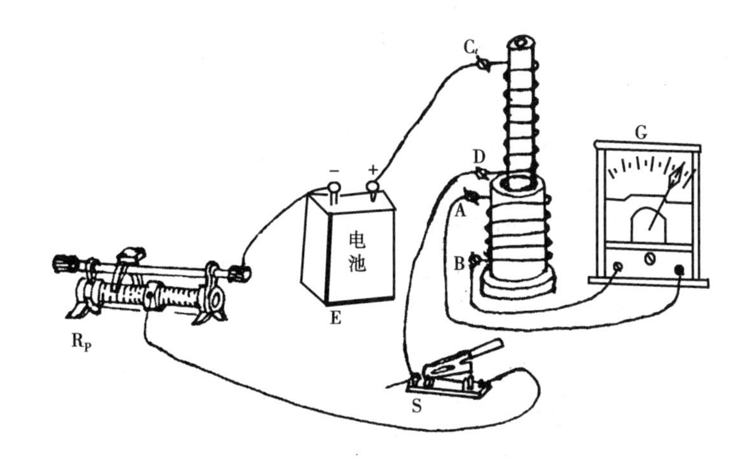

图4-4　电磁感应现象(四)

由此可以得出结论：当穿过闭合线圈里的磁通量发生变化(增加或减少)时，线路里就有感应电流。

二、感应电动势的方向

实验证明，导体在切割磁感线时，感应电流的方向是和磁感线方向以及切割方向密切相关，如图 4-5 所示，法拉第将它们之间的关系总结为右手定则：伸开右手，将手掌摊平，使拇指和其余四指垂直，掌心对着磁感线的来向，如果拇指指向切割的方向，则其余四指就指着感应电流的方向。

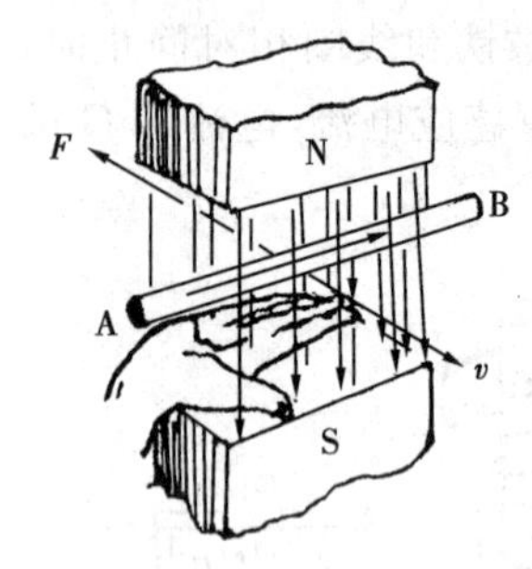

图 4-5　右手定则

事实上用导体与磁场相对运动来研究电磁感应现象，与用穿过闭合回路磁通的变化来研究电磁感应电流的两种说法是统一的。它们都归结为：闭合回路中磁通量发生变化时将产生感应电流。

理论和实践证明，电磁感应中感应电动势 E 与磁场的磁感应强度 B 成正比，与导体切割磁感线的有效长度 l 成正比，与导体在磁场中运动的速度 v 成正比。即

$$E = BLv\sin\alpha \tag{4-1}$$

上式表明：直导体中的感应电动势 E 等于磁感应强度 B，导体的有效长度 L 及运动速度在垂直于 B 的方向上的分量 $v\sin\alpha$ 三者的乘积。

【例 4-1】 计算图 4-6 中通过电阻 R 的电流的大小，电动势的大小和方向。已知匀强磁场 $B=0.3$ T，可动边 $L=0.05$ m，做匀速运动的速度 $v=10$ m/s，电阻 $R=0.1\ \Omega$，其他边的电阻不计。

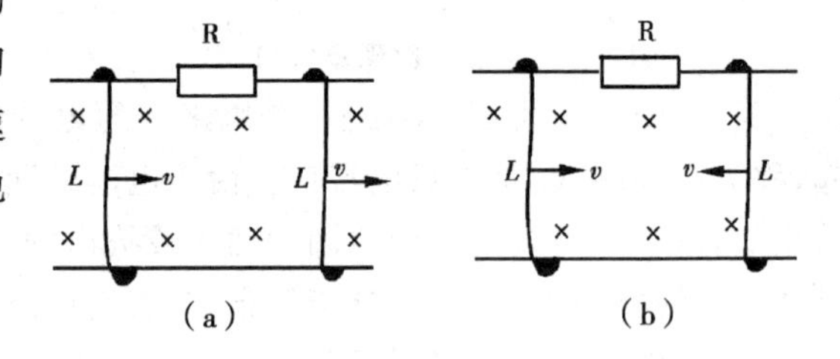

图 4-6

解：(1)由 4-6(a)图：$E=BLv-BLv=0$

因 $\Delta\varphi=0$，$E=0$，故 $I=0$

(2)由 4-6(b)图：$E=BLv+BLv=2BLv$

故 $I=\dfrac{E}{R}=\dfrac{2BLv}{R}=\dfrac{2\times0.3\ \text{T}\times0.05\ \text{m}\times10\ \text{m/s}}{0.1\ \Omega}=3$ A

【例 4-2】 已知长为 50 cm 的直导体，放在磁感应强度为 0.4 T 的匀强磁场中，并与磁感线垂直，现以 1 m/s 的速度与磁感线成 30°的方向做匀速运动，如图 4-7 所示，求导体中感应电动势的大小。

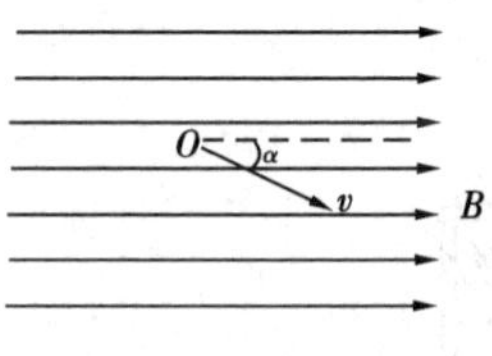

图 4-7

解：由题意

$E=BLv\sin\alpha=$

$0.4\ \text{T}\times0.5\ \text{m}\times1\ \text{m/s}\times\sin30^\circ=$

10×10^{-2} V

第二节　楞 茨 定 律

将 1 个线圈和 1 只检流计接成闭合回路，当把 1 根条形磁铁插入线圈时检流计的指针将发生偏转，这说明线圈中产生了感应电动势和感应电流，如图 4-8(a)所示。如果磁铁放在线圈中停止不动，则检流计指示为零，如图 4-8(e)所示。当将磁铁从线圈中拔出时，可以看到检

流计指针反向偏转,说明线圈中产生了反方向的感应电动势和感应电流,如图 4-8(b)所示。若将条形磁铁磁极调换插入和拔出线圈将会得到与上述方向相反的感应电动势和感应电流,如图 4-8(c),(d)所示。

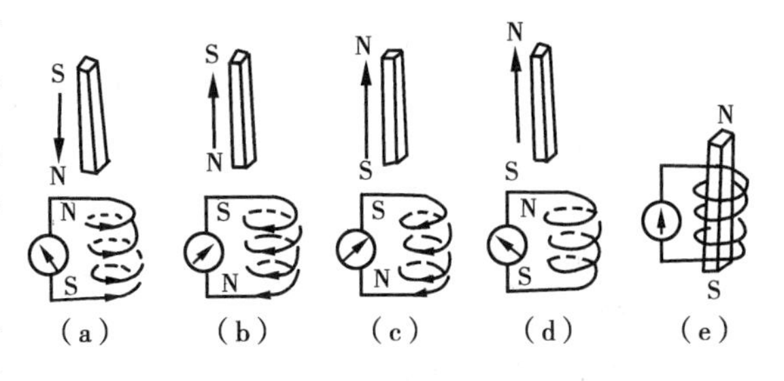

图 4-8　楞茨定律实验

我们注意到,在图 4-9 中,当磁铁插入线圈时,穿过线圈的磁通增加,线圈中产生的感应电流使检流计 G 指针向右偏转;当磁铁拔出时,穿过线圈的磁通减少,线圈中又产生感应电流,使检流计指针向左偏转。

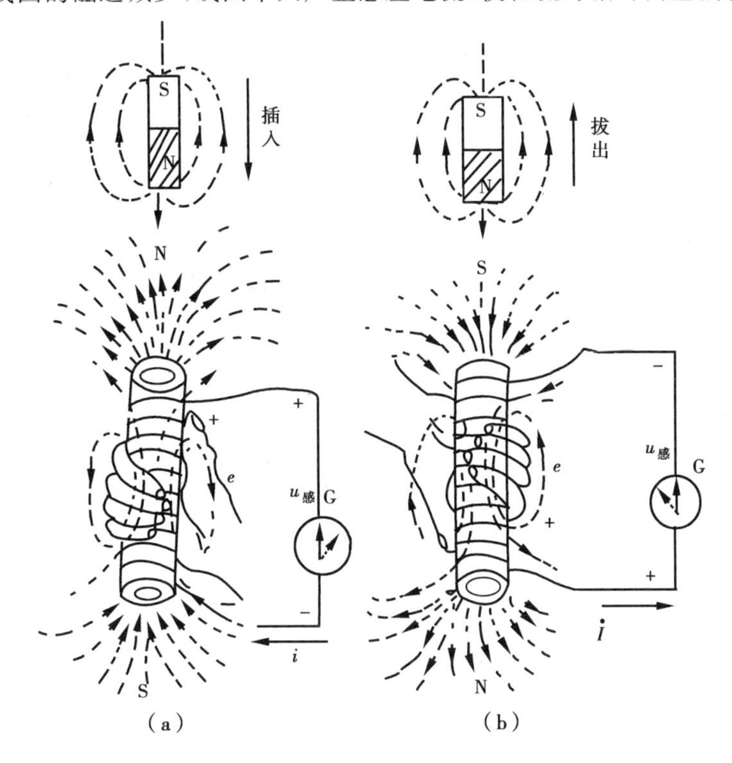

图 4-9　验证楞茨定律

(a)磁铁插入线圈,感应电动势的方向；(b)磁铁拔出线圈,感应电动势的方向

由此可见,线圈中感应电动势的方向与穿过线圈的磁通是增加还是减少有关。线圈中感应电动势的方向总是企图使它所产生的感应电流的磁场阻碍原有磁通的变化。也就是说,当磁通增加时,感应电流的磁场总是企图产生方向相反的磁通来削弱原来的磁通;当磁通减少时,感应电流的磁场总是企图要产生方向相同的磁通来加强原来的磁通。即感应电动势总是要保持磁场现状,因此这条规律称为磁场的惯性定律,通常称为楞茨定律。

需要注意,对于电磁感应问题,必须始终强调变化,即:产生感应电动势的条件是磁通的变化;感应电动势的大小决定于磁通的变化快慢;感应电动势的极性则决定于磁通变化的趋向(增加或减少)。没有磁通的变化,就没有感应电动势。

在图 4-9(a)中,当把磁铁插入线圈时,线圈中的磁通增加。由楞茨定律可知,感应电流所产生的磁通要阻止原来磁通的增加。也就是说,线圈中感应电流的磁场极性应该和磁铁的极性相反。所以,感应电流所产生的磁场一定是上面为N极,下面为S极。由右手螺旋定则可知,要产生如图4-9(a)中这样一个磁场,其感应电流的方向在外电路必定是自上而下,检流计G的指针向右偏转。

而在图4-9(b)中,当磁铁被拔出时,线圈中的磁通就要减少。由楞次定律可知,感应电流所产生的磁通,要阻止原来的磁通的减少,也就是感应电流所产生的磁场要与磁铁所产生的磁场方向一致,上面是S极,下面为N极。由右手螺旋定则可知,这时感应电流的方向在外电路是自下而上,检流计指针向左偏转。

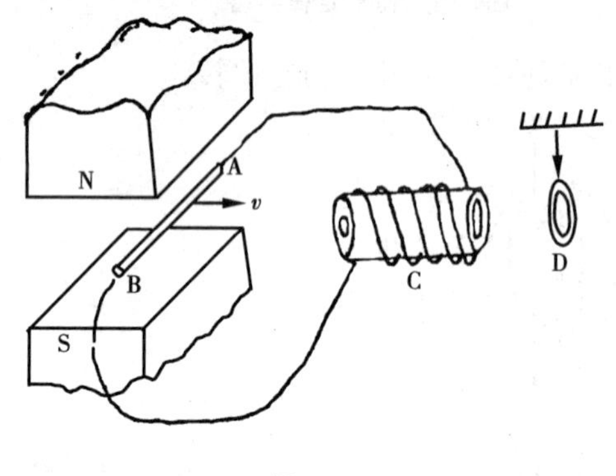

图4-10

综上所述,当穿过线圈的磁通发生变化时,线圈中产生的感应电动势,其方向可以用楞次定律判定。

【例4-3】 如图4-10所示,在匀强磁场里有一段直导线AB与线圈C组成闭合电路,在C的右边挂着一个闭合线圈环D(D的平面与线圈截面平行)。问:

(1)导线AB在磁场中沿v方向做匀加速直线运动时,线圈环D将怎样运动?

(2)当导线AB在磁场中沿v方向做匀速直线运动时,线圈D将怎样运动?

答:由题意,根据电磁感应现象可知:

(1)导线AB在磁场中沿v方向做匀加速直线运动时,感应电流通过线圈C,电流I不断增大。线圈C产生的磁场不断增强,使穿过线圈环D的磁通增大,D中产生感应电流,该电流使D产生磁场。根据楞次定律可知,该磁场要阻碍原磁场的增强,所以线圈C的磁场右端的磁极极性与线圈环D的磁场左端的极性相同,由于同性相斥,D向右方向运动。

(2)当导线AB在磁场中沿v方向做匀速直线运动时,感应电流通过线圈C,电流不发生变化,所以D中没有感应电流,故环D不动。

第三节　电磁感应定律

前面讨论了线圈中所产生的感应电动势的方向,那么这个电动势的大小与哪些因素有关呢?

如图4-11所示,在磁感应强度为B的匀强磁场中,设导体ab在Δt的时间内,匀速移动了Δx的距离,则导体ab运动的速度为

$$v=\frac{x_2-x_1}{t_2-t_1}=\frac{\Delta x}{\Delta t}$$

在导体ab中的感应电动势为

$$e_{ba}=BLv \tag{4-2}$$

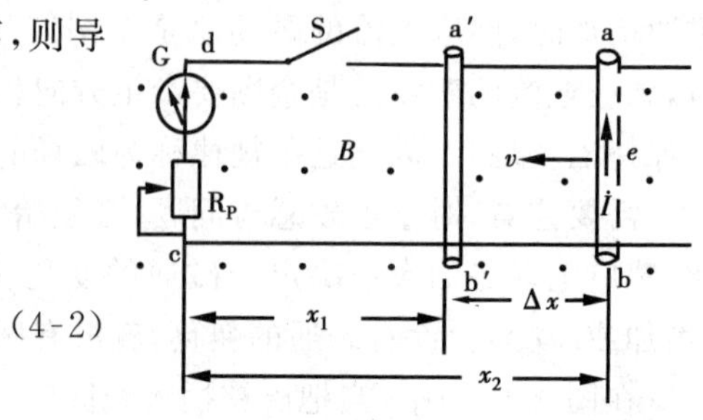

图4-11　电磁感应定律公式推导图

$$e_{ba}=BLv=BL\cdot\frac{\Delta x}{\Delta t}$$

而
$$BL\frac{\Delta x}{\Delta t}=\frac{BL(x_2-x_1)}{\Delta t}=\frac{BLx_2-BLx_1}{\Delta t}=\frac{\phi_2-\phi_1}{\Delta t}$$

则感应电动势为

$$e=\frac{\Delta\phi}{\Delta t} \tag{4-3}$$

此时，回路中的感应电动势等于导线 ab 中的感应电动势，其绝对值为

$$|e|=\left|\frac{\Delta\phi}{\Delta t}\right|$$

式中：$\frac{\Delta\phi}{\Delta t}$为回路内磁通的平均变化率。

综上所述，线圈中感应电动势的大小和线圈内磁通变化的速度(即单位时间内磁通变化的数值，或磁通的变化率)成正比。

与上述实验类似，在一个单匝线圈中，原有的磁通为 ϕ_1，变化后的磁通为 ϕ_2，则磁通的变化量为 $\Delta\phi=\phi_2-\phi_1$。如果磁通变化 $\Delta\phi$ 所需的时间用 Δt 来表示，那么磁通的变化率就是$\frac{\Delta\phi}{\Delta t}$，其感应电动势为：

$$e=-\frac{\Delta\phi}{\Delta t} \tag{4-4}$$

式中，负号是反应楞茨定律的内容，即感应电流的磁场总是要阻碍原磁场的变化。式(4-4)表示感应电动势与磁通变化率成正比，称为法拉第电磁感应定律。

式(4-4)表明，当通过单匝线圈的磁通变化率是 1 Wb/s 时，在线圈中产生 1 V 的电动势。

若回路是多匝线圈，那么当磁通变化时，每匝线圈中都将产生感应电动势。因为线圈的匝与匝之间是相互串联的，整个线圈的总电动势就等于各匝所产生电动势之和。设线圈匝数为 N，则

$$e=e_1+e_2+e_3+\cdots+e_N=\frac{\Delta\phi_1}{\Delta t}+\frac{\Delta\phi_2}{\Delta t}+\frac{\Delta\phi_3}{\Delta t}+\cdots+\frac{\Delta\phi_N}{\Delta t}=$$
$$\frac{\Delta(\phi_1+\phi_2+\phi_3+\cdots+\phi_N)}{\Delta t}=\frac{\Delta\Psi}{\Delta t}$$

式中：$\Psi=\phi_1+\phi_2+\phi_3+\cdots$称为线圈的磁通链或全磁通，简称磁链。若穿过每匝线圈的磁通相同，即

$$\phi=\phi_1=\phi_2=\phi_3=\cdots,\quad 则\ \Psi=N\phi$$

则感应电动势为

$$e=N\frac{\Delta\phi}{\Delta t}=\frac{\Delta\Psi}{\Delta t}$$

由楞茨定律：$e=-N\frac{\Delta\phi}{\Delta t}=-\frac{\Delta\Psi}{\Delta t}$ (4-5)

当回路中原磁通增加，即 $\Delta\phi>0$ 时，感应电流产生的磁通与原磁通方向相反；当回路中原磁通减少，即 $\Delta\phi<0$ 时，感应电流产生的感应磁通与原磁通方向相同。

当原磁通增加时，$\Delta\phi>0$，$\frac{\Delta\phi}{\Delta t}>0$，由楞茨定律 $\phi_{感}$ 与 $\phi_{原}$ 相反，感应电动势方向与产生感应

电流的 $e_{正}$ 相反，应为负值，即 $e=-\frac{\Delta\phi}{\Delta t}$，这时 $\frac{\Delta\phi}{\Delta t}>0$，前面加负号，$e<0$；当原磁通减少时，$\frac{\Delta\phi}{\Delta t}<0$，前面加负号，$e>0$，感应电势的方向与 $e_{正}$ 正方向一致。

可见，法拉第电磁感应定律可用一句话概括，即：回路中的感应电动势等于回路内磁通变化率的负值。

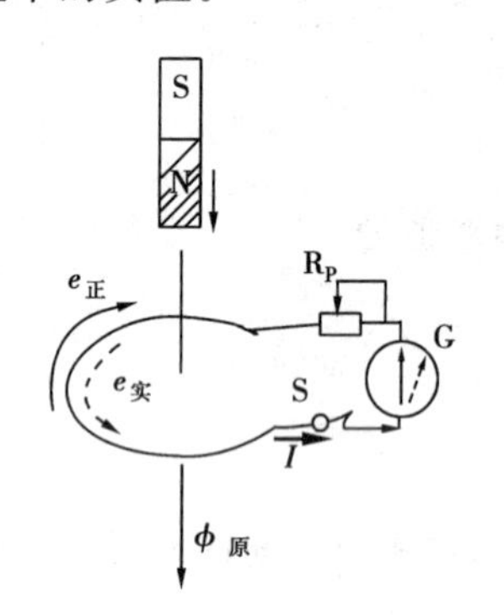

图 4-12　感应电动势方向

用电磁感应定律计算并确定回路中感应电动势的大小和方向的方法步骤：

第一步，由右手螺旋定则判断出感应电动势的正方向；

第二步，将数值代入公式，计算出感应电动势的数值（包括符号）；

第三步，由感应电动势的正负号，标出感应电动势的实际方向。

【例 4-4】　如图 4-12 所示，永久磁铁插入回路中，已知 $\frac{\Delta\phi}{\Delta t}=20\ \text{Wb/s}$，$R=10\ \Omega$，求 R 中电流 I，并确定其方向。

解：由永久磁铁下落得出 $\phi_{原}$ 向下，按右手螺旋定则判定 $e_{正}$ 如图所示。

由电磁感应定律可知

$$e=-\frac{\Delta\phi}{\Delta t}=-20\ \text{V}$$

图 4-12 示出，$e_{实}$ 与 $e_{正}$ 方向相反，I 方向如图所指。

$$I=\frac{e}{R_{总}}=\frac{20\ \text{V}}{10\ \Omega}=2\ \text{A}$$

第四节　自　感

一、自感现象

自感现象是电磁感应现象的一种特殊表现，是法拉第在 1835 年首次发现的，它在电工和电子技术上，具有很重要的意义。

下面用实验来观察自感电动势的作用：将可调电阻 R_W 与灯泡 A 串联，将灯泡 B 与线圈 L 串联，接成图 4-13 所示电路，其中 A 与 B 是两个同规格的灯泡。合上开关 S 后，灯泡 A 立即正常发光，而灯泡 B 则缓慢变亮。

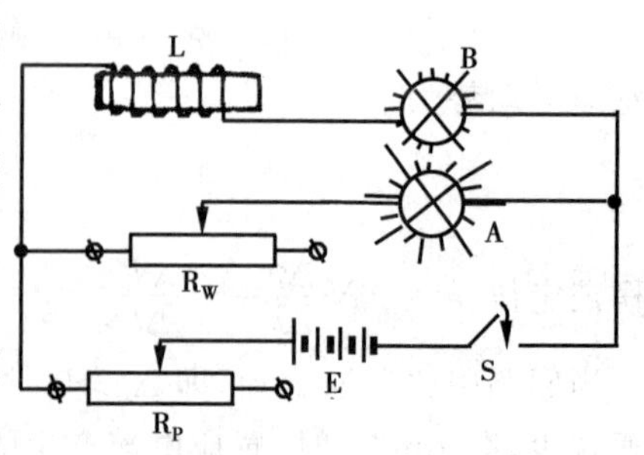

图 4-13　自感现象

这个现象说明：在没有电磁线圈 L 的一个支路里，电流是从零迅速增加到某一个确定值；而在接有电磁线圈的支路里，电流因为受到某种阻碍是逐渐增加的。这种阻碍是因开关 S 闭合，电路中原电流增大时，线圈中磁通增强，线圈因电磁感应产生一个阻碍原磁通增强的感应电流的磁场所致。

同理，如果不接通B灯泡支路，那么当拉开开关S时，小灯泡A几乎立即熄灭；而在接通了B灯泡支路的情况下，拉开开关S后，两个灯泡并不立即熄灭，而是要经过一个短促的继续发光阶段才会熄灭，在断电瞬时，灯光甚至比原来更亮，这个现象说明：在接有电磁线圈的电路里，切断电路后，电流非但不立即停止，而且还可能有瞬时增强。因为当开关分断时，变化的电流又必然产生穿过该线圈的变化磁通。这种变化的磁通又必然在本线圈中产生感应电动势。这种由于线圈中电流的变化而在线圈本身引起感应电动势的现象称为自感现象，由此而产生的感应电动势称为自感电动势，用 e_L 来表示。由电磁感应定律，得

$$e_{单匝} = -\frac{\Delta\phi}{\Delta t} \tag{4-6}$$

$$e_{多匝} = -N\frac{\Delta\phi}{\Delta t} \tag{4-7}$$

线圈的匝数 N 和磁通 ϕ 的乘积又称为磁链，用符号 Ψ 表示，即：$\Psi = N\phi$。磁链的意思就是磁通与线圈的每一匝互相环链起来，如图4-14所示。磁链的单位名称是韦[伯]，符号是Wb。所以，N 匝线圈中的自感电动势又可表示为

$$e_L = -\frac{\Delta\Psi}{\Delta t} \tag{4-8}$$

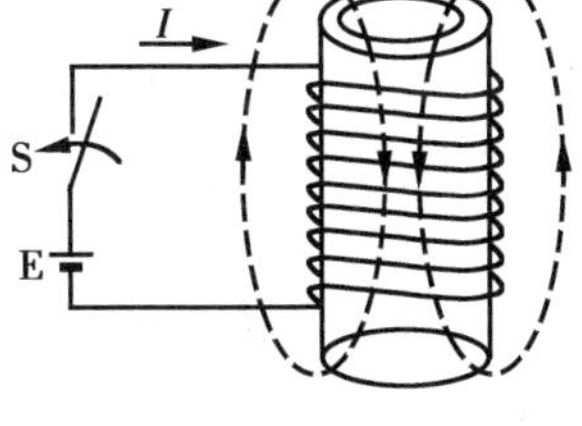

图4-14　磁链

日光灯就是利用镇流器中的自感电动势产生高电压来点燃灯管的。图4-15中，当开关S闭合，起动器首先闭合，使镇流器和灯丝中通过电流。经过片刻，起动器突然自动断开，镇流器中电流突然减少，所以，镇流器中的两端产生很高的自感电动势和电源电压一起加在灯管的两端，使管内气体导通而发光。

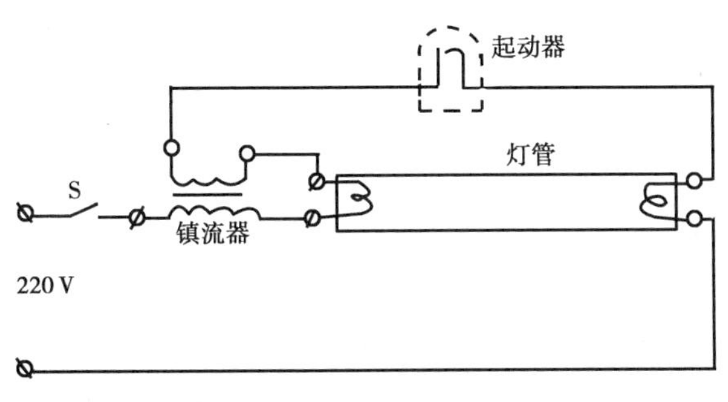

图4-15　日光灯电路

二、自感系数和电感线圈

前面讨论了自感电动势和磁链的变化率之间的关系。但是，在实际电路中，一般分析和测量的对象往往是电流和电压，而不是磁通。同时，磁通是由电流产生的，它们之间存在着一定的关系，所以可以把磁通的变化换算成电流的变化来代替。

实验证明，通过一个线圈的电流愈大，所产生的磁场愈强，穿过线圈的磁通愈多，也就是磁链愈大。

由此可见，线圈的磁链和电流成正比。将线圈的磁链与电流的比值称为自感系数，又称为电感，用符号 L 表示。即

$$\frac{\Psi}{i} = L \tag{4-9}$$

若线圈的匝数为 N，且当穿过线圈每一匝的自感磁通都是相同时，则由定义可得此线圈的电感为

$$L=\frac{N\phi_{L}}{I}$$

若 $I=1$ A 时，则 $L=N\phi_{L}=\Psi$。即线圈的电感量在数值上等于线圈中通以单位电流时，线圈所产生的自感磁链数。

自感量 L 的单位名称是亨[利]，符号是 H。1 H=1 Wb/A=1 V·s/A

线圈电感的大小决定于线圈的结构(匝数、尺寸、有无铁心、铁心的形状和磁性质等)。如一个多匝线圈就比一根直导线的电感大得多；一个带有铁心的线圈比不带铁心的线圈的电感大得多。因此，常把线圈称为电感线圈。

当空心线圈的结构一定时，它的电感是一个常数，不随线圈中电流的大小而变化。这是线圈本身的属性，这种电感称为线性电感。线性电感反映了电流和磁通之间的正比关系。但是铁心线圈的电感却随电流的变化而变化。这说明铁心线圈中的电流和磁通之间不是正比关系，我们把这种电感称为非线性电感。

当线圈周围介质的导磁率 μ 为常数时，自感磁链 Ψ 与电流 I 成正比。线圈的电感为一常数，其大小只决定于线圈的结构及介质的导磁率，而与线圈中电流的大小无关。当介质导磁率 μ 不是常数时，则 Ψ 与 I 不成正比。这时线圈的电感就不仅与结构有关，而且还与线圈中的电流有关了。以下讨论，除特殊说明外，一般电感 L 都为常数。

如果电流的变化量为 Δi，磁链的变化量为 $\Delta\Psi$，由式(4-9)得 $\Delta\Psi=L\Delta i$，将此式代入式(4-8)中，可以得到

$$e_{L}=\frac{\Delta\Psi}{\Delta t}=-L\frac{\Delta i}{\Delta t} \tag{4-10}$$

上式说明：自感电动势的大小与电感 L 及电流变化率成正比。当 L 单位用 H 时，$\frac{\Delta i}{\Delta t}$的单位是 A/s，$e_{L}$ 单位是 V，式中负号表明自感电动势反抗电流的变化。自感电动势的正方向就是与自感磁通成右手螺旋定则关系的方向；所以自感电动势的正方向与电流的正方向一致，如图 4-16、图 4-17 和图 4-18 所示。

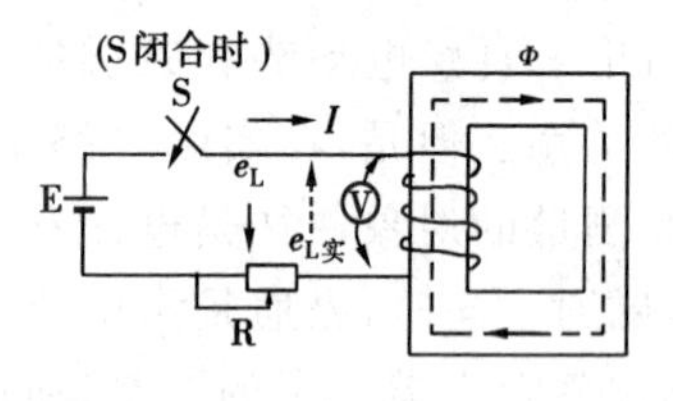

图 4-16 自感电动势方向

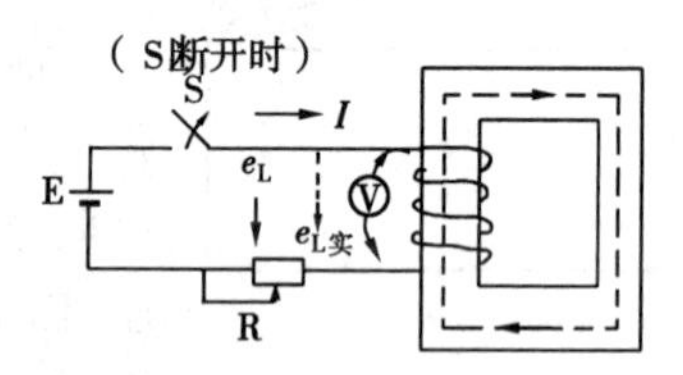

图 4-17 自感电动方向

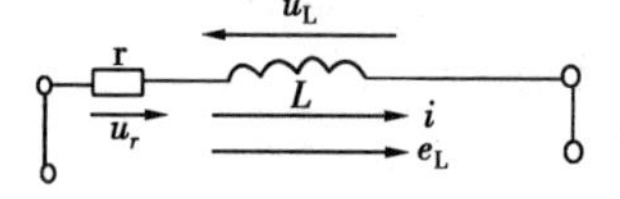

图 4-18 线圈中自感电动势的方向与线圈端电压的方向相反

如图 4-16 所示，当 S 闭合瞬间，电路中的电流增加，即$\frac{\Delta i}{\Delta t}>0$，故自感电动势 e_{L} 为负值，表示此时 e_{L} 的实际方向与自感电动势 e_{L} 的正方向(亦即回路电流 i 的方向)相反，因此自感电动势有反对电流变化(增加)的作用。

如图 4-17 所示，当 S 断开瞬间，电路中的电流 i 减小，$\frac{\Delta i}{\Delta t}<0$，自感电动势 e_{L} 为正值，它的实际方向与自感电动势 e_{L} 的正方向(亦即回路中电流 i 的方向)相同。所以，此时自感电动势也有反对电流变化(减小)的作用。

由此可见，楞次定律在自感中可以推广为：线圈中感应电流(或自感电动势)，总是反对原

电流的变化。即当原电流增加时，自感电动势的方向和原电流的方向相反，反对原电流增加；原电流减少时，自感电动势的方向和电流方向相同，反对原电流减少。

同理，法拉第电磁感应定律也可推广为：线圈中自感电动势等于线圈中电流变化率与线圈电感量乘积的负值。

【例 4-5】 已知，如图 4-16 所示，图中电感为 0.12 H 的线圈在 0.5 s 内电流自 2 A 均匀地降到 0.5 A，求此线圈所产生的自感电动势。

解：由题意可知

$$e_{\mathrm{L}}=-L\frac{\Delta i}{\Delta t}=-0.12\ \mathrm{H}\times\frac{0.5\ \mathrm{A}-2\ \mathrm{A}}{0.5\ \mathrm{s}}=0.36\ \mathrm{V}$$

【例 4-6】 已知，如图 4-18 所示，电阻 $R=10\ \Omega$，电感 $L=0.02$ H，今通以变化电流，当电流 $i=20$ A 的瞬间，它的增加速率为 2 000 A/s，求此时的电压。

解：由题意知，$i=20$ A 时，$\frac{\Delta i}{\Delta t}=2\ 000$ A/s

自感电动势的正方向与电流方向相同，用基尔霍夫第二定律可得

$$U=U_{\mathrm{R}}-e_{\mathrm{L}}=iR-\left(-L\frac{\Delta i}{\Delta t}\right)=20\ \mathrm{A}\times 10\ \Omega+0.02\ \mathrm{H}\times 2\ 000\ \mathrm{A/s}=$$
$$200\ \mathrm{V}+40\ \mathrm{V}=240\ \mathrm{V}$$

三、电感的消除

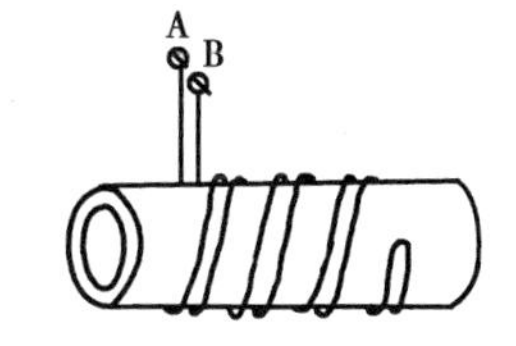

图 4-19　精密电阻的绕制

在电子技术以及通信设备中应用自感的地方很多，但如果在不需要自感的地方出现了自感，当电路断开的瞬间，由于电路中的电流变化很快，便产生很大的自感电动势，可能击穿绝缘保护，或者使开关的闸刀和固定夹片之间的空气电离变成导体，产生电弧而烧毁开关，甚至危及人员安全，在测量系统中，使测量结果不准确。因此有时应设法消除电感。

消除电感的方法是尽量减少回路的自感磁链。例如要绕制一个无感电阻时，则可将选好的电阻丝，对折后绕在支架中，如图 4-19 所示。这种双线并绕的方法，通过并绕电阻丝的电流大小相等，方向相反，产生的磁通互相抵消，因而大大减小了电感。

除此以外，也可以设法使电阻丝绕在一个薄板上，以减小它的截面积 S，从而减小电感，如图 4-20 所示。

C　D

图 4-20　电热板

*第五节　互　感

前面讨论了自感电动势是线圈中通过的电流发生变化时，线圈本身所产生的感应电动势。这个变动电流所产生的磁场除穿过自身所在线圈外，也可以穿过别的线圈，于是在别的线圈中因电磁感应而产生感应电动势。为了区别于自感应，我们把两个线圈之间的电磁感应称为互感应。

现有 A，B 2 个线圈，线圈 B 套在具有铁心的线圈 A 的外面，线圈 A 与电源相连接，而线圈 B 和检流计连接，实验电路如图 4-21 所示。当开关 S 闭合时。线圈 A 中的电流从零增大

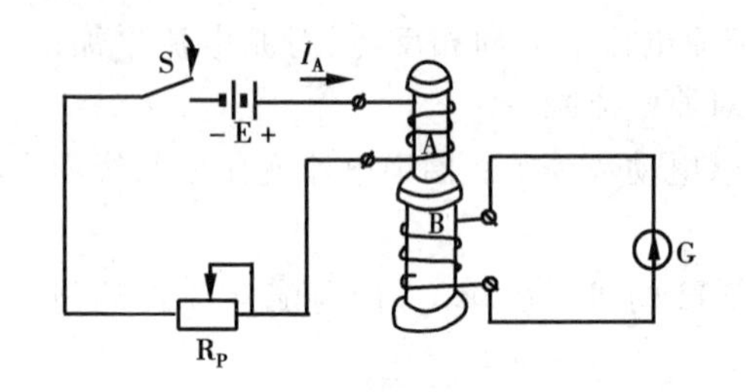

图 4-21　两个线圈的互感现象

到一定值。这时与线圈 B 相连接的检流计的指针也会发生偏转，表明在线圈 B 中有电流通过。而线圈 B 和线圈 A 之间并没有电的联系，为什么在闭合开关 S 时，在线圈 B 中也会产生电流呢？

这是因为线圈 A 中的电流所产生的磁通也穿过了线圈 B，当线圈 A 中的电流发生变化时，穿过线圈 B 的磁通也跟着变化，于是在线圈 B 中就引起感应电动势，这种因互感现象而产生的电动势称为互感电动势。A，B 两线圈是通过磁通来联系的，这种关系称为磁耦合。与电源相连接的线圈称为原线圈（如线圈 A，或称初级线圈）；与负载（在图 4-21 中就是检流计）相连接的线圈称为副线圈（如线圈 B，或叫次级线圈），电力系统中的变压器、互感器，电视机里的变压器，都是根据互感的原理制成的。

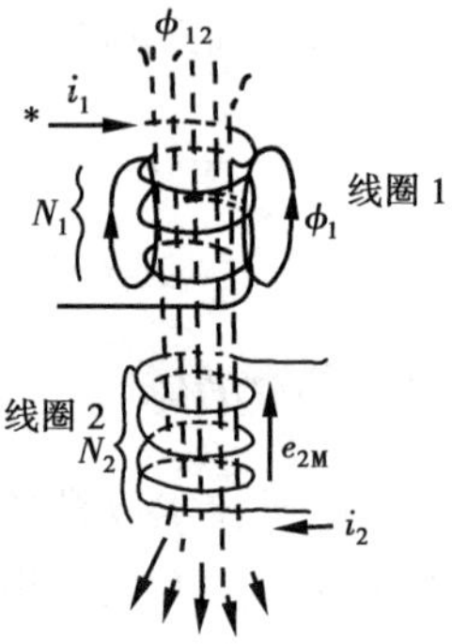

互感现象也是一种电磁感应现象，不过引起线圈中互感电动势的磁通是由另外一个线圈中的电流产生的。如图 4-22 所示，线圈 1 和线圈 2 发生磁耦合，线圈 1 中的电流 I_1，产生磁通 ϕ_1 和 ϕ_{12}（ϕ_1 是只穿过线圈 1 的磁通，ϕ_{12} 是同时穿过 1，2 两个线圈的磁通）。由电磁感应定律可知，当 ϕ_{12} 变化时，在线圈 2 中所引起的互感电动势是

$$e_{2M} = N_2 \frac{\Delta\phi_{12}}{\Delta t} \tag{4-11}$$

式中：e_{2M}——在线圈 2 中产生的互感电动势，单位 V；

$\Delta\phi_{12}/\Delta t$——同时穿过 1，2 两线圈的磁通的变化率，Wb/s。

N_2——线圈 2 的匝数。

图 4-22　互感磁通的变化引起互感电动势

互感电动势的大小与互感磁通的变化率成正比，和副线圈的匝数成正比。所以，改变副线圈的匝数就可以使副线圈的端电压升高或者降低。

另一方面，由图 4-22 可以看到，线圈 1 中通以电流 i_1，产生磁通 ϕ_1，其一部分 ϕ_{12} 又和靠近的线圈 2 相环链形成互感磁链 $n_1\phi_{12}$。如果 i_1 发生变化，ϕ_{12} 也要随之变化，从而在线圈 2 上产生了互感电动势，$e_{2M}=N_2\dfrac{\Delta\phi_{12}}{\Delta t}$。显然互感电动势的大小就等于互感磁链 $N_2\phi_{12}$ 的变化率。

和自感电路一样，在实际的电路测量及计算中，是以电压及电流为对象的，所以磁链的变化也需要换算成电流的变化。比照电感的定义，把线圈 1 中的单位电流在线圈 2 中构成的磁链定义为线圈 1 对线圈 2 的互感。其表达式为

$$M = \frac{N_2\phi_{12}}{i_1} \tag{4-12}$$

式中：M——互感系数，简称互感，单位是 H（亨）。

可见，线圈 1 对线圈 2 的互感和线圈 2 对线圈 1 的互感是相等的，所以 M 不需要加注感应方向的下标，就代表两个方向的互感。

须注意：互感是在两个不同的线圈之间的磁通与电流的比，和自感系数的定义是不同的。

两线圈之间互感的大小，和自感一样，完全取决于两线圈的结构、尺寸、相对位置及材料性质（有无铁磁材料）等条件。没有铁磁材料时，互感是线性的，但其值远小于铁磁材料磁心时的

互感。互感系数的大小与线圈中电流的大小无关。

理论证明:线圈2互感电动势的大小为

$$e_{2M}=M\frac{\Delta i_1}{\Delta t} \tag{4-13}$$

线圈2与1的自感分别为L_2和L_1,理论和实验证明,互感范围是

$$0\leqslant M\leqslant \sqrt{L_1L_2}$$

令 $k=\dfrac{M}{\sqrt{L_1L_2}}$

式中:k叫耦合系数。$0\leqslant k\leqslant 1$,其大小反映出两个线圈的耦合程度,当$k=1$时叫全耦合。

【例4-7】 已知,两线路间的互感M为$80\mu H$,当电力传输线路发生短路时,电流增加的速率为3×10^6 A/s,求此瞬间电力线路中的互感电动势。

解:由题意可知,电力线路中的互感电动势的大小为

$$e_{M2}=M\frac{\Delta i_1}{\Delta t}=80\times10^{-6}\ \mathrm{H}\times3\times10^6\ \mathrm{A/s}=240\ \mathrm{V}$$

*第六节 互感线圈的连接与同名端

一、互感线圈的同名端

判断感应电动势方向的基本依据是楞茨定律。但是在实际的电路图中,要把每一个线圈的绕法和各线圈的相对位置都画出来,再判断电动势的极性,会显得繁琐。

实验证明,互感电动势的方向不仅决定于互感磁通是增加还是减少,而且还与线圈的绕向有关。判断互感电动势的方向是比较复杂的,尤其是对于一台已经制造好的成品变压器或互感器,从外面看不出线圈的方向。因而,在制造变压器或互感器时,就用符号“*”(或“·”,“+”)表示两个线圈的绕向。这种符号表明了线圈的极性,两个线圈中具有“*”符号的端子叫做同极性端或同名端。当然,另外两个不标极性符号的端子也是同名端。

下面以图4-23来说明:当线圈a中通以电流i,并且假设i正在增大,则a,b及c 3个线圈的感应电压的实际极性必然是如图中所示。假设i在减小,各端子的极性都要改变。但是,不论i如何变化,图中端子1,4及5三者的极性始终一致;同样,端子2,3及6三者也始终彼此一致,并且后者的极性又总是与前者相反。另外,电流不论自端子1至6,也不论流入或流出3个线圈中的哪一个线圈,上列关系仍旧不变。我们把端子1,4及端子5之间的这种关系称为同名端关系,显然端子2,3及6也是同名端。在同一磁通变化的作用下,感应电动势极性保持相反的端子,例如1与3就称为异名端。

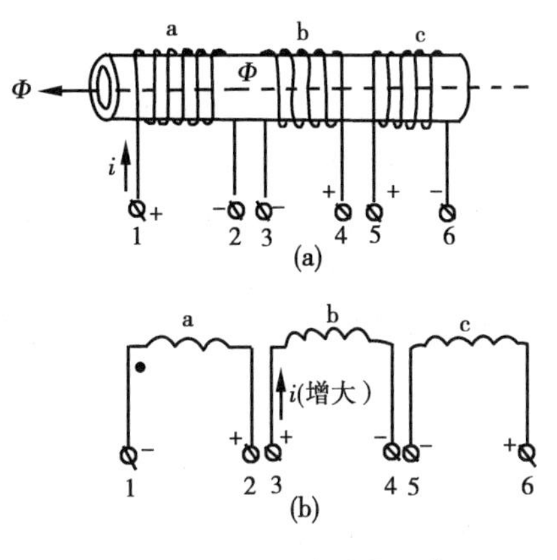

图4-23 互感线圈同名端

二、互感电动势极性的标定——同名端的判定

根据电流的方向，并对照同名端标记来标出互感电动势的标定极性。在式 $e_{M2}=M\frac{\Delta i_1}{\Delta t}$ 中，如果 i_1 在增大，则 Δi_1 为正值，而 Δt 及 M 都是正值，因此求出的 e_{M2} 为正值。我们就把正的 e_{M2} 极性作为 e_{M2} 的标定极性。从图4-24中可以看出，当正在增大的电流 i_1 是从线圈①的有点号端流入，则线圈②上的互感电动势 e_{M2} 的正极也产生在有“·”号的端子上，也就是 i_1 流入线圈①的端子的同名端上。我们把这个端子标定为 e_{M2} 的正极，另一端为负极。这样，当 i_1 在减小时，Δi_1 是负值，按式(4-13)，$e_{M2}=M\frac{\Delta i_1}{\Delta t}$，求出的 e_{M2} 也是负值，表示其极性与标定的极性相反。

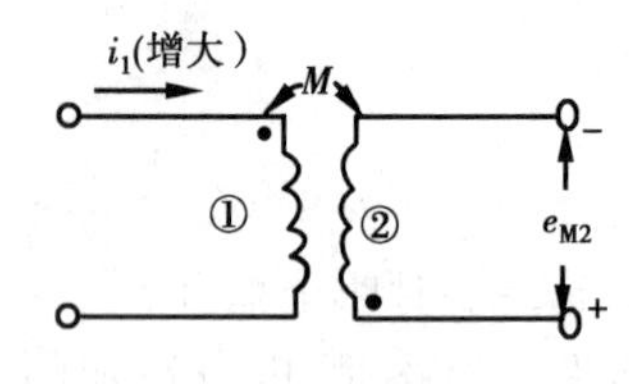

图 4-24　同名端判定

如果 i_1 在线圈①中是从无“·”号端子流入，则应将线圈②的无“·”号端子标定为 e_{M2} 的正极，有“·”号的端子标负极。总之，就是 i_1 流入线圈的那个端子的同名端标互感电动势 e_{M2} 的正极。只有在这样的标定极性下，式 $e_{M2}=M\frac{\Delta i_1}{\Delta t}$ 所得到的 e_{M2} 的正、负号才有确定的意义。

第七节　线圈中的磁场能

充了电的电容器在电容器的介质中建立起一个电场，同时具备一定量的电场能。与此相似，通了电流的线圈在其内外空间中建立起磁场，一定量的能量也储于磁场之中成为磁场能。例如铁磁物质或载流导线在磁场中会受到力的作用，从而能够做功如电动机转动做功，各种继电器吸合衔铁等。

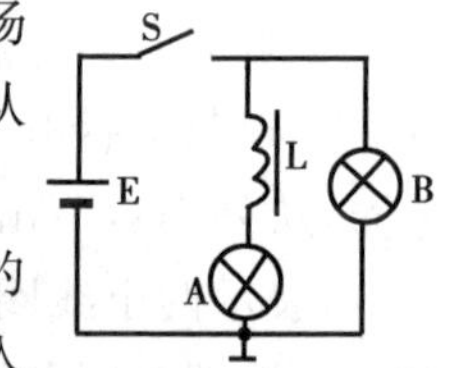

图 4-25　实验图

磁场能和电场能相比有许多相同的特点。磁场能和电场能在电路中的转化都是可逆的。从实践中得知，随着电流的增大，线圈的磁场增强，储入的磁场能就增多；随着电流的减小，磁场减弱，磁场能通过电磁感应的作用又转化为电能。故电感线圈和电容器一样是储能元件，而不是电阻器一类的耗能元件。

例如：在图 4-25 中，当开关 S 合上时电路中有电流，灯泡 A 和 B 都亮，如果这时打开开关 S 时，灯泡 B 不是马上熄灭，而是在打开的瞬间闪一下光且特别亮。这时电源已断开，它不能继续供电，显然灯泡 B 中的电流只有由线圈 L 供电。由法拉第电磁感应定律可知，线圈中会产生自感电动势，供给灯泡 B 使其放光，其能源为线圈 L 供给的磁场能。

理论和实践证明，线圈中的磁场能与本身的电感成正比，与通过线圈电流最大值的平方成正比，即

$$W_L=\frac{1}{2}LI_m^2 \tag{4-14}$$

须注意，在铁心线圈中，由于 L 不是常数，式(4-14)不能用于铁心电感中能量的计算。

【例 4-8】　已知在匝数为 $n=1\ 500$ 的环形线圈中通以电流 900 mA，测出其中磁通密度

$B=0.9\ \mathrm{T}$。试求储藏在圆环内的磁场能量。已知圆环截面积 $S=2\ \mathrm{cm}^2$。

解:由题意

电感为 L,通以电流为 I 的线圈所储藏的磁场能量为

$$W_L = \frac{1}{2}LI^2$$

因　$L=\frac{\Psi}{I}$　故 $W_L=\frac{1}{2}\Psi I$

而　$\Psi=n\phi=nBS$,于是所储藏的磁场能量为

$$W_L = \frac{1}{2}nBSI$$

将数据代入得

$$W_L=\frac{1}{2}\times 1\,500\times 0.9\ \mathrm{T}\times 2\times 10^{-4}\ \mathrm{m}^2\times 0.9\ \mathrm{A}=0.12\ \mathrm{J}$$

阅读·应用五

涡　流

一、涡流及其危害

涡流就是当铁心线圈中通以变化的电流 i 时,穿过铁心的磁通 ϕ 也将是变化的,这样就必然会在铁心中产生感应电流。由于这种感应电流是来自闭合回路的环流,且成旋涡状的电流,因此把在整块导体中产生的这种旋涡状的感应电流,称为涡流,如图 4-26 所示。在电机和电器的铁心中产生涡流是有害的。因为涡流不但消耗电能使电机和电器的效率降低,而且使铁心发热温度升高,由涡流所造成的电能损耗称为涡流损耗。

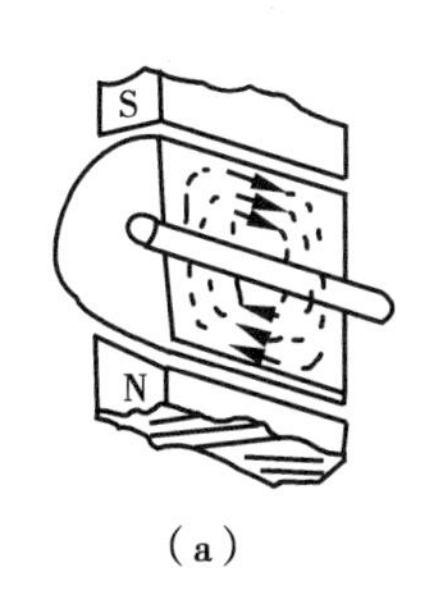

(a)

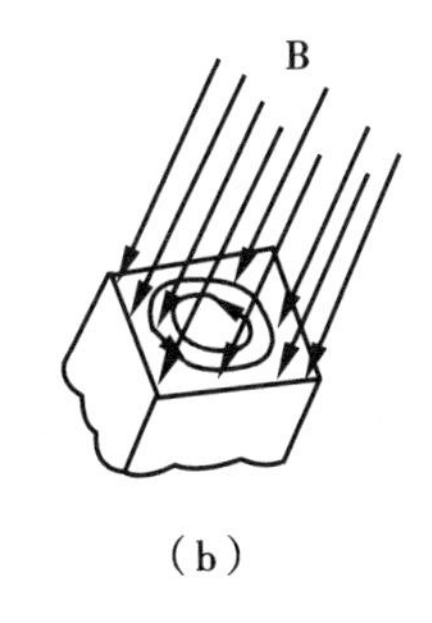

(b)

图 4-26　涡流的产生

根据楞次定律可知,涡流所产生的磁通有阻止原磁通变化的趋势,也就是说涡流具有削弱原磁场的作用,涡流的这种作用称为去磁作用。

涡流所造成的能量损耗与上述的去磁作用都是在一般电工设备中所不希望存在的,所以在这些电工设备中都需要设法减小涡流。

通常都是采用增大涡流回路电阻的方法来减小涡流。例如:在电源设备及工作在低频交流电的设备中的铁心,通常都使用很薄的、互相绝缘的硅(矽)钢片或坡莫合金片叠成,如图4-27所示。在这些材料中,它们的电阻率都比较大,而制成互相绝缘的薄片之后,又可以使涡流限制在每一薄片之中,从而增大了涡流回路的电阻,减小了涡流损耗,节约了电能。

在频率较高的电信设备中,则采用铁粉心及铁淦氧体来做铁心。铁粉心粉末颗粒间互相

绝缘，电阻很大，故能减少涡流。而铁淦氧体的电阻率更高，故它的电阻更大，涡流更小。

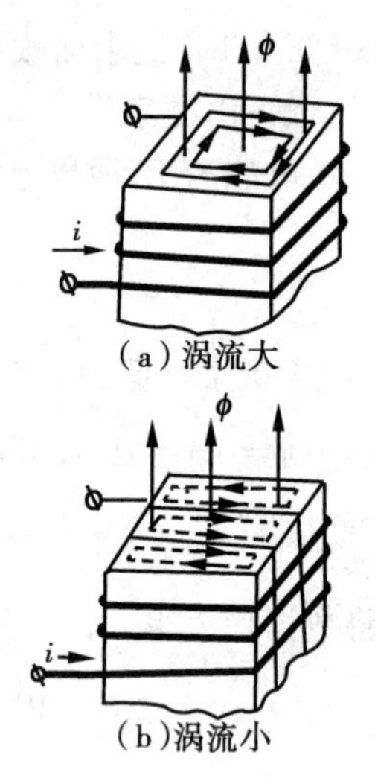

图 4-27 铁心用薄片叠成减小涡流

二、涡流的应用

在另外一些情况下，涡流也可以被人们所利用，例如，电度表中的圆盘。当此金属圆盘在永久磁铁的磁极间旋转时，盘中就会产生涡流，根据楞茨定律，涡流与永久磁铁磁场的相互作用，将使圆盘受到一个反抗力，以阻止圆盘的转动，这种作用称为涡流的掣动作用。许多测量仪表就是利用这种作用做成阻尼装置的。

在冶金工业中，利用涡流的热效应，制成高频感应炉来冶炼金属。高频感应炉是在坩埚的外缘绕有绝缘的线圈，并把线圈接到高频交变电源上，如图 4-28 所示。高频交变电流在线圈内要产生高频交变磁场，高频感应炉内被冶炼的金属因电磁感应而产生很强的涡流，释放出大量的热，使金属熔化。这种无接触加热的优点很多。加热速度快，效率高，可以放在真空中加热，既避免金属受污染，又不会使金属在高温下氧化。所以高频感应炉广泛应用于冶炼特殊钢，提纯半导体等材料的工艺中。

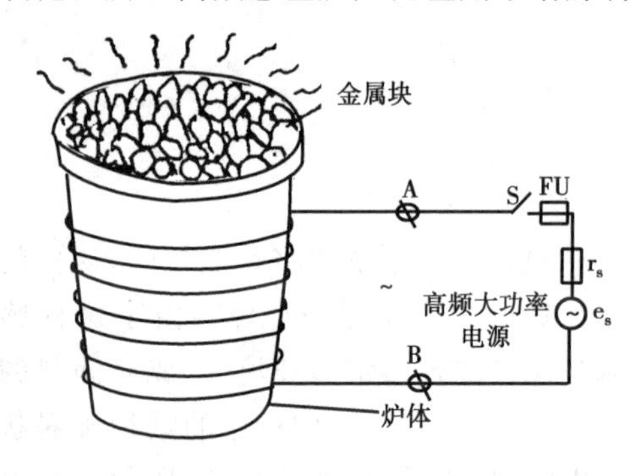

图 4-28 高频感应炉

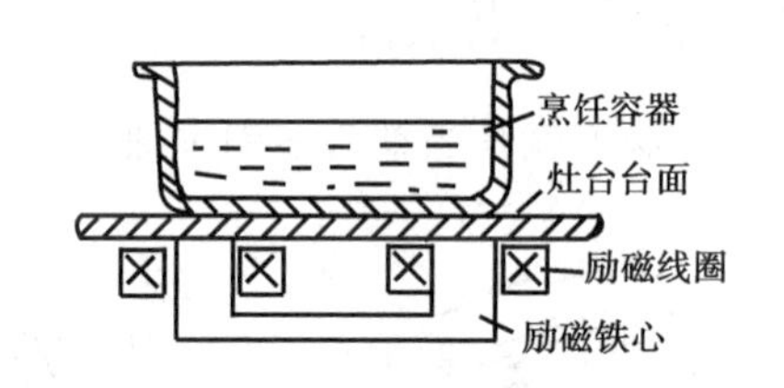

图 4-29 工频电磁灶结构图

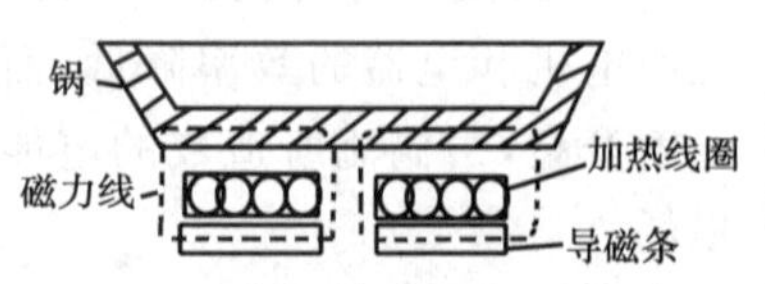

图 4-30 高频电磁灶结构简图

在家用电器中，工频电磁灶是利用工频电流（我国为 50 Hz），通过线圈的感应加热铁心来加热炊具的，如图 4-29所示。工作时，励磁线圈内工频电流所产生的交变磁通，经锅底形成闭合磁路。交变磁通在锅底产生的涡流和磁滞生成热量时，对锅加热，进行烹饪。除此而外，高频电磁灶更好，图 4-30 是它的结构简图，它是将工频电流变换成 20～50 kHz 的高频电流，通过感应线圈加热炊具的。工作时，线圈中的高频电流所产生的交变磁通经导磁条，锅底形成闭合磁路，线圈没有铁心，其优点是发热效率高，振动噪声低，体积小。

阅读·应用六

互感线圈同名端的实用判别法

一、观察法

当已知两绕组的绕向时，可直接从绕组的绕向判断同名端：绕组均取上端为首端，下端为末端，两绕组绕向相同时，两首端为同名端（当然两末端也为同名端），如图4-31(a)所示；两绕组绕向相反时，两首端为异名端，即一绕组的首端与另一绕组的末端为同名端，如图4-31(b)所示。

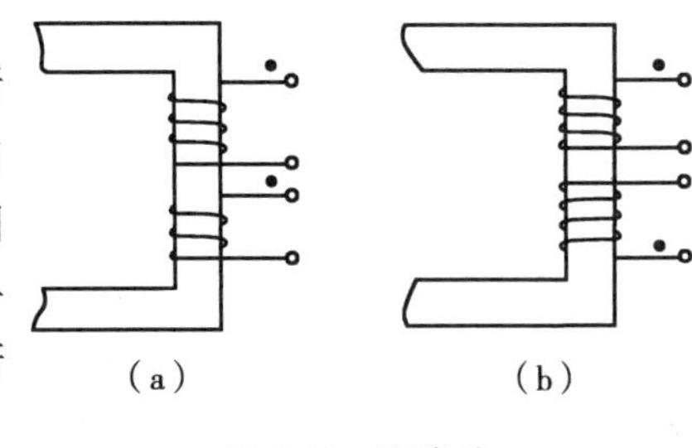

图4-31　观察法

二、实验法

当不知绕组的绕向时，可用直流法和交流法测定绕组的同名端。

1. 直流法

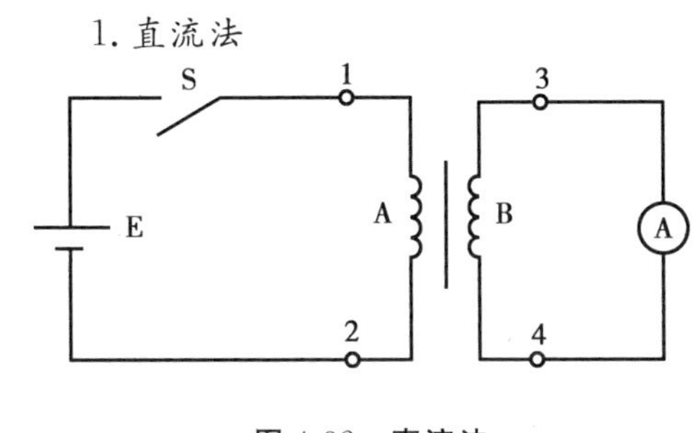

图4-32　直流法

将变压器的两个绕组按图4-32所示连接，当开关S闭合瞬间，如电流表的指针正向偏转，则绕组A的1端和绕组B的3端为同名端，这是因为当不断增大的电流刚流进绕组A的1端时，1端的感应电动势极性为“+”，而电流表正向偏转，说明绕组B的3端此时也为“+”，所以1端3端为同名端。如电流表的指针反向偏转，则绕组A的1端和绕组B的4端为同名端。

2. 交流法

把变压器两绕组的任意两端连在一起（如2端和4端），在其中一个绕组（如A）上接上一个较低的交流电压，如图4-33所示，再用交流电压表分别测量U_{12}，U_{13}，U_{34}，若U_{13}等于U_{12}与U_{34}之差，则1端和3端为同名端；若U_{13}等于U_{12}与U_{34}之和，则1端和3端为异名端（即1端和4端为同名端）。

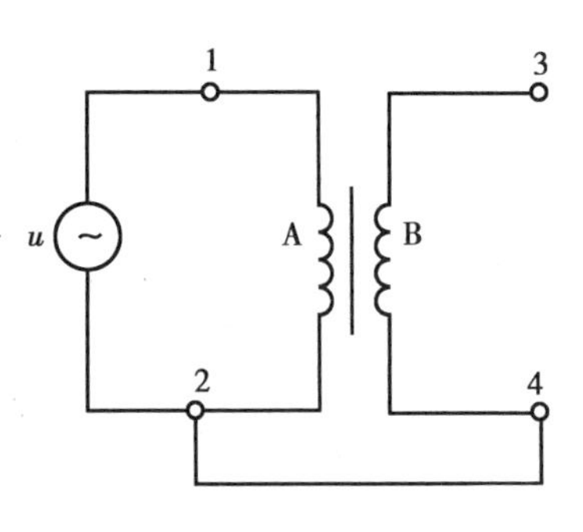

图4-33　交流法

阅读·应用七

变压器

一、变压器的工作原理

变压器由绕组和铁心构成。它的基本工作原理就是通过1个共同磁场，将2个或2个以上的绕组耦合在一起，以电磁感应原理为基础，进行交流电能的传递和转换。

变压器的空载工作状态是指原边绕组接正弦交流电源，而副边绕组开路的工作情况。

空载时副边电流 $i_2=0$。原绕组与交流电源构成闭合回路，原绕组接正弦交流电压 U_1，此时原绕组中通过的电流为空载电流，又称励磁电流，用 i_1 表示。因为电流具有磁效应，交变电流 i_1 流过原边绕组时在铁心内建立交变磁场，产生交变磁通 Φ_0。交变磁通穿过原、副边绕组产生感应电动势，从理论分析计算可知，原副边绕组产生的感应电动势有效值为

$$E = 4.44fN_1\Phi_m$$

式中：f 是电源的频率，N_1 是原边绕组匝数，Φ_m 是主磁通幅值。

忽略漏磁通产生的感应电动势和在绕组上的压降，原副边绕组电动势近似等于原副边电压：$U_1\approx E_1$，$U_2\approx E_2$。

所以原副边电压之比等于匝数比。即

$$\frac{U_1}{U_2}\approx\frac{E_1}{E_2}=\frac{4.44fN_1\Phi_m}{4.44fN_2\Phi_m}=\frac{N_1}{N_2}=n \tag{4-15}$$

n 是原副边绕组的匝数比，称为变压器的变压比。

若 $n>1$，则 $N_1>N_2$，$U_1>U_2$，此类为降压变压器。

若 $n<1$，则 $N_1<N_2$，$U_1<U_2$，称为升压变压器。

变压器带负载时的工作原理如图4-34所示，当副绕组电路中的开关S闭合时，副绕组中就有电流 i_2 流过，并向负载 Z_L 供电。忽略变压器绕组直流电阻、漏磁及涡流产生的能量损耗，将变压器视为理想变压器，变压器的输入功率全部消耗在负载上。则有

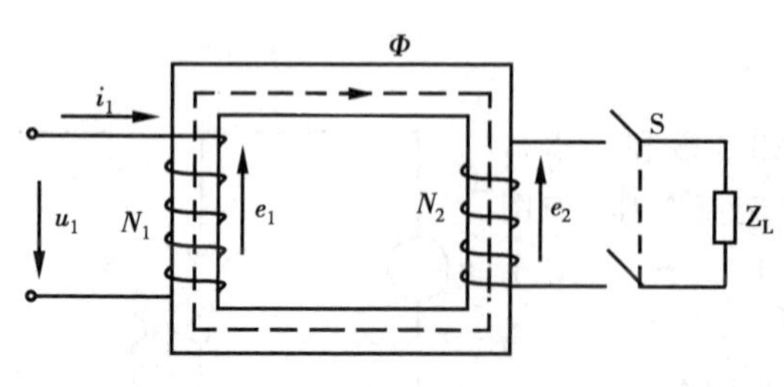

图4-34　变压器工作原理

$$U_1I_1 = U_2I_2$$

则

$$\frac{I_1}{I_2}=\frac{U_2}{U_1}=\frac{N_2}{N_1}=\frac{1}{n} \tag{4-16}$$

它表明：变压器具有变换电流的作用。且在额定状态下，原副绕组电流之比等于变压比的倒数。该比值称为变流比。

二、变压器的变阻抗作用

应用变压器变换阻抗的作用可以实现电路的阻抗匹配，使负载获得最大功率。

什么是变压器的阻抗变换作用呢？负载 Z_L 接在变压器的副边，而电功率却是从原边通过磁通耦合到副边的。根据等效的观点可以认为，当变压器原边直接接入一个阻抗 Z' 时，原边的电压、电流和功率与变压器副边接上负载阻抗 Z_L 时，原边的电压、电流和功率完全一样。因此，对于交流电源来说，变压器原边接入阻抗 Z'_L 与副边接负载阻抗 Z_L 是等效的，如图 4-35 所示。

负载阻抗 $Z_L=\dfrac{U_2}{I_2}$

原边等效负载阻抗 $Z'_L=\dfrac{U_1}{I_1}$

$$\frac{Z'_L}{Z_L}=\frac{U_1}{I_1}\times\frac{I_2}{U_2}=\frac{U_1}{U_2}\cdot\frac{I_2}{I_1}=n\cdot n=n^2 \tag{4-17}$$

这表明变压器副边接上负载 Z_L 后，对电源而言，相当于接上阻抗 n^2Z_L 的负载。只要改变原、副边绕组的匝数比，就可以将负载阻抗 Z_L 变换成我们所需的数值。

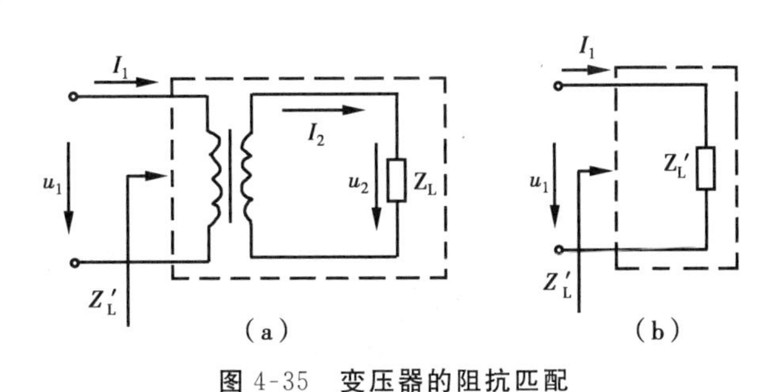

图 4-35　变压器的阻抗匹配

三、变压器的功率

1. 输入功率

变压器的原边绕组与电源相连接，接收输入信号形成的功率称为输入功率。

输入功率：

$$P_1=U_1I_1\cos\Phi_1 \tag{4-18}$$

式中：U_1——加在原边绕组两端的电压的有效值；

I_1——通过原边绕组的电流的有效值；

Φ_1——原边电压与电流的相位差，$\Phi_1=|\Phi_{u1}-\Phi_{i1}|$；

P_1——变压器原边的输入功率。

2. 输出功率

变压器副边绕组与负载相连接，向负载输送能量形成的功率叫输出功率，即负载获得的功率。

输出功率：$P_2=U_2I_2\cos\Phi_2$

式中：U_2——副边绕组电压的有效值；

I_2——副边绕组中的电流的有效值；

Φ_2——副边绕组中电压、电流相位差 $\Phi_2=|\Phi_{u2}-\Phi_{i2}|$；

P_2——副边输出功率即负载功率。

3. 功率损耗

根据实际情况，变压器的输入功率不等于输出功率，即 $P_1\neq P_2$。由能量守恒定律可知，运行中的变压器输入功率(P_1)应该等于副绕组的输出功率(P_2)与变压器的损耗功率(ΔP)之和。其中损耗功率分为铜损和铁损2部分。铜损是电流通过变压器时,在原副边绕组的等效电阻上所消耗的功率。由于负载的变化会引起电流的改变,铜损也会随之变化,所以又称铜损为可变损耗。铁损是由于交变的主磁通在铁心中产生磁滞损耗和涡流损耗。由此可知,只要电网频率不变,变压器的主磁通不变,铁损为一常数。因此,铁损可视为不变损耗。变压器总的功率损耗为

$$\Delta P = P_{Cu} + P_{Fe} \tag{4-19}$$

四、变压器的效率

变压器的输出功率与输入功率之比的百分数称为变压器的效率,用η表示,即

$$\eta = \frac{P_2}{P_1} \times 100\% \tag{4-20}$$

由于变压器的铜损和铁损均很小,所以它的效率很高。大型变压器的效率更高,可达98%以上,小型变压器的效率在70%～80%。

五、几种常用变压器

1. 自耦变压器

图4-36所示的变压器只有一个绕组,其中的一部分是原、副绕组的公共部分,同样变换电压、电流和阻抗。这样的变压器称为自耦变压器。

尽管原、副绕组是一个绕组,但是它的工作原理与普通单相双绕组变压器相同,如图4-36所示。它同样有以下关系式

$$\left.\begin{aligned} \frac{U_1}{U_2} &= \frac{N_1}{N_2} = n \\ \frac{I_1}{I_2} &= \frac{N_2}{N_1} = \frac{1}{n} \end{aligned}\right\} \tag{4-21}$$

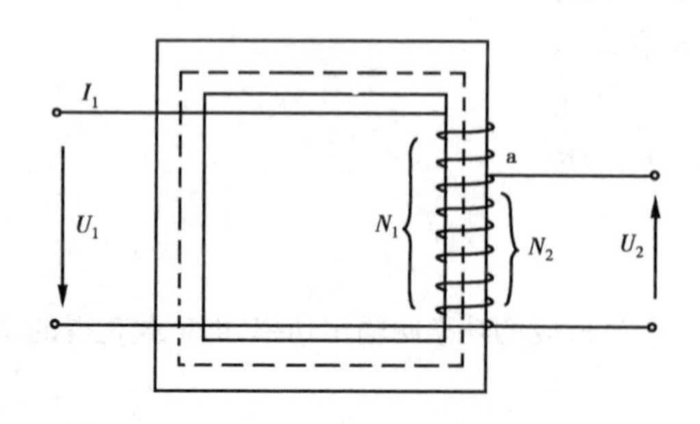

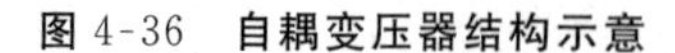
图4-36 自耦变压器结构示意

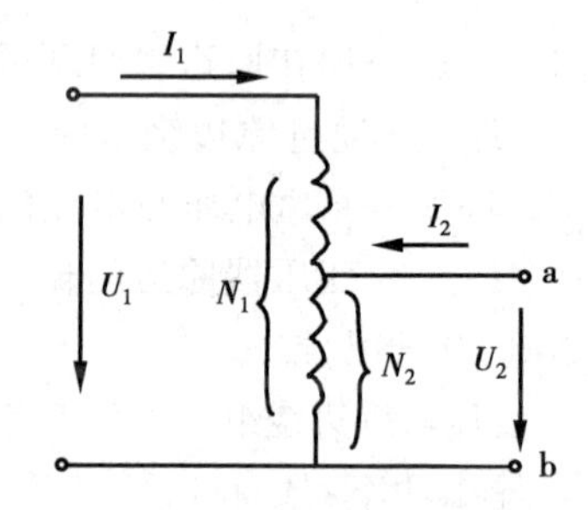

图4-37 自耦变压器图形符号

自耦变压器是一种常用的实验室设备,因为它的输出电压可以在一定范围内均匀调节,使用起来非常方便。图4-37所示为变压器的图形符号,当抽头a沿着裸露的绕组表面上下滑动,改变副绕组的匝数N_2就能均匀地调节输出电压U_2。为了便于调节输出电压,自耦变压器的铁心常做成圆筒状,副边抽头经过电刷可以在圆环的端面上自由滑动调节输出电压,如图

4-38 所示。与同容量的双绕组变压器相比，在变压器不大（一般为 1.2～2 kV·A 的范围内）的情况下，自耦变压器具有结构简单、用材少、质量小、外形尺寸小、成本低、效率高等优点。巨型自耦变压器的效率可达 99.7%。但在使用自耦变压器时应该注意：副边与原边有电的联系，不能作为安全变压器使用。在一些变压比比较大的场合也不宜使用，因为当副边开路时，原边电压会窜入副边，容易发生危险。因此在使用自耦变压器时，应注意以下几点：

（1）原、副边绕组不能接错，否则会造成电源短路烧毁变压器。

（2）接电源的输入端共 3 个，用于 220 V 或 110 V 电源，不可将其接错，否则会烧毁变压器。

（3）接通电源前，要将手柄转动到零位；接通电源后，渐渐转动手柄，调节出所需要的输出电压。

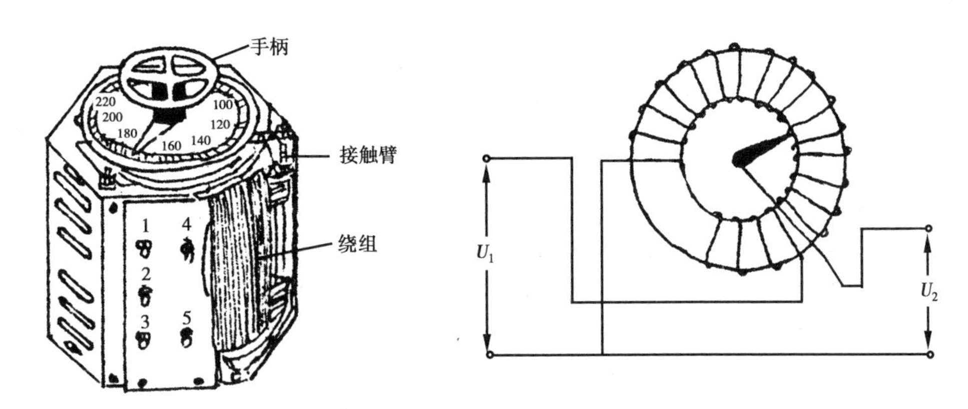

图 4-38　自耦变压器外形及其原理示意图

2. 仪用变压器

专门用于测量仪器仪表的变压器，称为仪用变压器，常用的有电压互感器和电流互感器。

（1）电压互感器

电压互感器是将高电压变换为低电压所用的降压变压器。其构造与普通双绕组变压器相同。电压互感器原绕组匝数较多，与被测电压的电路并联；副绕组匝数较少，接一电压表，如图 4-39 所示。因电压表是高电阻仪表，因此副绕组相当于开路，此时原、副绕组电压的关系为

$$U_1 = \frac{N_1}{N_2}U_2 = nU_2$$

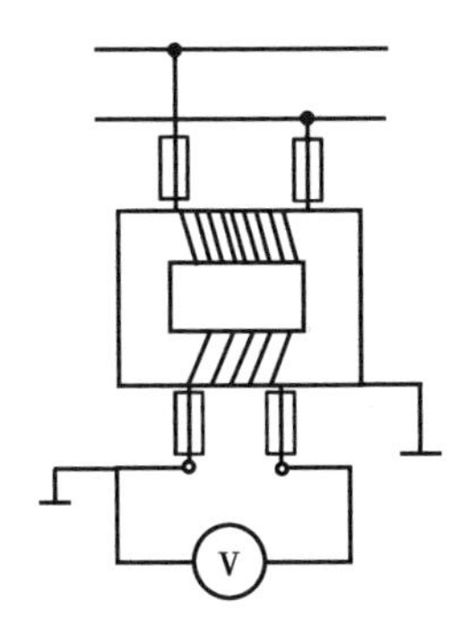

图 4-39　电压互感器原理图

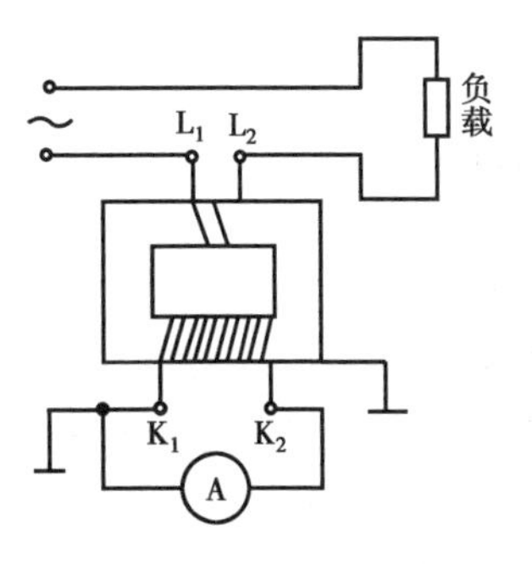

图 4-40　电流互感器原理图

这样,只要测出 U_2,已知变压比 n,就可算出所测电路电压 U_1。实际应用时,副绕组电压设计为 100 V,对于配套出厂的电压互感器和电压表,可以直接从伏特表读出 U_1 的值。

由图 4-39 可知,在使用电压互感器时,必须确保其外壳、铁心及副绕组可靠接地,以防原绕组与铁心、外壳及副绕组之间的绝缘损坏时发生危险。同时副绕组不容许短路,否则互感器将因过热而烧坏,所以在原、副绕组电路中应接保险丝。

(2)电流互感器

电流互感器是将大电流变换成小电流的变压器,其原绕组比副绕组匝数少。原绕组串联在欲测电流的电路中,副绕组接一安培表,如图 4-40 所示。由于安培表的阻抗很小,因此电流互感器的运行情况与变压器短路运行相似,有下列关系

$$\left.\begin{aligned}\frac{I_1}{I_2} &= \frac{N_2}{N_1} \\ I_1 &= \frac{1}{n}I_2\end{aligned}\right\} \tag{4-22}$$

同样,只要测出 I_2,已知变压比 n,就可以得出 I_1。多数电流互感器副绕组额定电流设计为 5 A。对于配套出厂的电流表,可由安培表上直接读出被测线路的电流值。

电流互感器正常工作时,副边绕组不容许断路,否则烧毁设备,危及操作人员安全。所以在副边不准许接保险丝。如须将仪表从副绕组上拆下,一定要先将副绕组短路或切断原电路。此外,铁心和副绕组的一端也必须接地。

3. 电焊变压器

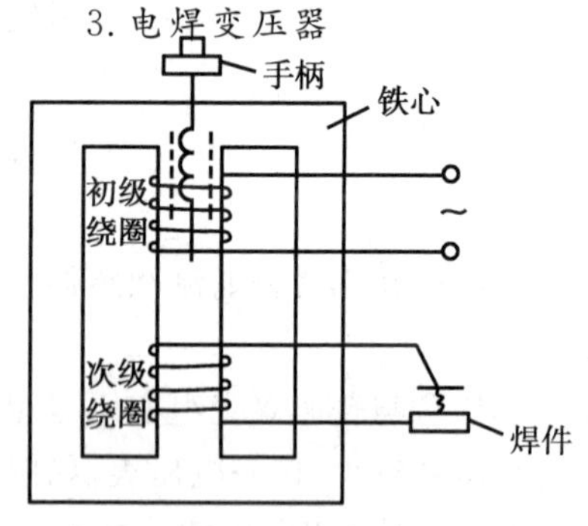

图 4-41 动线圈式电焊变压器

电焊变压器又称交流弧焊机,主要用于金属的焊接和切割。在工程上常用的有动线圈式、串联电抗器式和动铁心式 3 种,图 4-41 为动线圈式电焊变压器原理图,其工作原理为:为了调节焊接电流的大小,当原边线圈通电后,可摇动手柄,使原边线圈上下移动,改变其与副边线圈的空间距离,从而改变二者之间的耦合程度,于是改变了原边电压耦合到副边电压的高低,实现了焊接电流的调节。

在技术上,金属焊接需要电焊机有较陡的外特性。即空载时电焊变压器副边输出电压为 60～70 V,起弧焊接时,其工作电压在 30 V 左右,而且要求焊接电流稳定。由于焊接工件各异,使用的焊条规格也不同,所以要求它能在一定范围内调节焊接电流的大小。

本章小结

1. 当磁场和导线(线圈)发生相对运动时,在导线(线圈)中就要产生感应电动势,这种现象称为电磁感应现象。“动磁生电”(运动的磁场产生电)是电磁现象的一个基本规律。结合上一章所讨论的“动电生磁”(电流周围存在着磁场),电现象和磁现象实际上是一个矛盾统一体(电磁场)的两个不同方面,它们在一定的条件下向对方转化,这个转化的条件就是运动。

2. 电磁感应现象的规律可用电磁感应定律来说明。

$$e=-N\frac{\Delta\phi}{\Delta t}$$

即：穿过线圈的磁通发生变化时，线圈中感应电动势 e 的大小和磁通的变化率$\frac{\Delta\phi}{\Delta t}$以及线圈匝数成正比。感应电动势的方向可根据楞次定律或用右手定则确定。

3. 在特殊情况下，如果线圈不到一匝，即为单根直导线，感应电动势 e 的大小可按下式计算

$$e=BLv$$

4. 若通过线圈的电流是一个变化的电流，那么在线圈中就会产生自感电动势 e_L。e_L 与线圈电流 i 的关系是

$$e_L=-L\frac{\Delta i}{\Delta t}$$

即 e_L 和电流的变化率$\frac{\Delta i}{\Delta t}$成正比，比例常数 L 叫做线圈的自感系数（或叫做自感，电感）。电感 L 是交流电路的一个基本参数，空心线圈的 L 是一个和电路工作状态无关的量，它的大小仅仅决定于线圈的尺寸、匝数、形状和材料（有无铁心，铁心性质等）。L 是反映线圈形成磁链本领的一个参数，$L=\frac{\Psi}{I}$。

5. 自感电动势的大小决定于磁链的变化率，自感电动势的极性决定磁通的变化趋向。磁通增加时，自感电动势的极性是企图产生一个反方向的磁通以阻止其增加；磁通减少时，自感电动势的极性就掉过头来，企图产生一个方向相同的磁通以阻止其减少。即自感电动势的极性总是要阻碍磁通的变化，自感电动势公式表示为

$$U_{感}=n\frac{\Delta\phi}{\Delta t}$$

6. 具有磁耦合的线圈 1 和线圈 2，当线圈 1 连着电源，并且其中的电流发生变化时，在线圈 2 中就要产生互感电动势 e_M。互感电动势的大小与互感磁通的变化率$\frac{\Delta\phi_{12}}{\Delta t}$和线圈 2 的匝数 N_2 成正比，即

$$e_M=N_2\frac{\Delta i_{12}}{\Delta t}$$

互感电动势的方向不仅决定于互感磁通的增减，而且还与线圈 2 的绕向有关。我们用符号“*”表示线圈的绕向。

互感电动势由 $e_{M2}=M\frac{\Delta I_1}{\Delta t}$决定。

互感 M 决定于两线圈的结构、相对位置、材料等线圈的固有参数，线圈“1”对“2”与线圈“2”对“1”的互感相等，$k=\frac{M}{\sqrt{L_1L_2}}$，并且 $0\leqslant k\leqslant 1$。

$$M=\frac{\Psi_{12}}{I_1}=\frac{n_1\phi_{21}}{I_1}=\frac{n_1\phi_{21}}{I_2}$$

7. 线圈中所储藏的磁场能量

$$W_L=\frac{1}{2}LI^2$$

由于磁场能量不能突变，所以线圈中的电流也不能发生突变，磁场消失时，磁场能量变为电能，归还电路。

8. 两个磁耦合线圈当电流变化时，所产生的自感与互感电动势极性始终保持一致的端子叫做同名端。知道两个线圈的绕向时，可以应用楞茨定律来判定同名端。如果不知道线圈绕向，则可应用实验的方法测定出同名端。

习题四

一、填空题

1. 导体在磁场内作“切割”____运动而产生的电动势，叫感应电动势。
2. 导体在单位时间内切割的磁感线愈多，则____愈大，反之则小。
3. 在图 4-42 中，通电圆环受力后：它将向____运动。
4. 在图 4-43 中，甲乙之间用两条导线连成一个直流电回路，将一小磁针放在两线之间，则 N 极向读者偏转。用电压表的正接线桩接 B 点，负接线桩接 A 点，则指针向右正方向偏转；若调过来接，则指针反向偏转。由上述现象可判定：电源在____这边，负载在____那边。

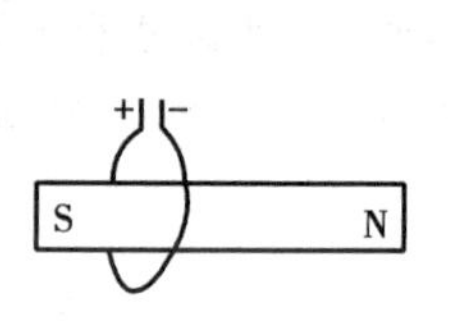

图 4-42

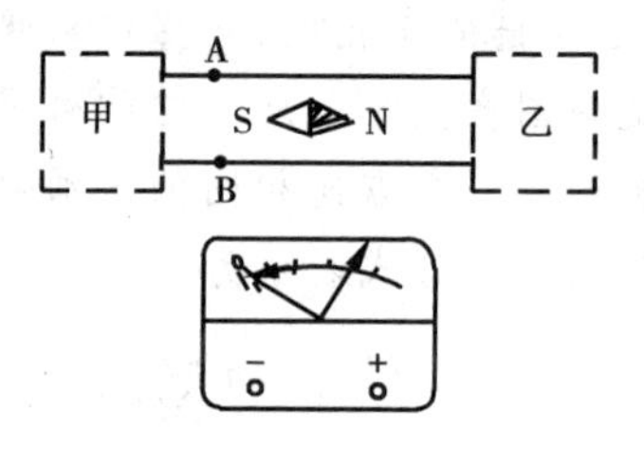

图 4-43

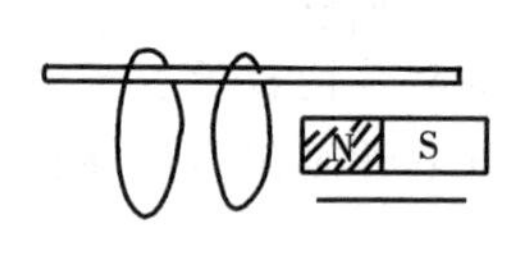

图 4-44

5. 感应电流的磁场总是在____原来的磁场发生变化。
6. 两闭合铝环，穿在一水平光滑的绝缘杆上，在条形永磁体依图 4-44 所示的方向插入两环的过程中，将发生的现象是____________。
7. 在图 4-45 中，当电磁铁电路中的开关 S 断开瞬间，轻铝环 L 将向____运动。

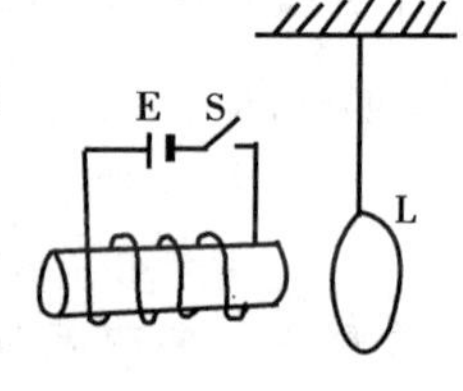

图 4-45

二、判断题

1. 只要穿过闭合回路的磁通发生变化时该回路中必定产生感应电流。 ( )
2. 穿过某闭合回路磁通越多，感应电动势越高。 ( )
3. 电路中有感应电动势不一定有感应电流。 ( )
4. 感应电流产生的磁场总是和原磁场方向相反。 ( )
5. 在普遍情况下，感应电动势的方向都可以用右手定则判定。 ( )
6. 公式 $e=-\dfrac{\Delta\phi}{\Delta t}$ 中，负号表示了感应电流的磁场对产生感应电流磁场的阻碍作用。 ( )

7. 空心线圈电感 L 可视为常数。（　　）

8. 电感线圈在储存磁场能过程中，电流不能突变。（　　）

9. 在通有相同电流的线圈中，电感 L 越大，储存磁场能越多。（　　）

10. 2 个线圈串联，其等效电感比其中任何一个线圈电感都大。（　　）

三、单项选择题

1. 如图 4-46 所示，将两平行金属导轨 AB、CD 置于匀强磁场中，BD 间串入检流计 G，当导体 EF 在导轨上做无摩擦向右运动时，则检流计指针应（　　）。

   A. 正偏　　B. 反偏

   C. 不动　　D. 左右摇摆

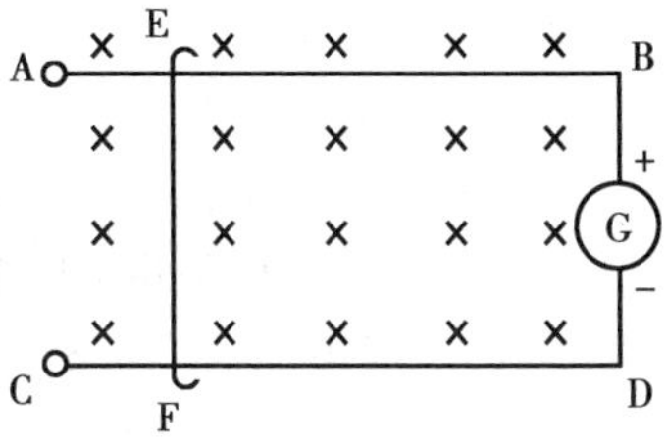

图 4-46

2. 如图 4-47 所示，条形磁铁从空中落下并穿过空心线圈。设磁铁在空气中重力加速度为 g，则该磁铁在线圈中的加速度（　　）。

   A. 大于 g

   B. 小于 g

   C. 等于 g

   D. 不能判定

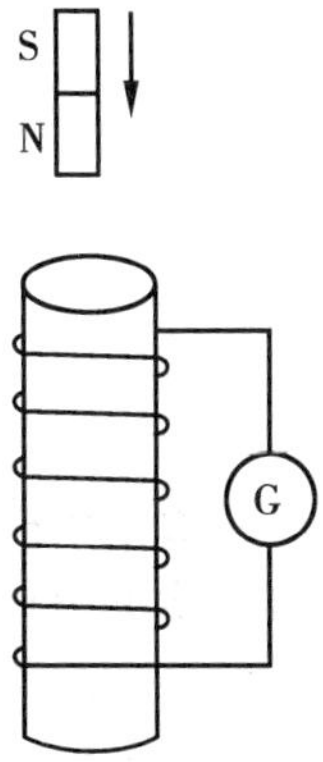

图 4-47

3. 在图 4-48 中，导体 AB 在匀强磁场中按箭头所指方向运动，其结果是（　　）。

   A. 不产生感应电动势

   B. 有感应电动势，A 高 B 低

   C. 有感应电动势，A 低 B 高

   D. 都不正确

4. 如图 4-49 所示，A 为闭合金属环，B 为不闭合金属环，当条形磁铁向左运动时，其现象为（　　）。

   A. A，B 环都向左运动

   B. A，B 环都向右运动

   C. B 环不动，A 环向右运动

   D. B 环不动，A 环向左运动

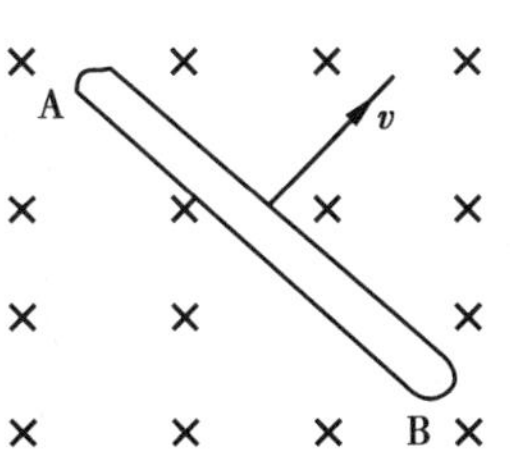

图 4-48

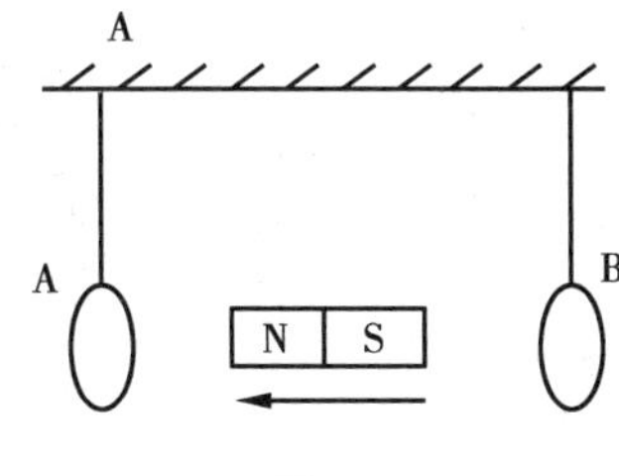

图 4-49

5. 电路如图 4-50 所示，绕在“口”字形铁心上的 3 个线圈，其同名端为（　　）。

   A. A，C，E

   B. B，D，F

   C. A，C，F

   D. B，C，F

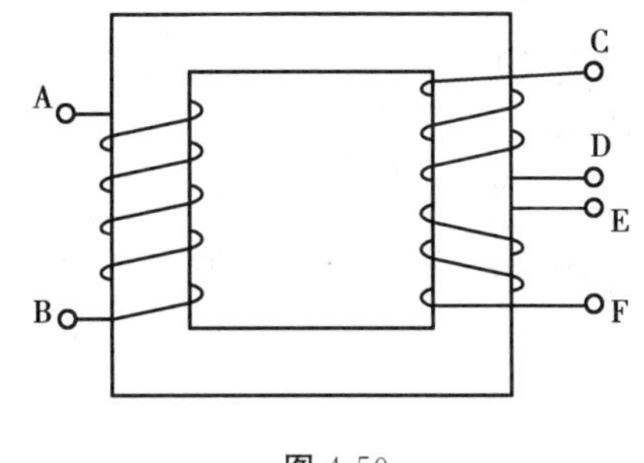

图 4-50

四、问答题

1. 什么叫电磁感应现象？什么叫感应电流？
2. 右手定则的内容是什么？用于什么方向的判定？
3. 如图 4-51 所示的装置：

(1)左边的线圈末接通电源，一次用软铁棒插入，另一次用条形磁铁插入，在右边的闭合线圈中有无感应电流？

(2)让左边的线圈通电，上述两种情形的结果有何变化？如果把铁棒和磁铁的两端掉换插入，感应电流的方向有何变化？

4. 把一个铜环的两端跟小灯泡连接，组成一串联电路，套在铁心上(图 4-52)，接上交流电源后，小灯泡能否发光？把铁心上部用软铁片连上(构成封闭的)，小灯泡又将怎样？

图 4-51　　图 4-52

5. (1)有 1 个线圈，第 1 次穿过它的磁通量的变化量是第 2 次的 2 倍，据此能否判断哪一次产生的感应电动势大？

(2)1 个 50 匝的线圈，第 1 次经 5 s 穿过它的磁通量增加了 6×10^{-4} Wb，第 2 次经 2 s 穿过它的磁通量减少了 3×10^{-4} Wb。哪一次产生的感应电动势大？各是多少？

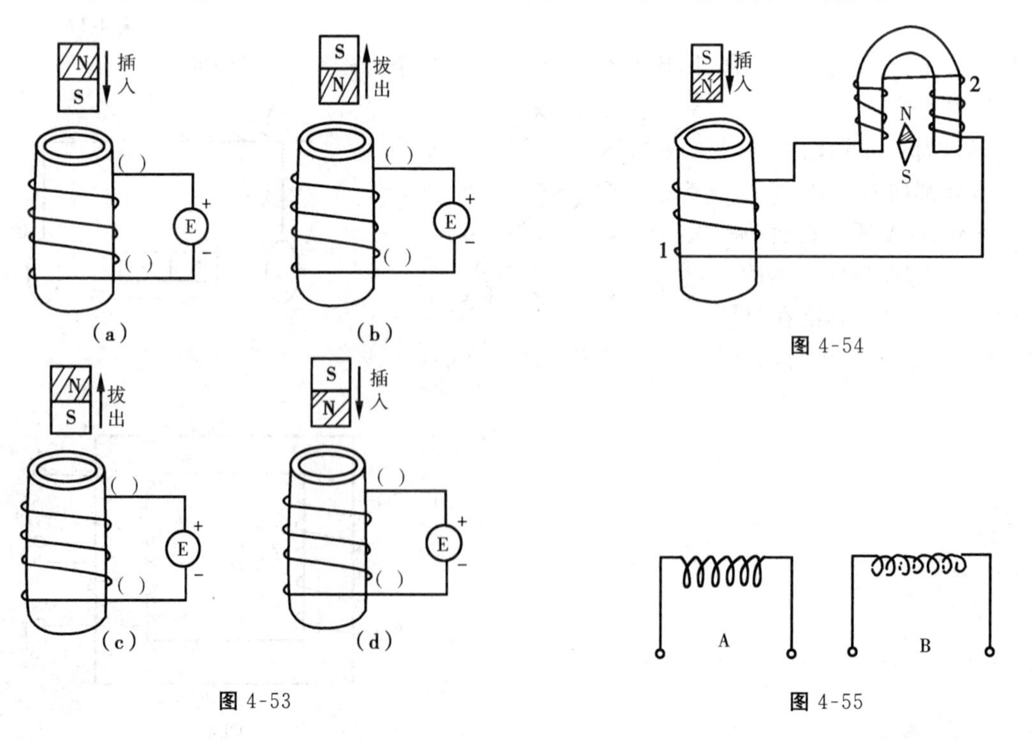

图 4-53　　图 4-54　　图 4-55

6. 已知 2 个半径和匝数都相同的线圈，一个是铜质的，另一个是铁质的，如果穿过它们的磁通量变化率相同，所产生的感应电动势是否相同？感应电流是否相同？
7. 什么是互感线圈的同名端？怎样用实验的方法判定线圈的同名端？如何通过实验的方法判断无极性标志的变压器同名端？
8. 什么叫法拉第电磁感应定律？什么叫楞次定律？有人说“感应电动势产生的磁通总是与原磁通方向相反”，这个结论对吗？
9. 将一条形磁铁插入圆柱形线圈或从线圈内拔出，如图 4-53 所示。试在图上该线圈两端括号中用正、负号标出感应电动势的极性，并说明检流计的偏转方向。
10. 在图 4-54 中，1 为圆柱形的空心线圈，2 为绕在 U 形铁心上的一个线圈，当将一磁铁插入圆柱形线圈中时，试判断图中小磁针偏转方向。
11. 什么叫电感？一个无铁心的圆柱形线圈的电感与哪些因素有关？
12. 图 4-55 中绘出了 2 个空心线圈，其大小和匝数均相同，只是一个密些，一个疏些，问哪个线圈的电感大？为什么？

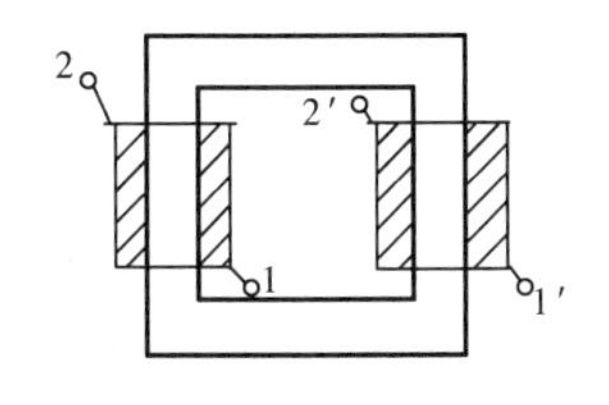

图 4-56

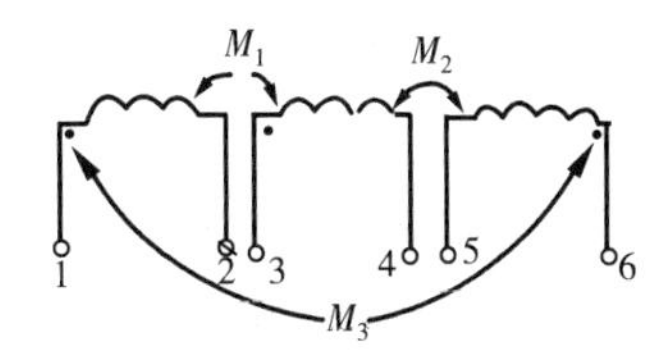

图 4-57

13. 日光灯用的镇流器是在口字形铁心上套上 2 个匝数相同的线圈，如图 4-56 所示，1 和 1′为两线圈始端，2 和 2′为两线圈终端。问使用时两线圈应怎样连接才对？
14. 试将图 4-57 中各线圈之间的同名端关系用各线圈在磁心上的绕向表示出来(需画出两种绕法)。

五、计算题

1. 电感 $L=500$ mH 的线圈，其电阻忽略，设在某一瞬时其中的电流增加值为 5 A/s，求此时线圈两端的电压。

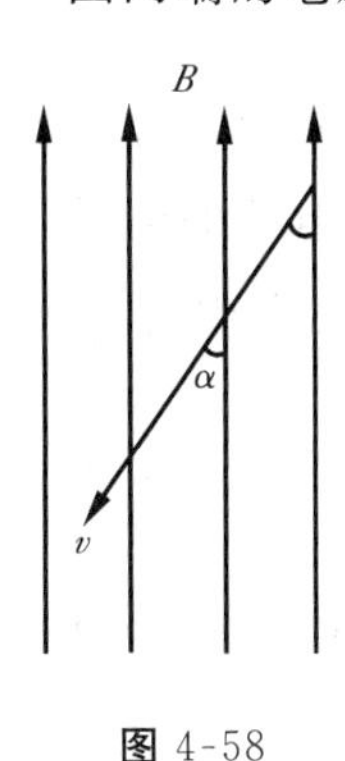

图 4-58

2. 如图 4-58 所示，已知匀强磁场的磁感应强度为 0.6 T，直导体在磁场中的有效长度为 20 cm，导线运动方向与磁场方向的夹角为 α，导线以 10 m/s 的速度做匀速直线运动。求当 α 为 0°，45°，90°时导线上的感应电动势。
3. 平均长度为 10 cm，直径为 1 cm 的空心圆环上均匀密绕 2 000 匝漆包线，并通以电流 400 mA，求线圈中的磁通。
4. 匝数为 $n=7\ 500$ 的环形线圈中通以电流 980 mA，测出其中的磁通密度 $B=1$ T；已知圆环截面积 $S=10\ \text{cm}^2$。试求储藏在圆环内的磁场能量。

六、实验题

请用一个无标记的功率为 8 W、有 4 个线头的日光灯镇流器，依靠实验的方法判断出镇流器 4 个线头的同名端，并连接好电路，使 8 W 灯管正常发光，画出原理图，并说明理由。

第五章

电容器及瞬态过程

学习目标

本章讲述了电场和交流电路重要元件电容器、相关参数及串、并联特点，介绍了电路状态转换中的瞬态过程，是学习交流电路及电子电路的基础。通过本章学习，应达到：

①了解电场、电场强度的基本概念及电力线的作用；

②了解电容器结构、工作原理及电场能的储存；

③掌握电容器串、并联的特点与作用及其与电压电流的关系；

④了解瞬态过程的概念，换路定律，RC，RL 串联电路瞬态过程的特点及各自的时间常数。

第一节　电场和电场强度

一、*电场*

自然界中存在着两种电荷，即正电荷和负电荷。电荷之间存在相互作用力，同种电荷互相排斥，异种电荷互相吸引。电荷之间的相互作用，是依靠电场来实现的，即一个电荷的电场会对另一个电荷产生作用。这种电场对电荷的作用力称为静电力，也称为电场力。电场是电荷周围存在的一种特殊的物质。

电场具有两个重要的特性：

(1)位于电场中的任何电荷，都要受到电场力的作用，这说明电场具有力；

(2)电荷在电场中因受电场力的作用而移动时，电场力对电荷做功，这说明电场具有能量。

二、*电场强度*

为了便于用实验的方法来研究电场的性质，我们需要用检验电荷。检验电荷是带正电且电荷量很小的点电荷，由于它所带的电荷量很小，检验电荷产生的电场对原来电场的影响可以忽略不计。

在图 5-1 里，Q 表示一个带电体，在它的周围存在着电场。把检验电荷 q 放在位置 1，测得它所受到的电场力为 F_1；放在位置 2，测得电场力为 F_2 等等。实验结果表明，在这样的电场里，检验电荷 q 在不同地点所受到的电场力的大小和方向是不同的，距 Q 越近的地方，q 所受到的电场力越大，那里的电场就强，反之电场就越弱。电场中不同位置的各点电场强弱不同，方向不同。

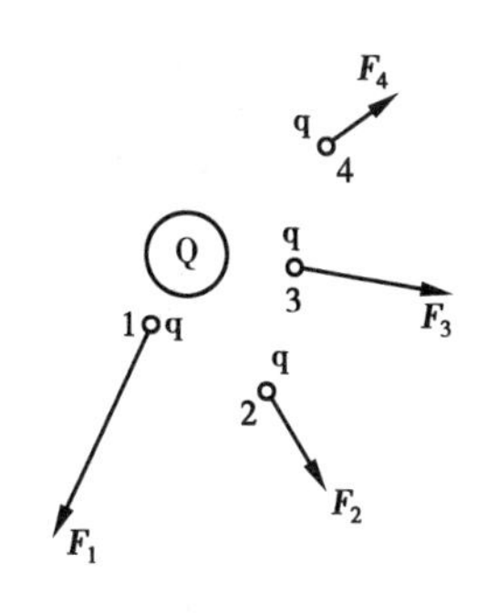

图 5-1 各点电场强弱不同

对于电场中某一确定的点（如 1 点），不同的检验电荷 q，2q，3q，…在该点所受到的电场力分别为 F，$2F$，$3F$，…很容易看出，放在 1 点的检验电荷所受的电场力跟检验电荷的电荷量的比（$\frac{F}{q}$），不随检验电荷的电荷量而改变，它是一个恒量。对于电场中不同位置的点，都有一个确定的$\frac{F}{q}$的比值与之对应。这个比值只与场源电荷 Q 及该点所在电场中的位置有关，与检验电荷无关。比值大的地方，电荷在该点受到的电场力就越大。$\frac{F}{q}$反映了电场中不同位置上电场力的特性，为了表示电场的这种性质，引入电场强度这个物理量。

电场中检验电荷在某一点所受电场力 F 与检验电荷的电荷量 q 的比值叫做该点的电场强度，简称场强。用公式表示为

$$E = \frac{F}{q} \tag{5-1}$$

式中：F——检验电荷所受电场力，单位名称是牛[顿]，符号为 N；

q——检验电荷的电荷量，单位名称是库[仑]，符号为 C；

E——电场强度，单位名称是牛[顿]每库[仑]（牛[顿]/库[仑]），符号为 N/C；或伏[特]每米，V/m。

电场强度是矢量，既有大小又有方向。电场强度的方向为正电荷在该点所受电场力的方向。

在电场的某一区域里，如果各点电场强度的大小和方向都相同，那么这个区域里的电场就称为匀强电场。

三、电力线

为了形象地描述电场中各点电场强度的大小和方向，常在场源电荷周围做出一系列的曲线，使曲线上每一点处的切线方向表示该点的电场强度方向，这些曲线称为电力线，如图 5-2 所示。

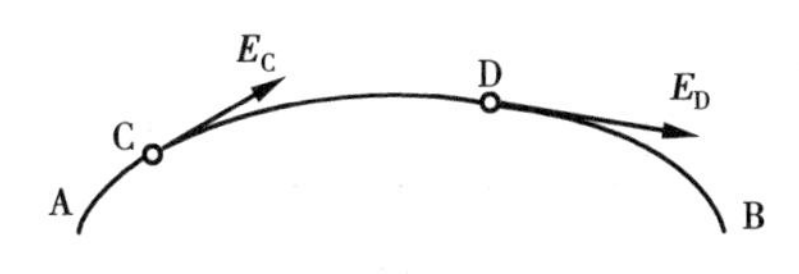

图 5-2 电力线示意图

电力线具有以下特征：

（1）在静电场中，电力线总是起于正电荷而止于负电荷（或无穷远）；

（2）任何两条电力线都不会相交；

（3）电力线的疏密表示电场强度的大小，电力线越密，电场强度越大。

几种常见的电力线如图 5-3 所示。

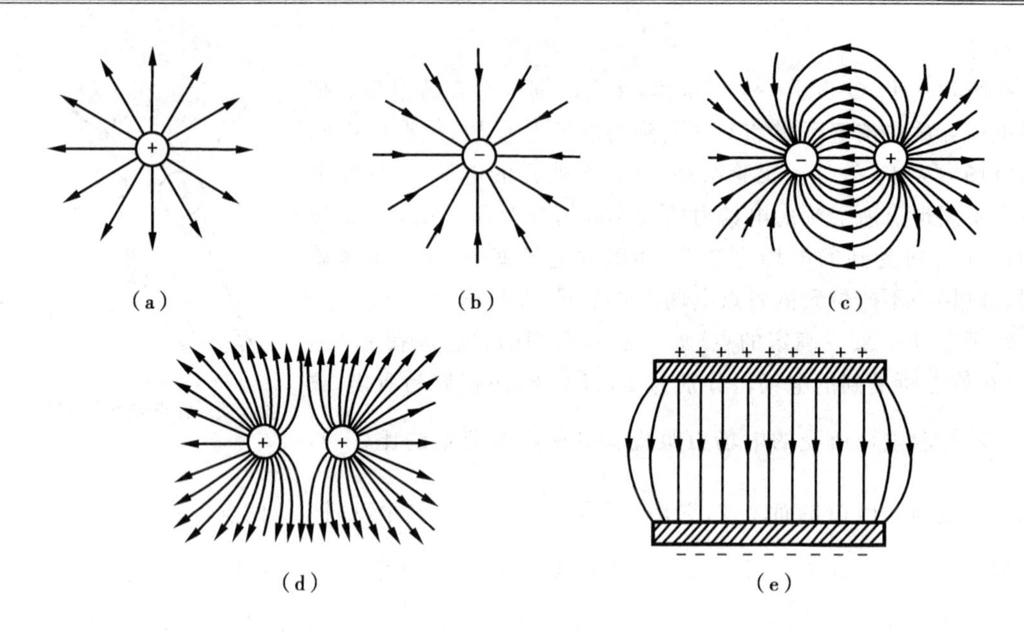

图 5-3 几种常见的电力线

(a)正点电荷； (b)负点电荷； (c)异种电荷； (d)同种电荷； (e)平行板间的电场

第二节 电容器和电容

在电子技术中电容器可起滤波、移相、耦合、选频、调谐等作用；在电力系统中，电容器可用来提高系统的功率因数。

一、电容器及电容

被绝缘介质隔开的两个导体的总和，叫做电容器。组成电容器的两个导体叫极板，中间的绝缘物质叫电容器的介质。

电容器最基本的特性是能够储存电荷。把电容器的两个极板分别接到电源 E 的正、负极上，如图 5-4 所示，电容器的两极板间便有电压 U，在电场力的作用下，自由电子由电源向极板定向运动，使 A 板带有正电荷，B 板带有等量的负电荷。电荷的移动直到两极板间的电压与电源电压相等为止。这样，在两个极板间的介质中就建立了电场，使电容器储存了一定量的电荷和电场能量。

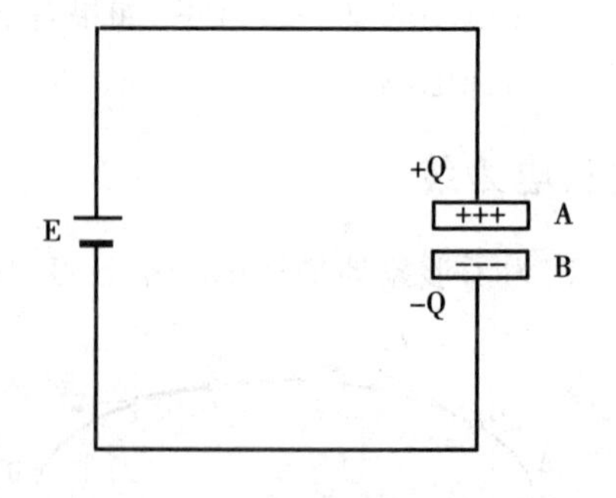

图 5-4 与电源连接的电容器

电容器极板上所储存的电荷随着外接电源电压的增高而增加。对某一电容器而言，任一极板所储存的电量与两个极板间电压的比值是一个常数，不同的电容器，这一比值也不相同。因此，常用这一比值来表示电容器储存电荷的本领。如果电容器两极板间的电压是 U 时，电容器任一极板所带电量是 Q，那么 Q 与 U 的比值就叫电容器的电容量，简称电容，用字母 C 表示，即

$$C = \frac{Q}{U} \tag{5-2}$$

式中：C——电容，单位名称是法[拉]，符号为 F。

上式表明，如果加在两个极板间的电压是 1 V，每个极板储存的电量是 1 C 时，则电容器的电容是 1 F。在实际应用中，单位 F 太大，常用较小的单位 mF，μF，pF。

$$1\ \text{F} = 10^3\ \text{mF} = 10^6\ \mu\text{F} = 10^{12}\ \text{pF}$$

二、平行板电容器

平行板电容器如图 5-5 所示，理论和实验证明：平行板电容器的电容量 C 与极板面积 S 及电介质的介电常数 ε 成正比，与两极板间的距离 d 成反比。其数学表达式为

$$C = \frac{\varepsilon_r \varepsilon_0 S}{d} \tag{5-3}$$

式中：ε_0——真空中的介电常数，$\varepsilon_0 = 8.85 \times 12^{-12}$ F/m；

ε_r——物质的相对介电常数，如表 5-1 所示。

$\varepsilon_r \varepsilon_0 = \varepsilon$，$\varepsilon$ 称为某种物质的介电常数。

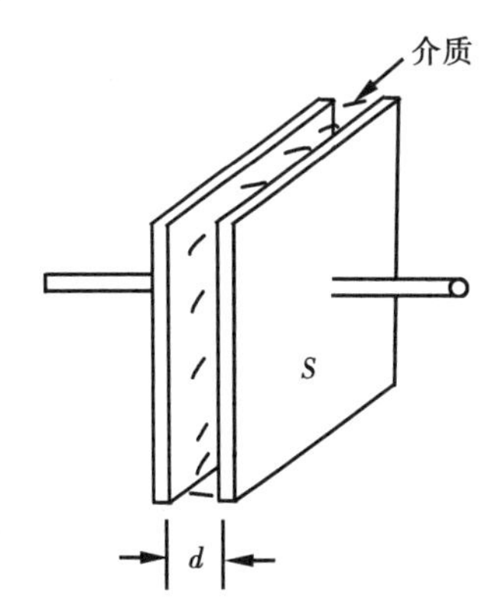

图 5-5　平行板电容器

式(5-3)说明，对某一个平行板电容器而言，它的容量是一个确定的值，其大小仅与极板面积大小、相对位置及极板间的电介质有关，与两极板间电压的大小、所带电量的多少无关。

表 5-1　常用电介质的相对介电常数

介质名称	ε_r	介质名称	ε_r
真空	1	聚苯乙烯	2.2
石英	4.2	玻璃	5.0～10
人造云母	5.2	蜡纸	4.3
云母	7.0	瓷	5.7～6.8
纯水	80	变压器油	2.0～2.2
木材	4.5～5.0	三氧化二铝	8.5

实际上并非只有电容器才有电容，在任何两导体之间都存在电容。例如输电线之间、输电线与大地之间、晶体管各管脚之间以及元件与元件之间都存在电容，通常称这些电容为分布电容。因其容量较小，一般情况下可忽略不计。

三、电容器的参数及符号

1. 电容器的参数

(1)额定工作电压：电容器的额定工作电压(有时也称为电容器的耐压)，是指电容器能够长时间可靠工作，并且保证电介质性能良好的直流电压的数值。一般标注在电容器的外壳上。要使电容器能安全可靠工作，必须保证所加电压不得超过其额定电压。特别是在交流电路中，应保证电容器的耐压大于交流电压的最大值，否则有被击穿而损坏的危险。

(2)标称容量和允许误差:电容器上所标明的电容量的值称为标称容量。因诸多因素的影响,实际电容值与标称容量之间总有一定的误差。国家对不同的电容器,规定了不同的误差范围,在此范围之内的误差称为允许误差。

电容的允许误差一般标在电容器的外壳上。允许误差分为 5 级,0-0 级允许差±1%,0 级允许误差±2%,Ⅰ级允许误差±5%,Ⅱ级允许误差±10%,Ⅲ级允许误差±20%。

2. 电容器的符号

电容器在电路图中的符号如表 5-2 所示。

表 5-2 电容器在电路图中的符号

名　称	电容器	电解电容	半可变电容	可变电容
图形符号		+ 有极性 无极性		

【例 5-1】 将一个容量为 220 μF 的电容接到电动势为 300 V 的直流电源上,充电结束后,求电容器极板上所带的电量 Q。

解:根据电容定义式,$C=\dfrac{Q}{U}$

则 $Q=CU=220\times10^{-6}\ \text{F}\times300\ \text{V}=0.066\ \text{C}$

第三节　电容器的串联

当单独一个电容的耐压不能满足电路要求,而它的容量又足够大时,可将几个电容器串联起来,再接到电路中使用。

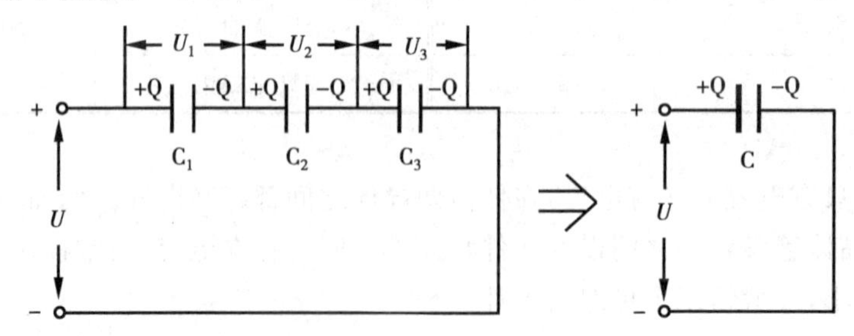

图 5-6 电容器的串联电路

将 2 个或 2 个以上的电容器,连接成一个无分支电路的连接方式叫做电容器的串联,如图 5-6 所示。将电源接到这个电容器组两端的两个极板上,电源会对 C_1 的左边极板与 C_3 的右边极板分别充以相等的异种电荷$+Q$ 和$-Q$。同时因静电感应,使 C_1 的右极板产生$-Q$,C_2 的左极板带$+Q$,C_2 的右极板带$-Q$,C_3 的左极板带$+Q$,因此,串联电容器组中的每一个电容器带有相等的电量,即

$$Q=Q_1=Q_2=Q_3$$
$$Q=C_1U_1=C_2U_2=C_3U_3$$

根据电容的定义式可得到

$$U_1=\frac{Q}{C_1}\qquad U_2=\frac{Q}{C_2}\qquad U_3=\frac{Q}{C_3}$$

根据基尔霍夫第二定律,列回路电压方程可得到总电压

$$U=U_1+U_2+U_3=\frac{Q}{C_1}+\frac{Q}{C_2}+\frac{Q}{C_3}$$

设 3 个电容器串联后等效电容为 C,它两端电压是 U,所带电量是 Q,应有

$$U=\frac{Q}{C}$$

所以

$$\frac{Q}{C}=\frac{Q}{C_1}+\frac{Q}{C_2}+\frac{Q}{C_3}$$

即

$$\frac{1}{C}=\frac{1}{C_1}+\frac{1}{C_2}+\frac{1}{C_3}$$

可以看出,总电容 C 比每个电容器的电容都小,这相当于加大了电容器两极板间的距离。

如果有 n 个电容器串联,可推广为

$$\frac{1}{C}=\frac{1}{C_1}+\frac{1}{C_2}+\cdots+\frac{1}{C_n}\tag{5-4}$$

当 n 个电容器的电容量均为 C_0 时,总电容 C 为

$$C=\frac{C_0}{n}$$

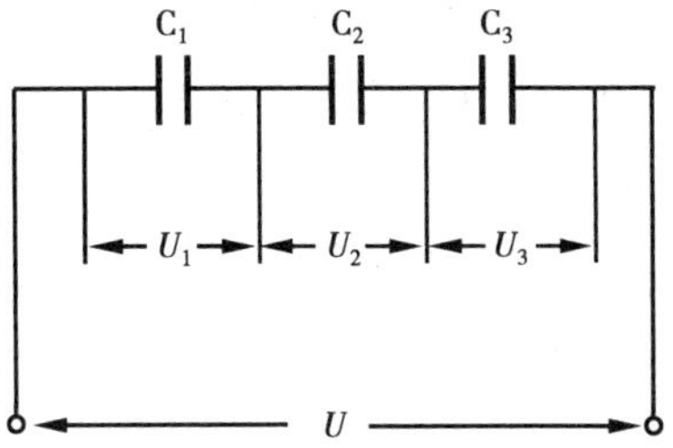

图 5-7

【例 5-2】 如图 5-7 所示 3 只电容器 C_1,C_2,C_3 串联后,接到 60 V 的电压上,其中 $C_1=2\ \mu F$,$C_2=3\ \mu F$,$C_3=6\ \mu F$,求每只电容承受的电压 U_1,U_2,U_3。

分析:根据电容定义式有 $U=\frac{Q}{C}$,因为 C_1,C_2,C_3 已知,求 U_1,U_2,U_3 时,只要求出 $Q_1=Q_2=Q_3=Q$ 即可;而 $Q=CU$,U 已知,根据 $\frac{1}{C}=\frac{1}{C_1}+\frac{1}{C_2}+\frac{1}{C_3}$,即可求出 C。

解:由电容器串联的公式求总电容 C

$$\frac{1}{C}=\frac{1}{C_1}+\frac{1}{C_2}+\frac{1}{C_3}=\frac{1}{2\ \mu F}+\frac{1}{3\ \mu F}+\frac{1}{6\ \mu F}=1\ \mu F^{-1}$$

则

$$C=1\ \mu F$$

根据总电容、总电压和总电量的关系可求出总电量 Q

$$Q=CU=1\ \mu F\times 60\ V=60\ \mu C$$

且串联电路中,各个电容器所带电量相等,即

$$Q=Q_1=Q_2=Q_3$$

电容 C_1,C_2,C_3 所承受的电压分别为

$$U_1=\frac{Q_1}{C_1}=\frac{60\ \mu C}{2\ \mu F}=30\ V$$

$$U_2 = \frac{Q_2}{C_2} = \frac{60\ \mu\text{C}}{3\ \mu\text{F}} = 20\ \text{V}$$

$$U_3 = \frac{Q_3}{C_3} = \frac{60\ \mu\text{C}}{6\ \mu\text{F}} = 10\ \text{V}$$

由上例可以看出，容量大的电容器分配到的电压小，容量小的电容器分配到的电压大。即在电容器串联电路中，各个电容器两端的电压和其自身的电容量成反比。

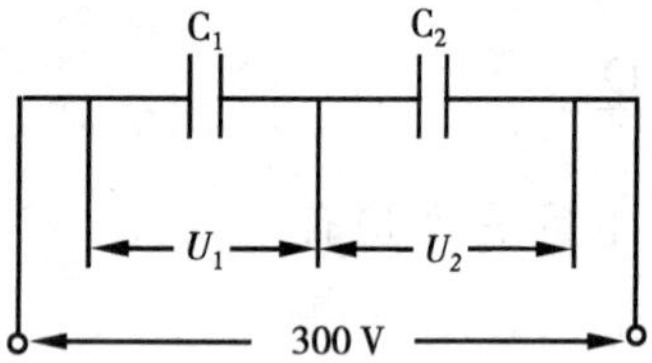

图 5-8

【例 5-3】 有 2 只电容串联，如图 5-8 所示，其中 $C_1=2\ \mu\text{F}$，耐压为 160 V；$C_2=3\ \mu\text{F}$，耐压为 160 V。

(1)若在电路两端接上 300V 的直流电压，问电路能否正常工作？

(2)2 电容串联后的等效电容的耐压是多少？

解：(1)电路能否正常工作，要看串联电路中每只电容器上所承受的电压是否超过其自身的耐压。

因为 $$\frac{1}{C} = \frac{1}{C_1} + \frac{1}{C_2}$$

总电容 $$C = \frac{C_1C_2}{C_1 + C_2} = \frac{2\ \mu\text{F} \times 3\ \mu\text{F}}{2\ \mu\text{F} + 3\ \mu\text{F}} = 1.2\ \mu\text{F}$$

各个电容器所带电量 $$Q = Q_1 = Q_2 = CU = 1.2\ \mu\text{F} \times 300\ \text{V} = 360\ \mu\text{C}$$

电容器 C_1 承受的电压 $$U_1 = \frac{Q}{C_1} = \frac{360\ \text{C}}{2\ \mu\text{F}} = 180\ \text{V}$$

电容器 C_2 承受的电压 $$U_2 = \frac{Q}{C_2} = \frac{360\ \text{C}}{3\ \mu\text{F}} = 120\ \text{V}$$

由于电容器 C_1 所承受的电压是 180 V，超过了它的耐压能力 160 V，所以 C_1 会被击穿，致使 300 V 电压全部加到 C_2 上，也超过了 C_2 的耐压能力 160 V，所以 C_2 也会被击穿。这样使用是不安全的。

(2)前面已求出等效电容为 1.2 μF，其耐压值求法如下：

根据串联电容电量相等有 $Q_1 = Q_2$，即 $C_1U_1 = C_2U_2$

假定外加电压为 U，此时 U_2 达到 C_2 的耐压值 160 V。

则 C_1 上的电压 $$U_1 = \frac{C_2U_2}{C_1} = \frac{3\ \mu\text{F} \times 160\ \text{V}}{2\ \mu\text{F}} = 240\ \text{V}$$

C_1 上的电压已超过其耐压值 160 V，外加电压必须减小。当 C_1 上的电压减至 160 V 时，得 C_2 上的电压

$$U_2 = \frac{C_1U_1}{C_2} = \frac{2\ \mu\text{F} \times 160\ \text{V}}{3\ \mu\text{F}} \approx 106.7\ \text{V}$$

即 U_1 为 C_1 的极限值 160 V 时，U_2 为 106.7 V，未超过 C_2 的耐压值。

此时外加电压 $U=U_1+U_2=160\ \text{V}+106.7\ \text{V}=266.7\ \text{V}$，这个电压就是等效电容的耐压。

第四节　电容器的并联及电场能量

一、电容器的并联

当单独一个电容器的电容量不能满足电路的要求，而其耐压均满足电路要求时，可将几个电容器并联起来，再接到电路中使用。把几只电容器接到两个节点之间的连接方式叫做电容器的并联，如图 5-9 所示。从图中可以看出，每个电容器上的电压都等于 A，B 两点间的电压 U。即电容并联，加在各电容器上的电压是相等的。

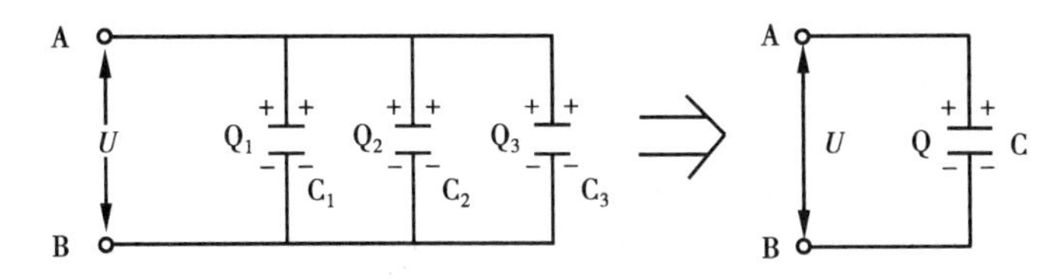

图 5-9　电容器的并联电路

由于电容器的电容不相等，故每个电容器分配到的电量不同：

$$Q_1 = C_1U_1 = C_1U \qquad Q_2 = C_2U \qquad Q_3 = C_3U$$

它们从电源得到的总电量　$Q=Q_1+Q_2+Q_3$

整个并联电容器组的总电容　$C=\dfrac{Q}{U}=\dfrac{Q_1+Q_2+Q_3}{U}=\dfrac{C_1U+C_2U+C_3U}{U}=C_1+C_2+C_3$

即

$$C = C_1 + C_2 + C_3 \tag{5-5}$$

故电容器并联时，总电容等于各电容器电容之和。并联后总的电容增大了，这种情况相当于增大了电容器极板的有效面积，使电容量增大。

如果有 n 个电容器并联，可推广为

$$C = C_1 + C_2 + \cdots + C_n$$

当 n 个电容器相等，容量均为 C_0 时，则总电容　$C=nC_0$

注意：并联时每只电容器的耐压均应大于外加电压。

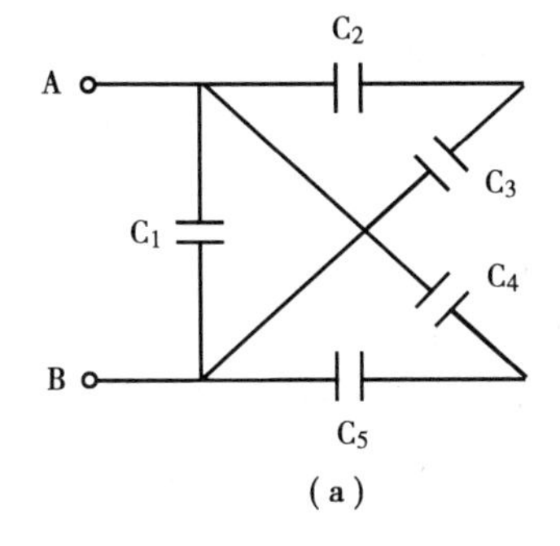

(a)

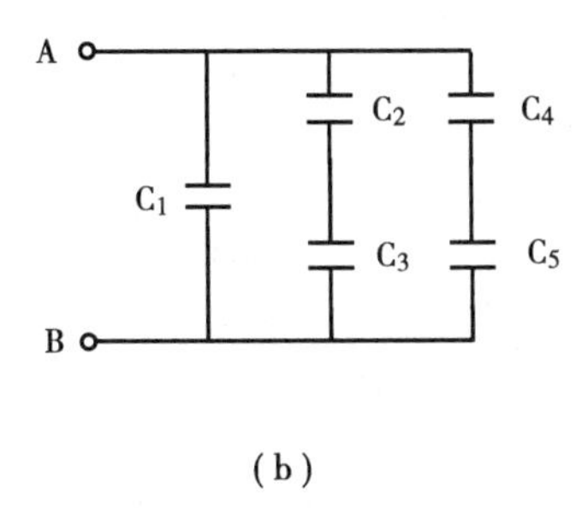

(b)

图 5-10

【例 5-4】 在图 5-10 所示的电路中，$C_1=C_2=C_3=1\ \mu F$，$C_4=C_5=2\ \mu F$，求 A，B 两点间的等效电容。

解：此题为电容器混联电路，可将图 5-7(a)改为 5-7(b)形式。

C_2，C_3 串联，其等效电容为

$$C_{2,3}=\frac{C_2C_3}{C_2+C_3}=\frac{1\ \mu F\times 1\ \mu F}{1\ \mu F+1\ \mu F}=0.5\ \mu F$$

C_4，C_5 串联，其等效电容为

$$C_{4,5}=\frac{C_4C_5}{C_4+C_5}=\frac{2\ \mu F\times 2\ \mu F}{2\ \mu F+2\ \mu F}=1\ \mu F$$

C_1 与 $C_{2,3}$，$C_{4,5}$ 并联，总的等效电容为

$$C=C_1+C_{2,3}+C_{4,5}=1\ \mu F+0.5\ \mu F+1\ \mu F=2.5\ \mu F$$

二、电容器中的电场能量

电容器在外加电压作用下，极板上可储存一定量的电荷，也储存了一定的能量。实验和理论证明，电容器储存的能量大小与电容器两端的电压和电容量的大小有关。电容器能量是以电场能的方式储存的，电场能为：

$$W_C=\frac{1}{2}CU^2 \tag{5-6}$$

【例 5-5】 1 个电容为 100 μF 的电容器，接到电压为 300 V 的电源上充电，充电结束后，电容器极板上所带电量是多少？电容器储存的电场能是多少？

解：电容器所带电量

$$Q=CU=100\times 10^{-6}\ F\times 300\ V=3\times 10^{-2}\ C$$

电容器储存的电场能为

$$W_C=\frac{1}{2}CU^2=\frac{1}{2}\times 100\times 10^{-6}\ F\times (300\ V)^2=4.5\ J$$

※第五节　瞬态过程的基本概念

一、瞬态过程

汽车由“静止”这种稳定状态，加速变化到以某一确定的速度（$v=C$）做匀速直线运动的另一种稳定状态，必须有一段加速的运动过程，这段过程称为瞬态过程（也称为过渡过程）。

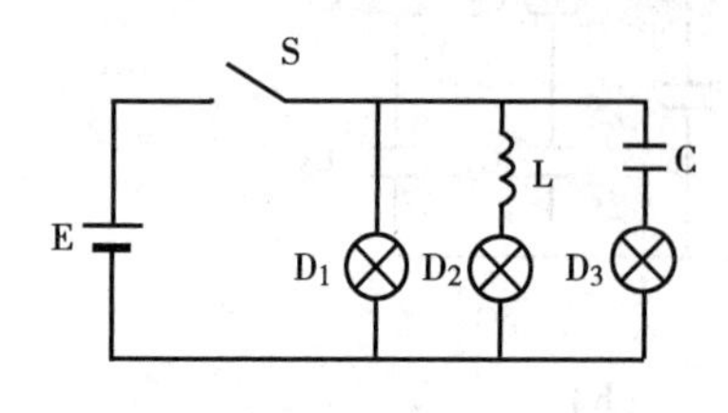

图 5-11　电路瞬态过程

在电路中也常发生过渡过程。如图 5-11 中，D_1，D_2，D_3 是 3 只完全相同的灯泡，当开关 S 断开时，3 条支路均无电流，这是一种稳定状态。

当开关 S 闭合时，灯泡 D_1 立刻正常发光；灯泡 D_2 逐渐变亮，一段时间后达到与灯泡 D_1 同样的亮度；灯泡 D_3 则一闪亮就渐渐变暗，然后就不亮了。这是什么原因呢？

灯泡 D_1 是纯电阻，假定阻值为 R。当开关 S 闭合的瞬间，该支路电流就立刻由 0 达到稳定状态，$I_1=\frac{E}{R}$，电流的大小与时间无关。这说明纯电阻电路不需要瞬态过程，其电流如图 5-12(a)所示。

灯泡 D_2 串联有电感 L，在开关 S 闭合的瞬间，由于 L 的自感作用，将阻碍 D_2 支路中电流的变化，因此，电流从 0 增加到 I_2 需要经过一段时间过程。当电流达到 I_2 时，电流将不再变化，L 也不会产生自感现象，电流将达到稳定值，灯泡 D_2 与 D_1 一样亮。可以看出，灯泡 D_2 与电感串联的支路从一种稳定状态到另一种稳定状态，需要一个时间过程，这个过程即为瞬态过程，其电流变化如图 5-12(b)所示。

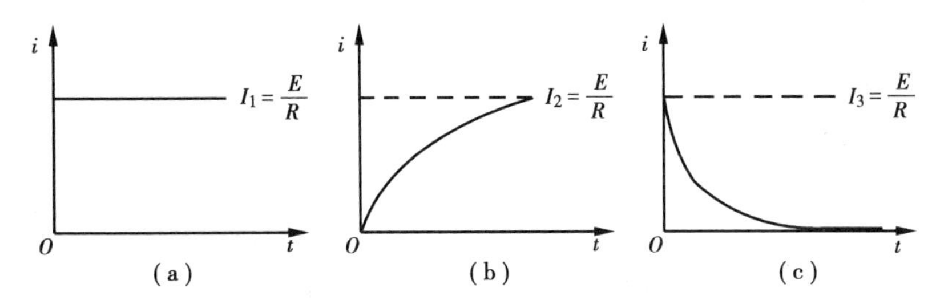

图 5-12　3 条支路中的电流曲线

灯泡 D_3 与电容串联，开关 S 闭合的瞬间，电源 E 通过 D_3 给 C 充电，电容器两极板必须经过一个不断积蓄电荷，电压不断上升的过程。电容器要经过一段时间其两端电压才能达到稳定值 E。刚开始充电时，充电电流最大，后逐步减小，直到 $I=0$，即灯泡 D_3 由闪亮后逐渐变暗，然后到不亮。这种由较大电流到电流逐渐为 0，也是一个瞬态过程。其电流变化如图 5-12(c)所示。

二、发生瞬态过程的原因

由上面的分析可以看出，通过电感支路的电流由于受自感电动势的影响只能逐步变化，不能发生突变。而具有电容的支路中，电容器两端的电压不能发生突变，电容器两极板上必须经过一个不断积蓄电荷，使电压不断升高的过程。假定电感中电流能突变，则自感电动势 $e_L=-L\frac{\Delta i}{\Delta t}$将趋于无穷大，这显然不可能；若电容两端电压也能突变，则电容的充电电流将趋于无穷大，这显然也是不可能的。

因此，可以得出如下两个重要结论：

(1)电感中的电流不能发生突变；

(2)电容器两端的电压不能发生突变。

由此，在电路中具有电感元件或电容器时，引起电路工作状态发生变化(换路)必定有一个瞬态过程。

三、换路定律

上述两条结论同样适用于电路换路的瞬间。如果把换路操作的瞬间定为 $t=0$，并且以 $t=0^-$ 表示换路前的一瞬间，以 $t=0^+$ 代表换路后的一瞬间，根据以上两条结论可得出换路定律：电感中的电流或电容器两端的电压在开闭前一瞬间应和开闭后一瞬间相等。其数学表达式为

$$\begin{cases} i_L(0^+) = i_L(0^-) \\ u_C(0^+) = u_C(0^-) \end{cases} \tag{5-7}$$

换路定律可以确定电路发生瞬态过程的起始值($t=0^+$时的值),它是研究瞬态过程必不可少的依据。

【例 5-6】 在图 5-13 所示电路中,$E=6$ V,试求开关闭合瞬间电路中的电流、电感及电阻两端的电压 u_L,u_R。

解:开关 S 闭合前电路中电流 $i=0$,即

$$i(0^-) = 0$$

根据换路定律,开关 S 闭合时的瞬间电流为 $i(0^+)=i(0^-)=0$

因此,S 闭合瞬间($t=0$)的电流为 $i=0$

$t=0$ 瞬间 R 两端电压 $u_R(0^+)=i(0^+)R=0$

$t=0$ 瞬间电感两端的电压 $u_L(0^+)=E-u_R(0^+)=E=6$ V

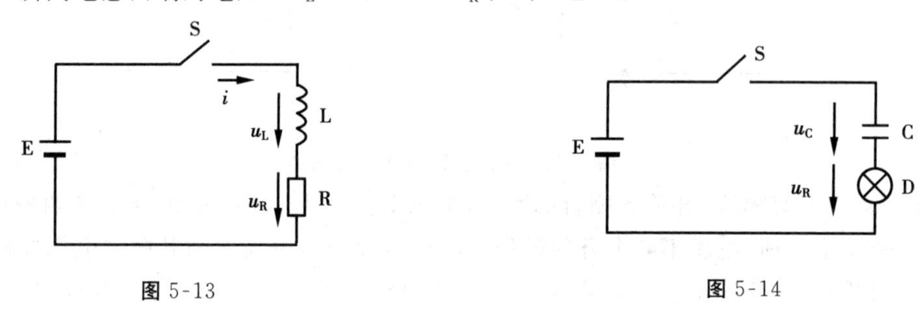

图 5-13　　　　图 5-14

【例 5-7】 图 5-14 所示电路中,$E=6$ V,灯泡等效电阻 $R=3\ \Omega$,开关 S 闭合前,电容两端电压为零。试求开关闭合瞬间电路中的电流 i,灯泡两端电压 u_R 及 C 两端电压 u_C。

解:开关 S 闭合之前 $u_C=0$,即

$$u_C(0^-) = 0$$

根据换路定律,开关 S 闭合瞬间 C 两端电压 $u_C(0^+)=u_C(0^-)=0$

$t=0$ 时,灯泡两端的电压 $u_R(0^+)=E=6$ V

电路中的电流 $i(0^+)=\dfrac{u_R(0^+)}{R}=\dfrac{6\ \text{V}}{3\ \Omega}=2$ A

即开关闭合瞬间($t=0$),电流 $i=2$ A

应当指出,在实际工作中要特别注意电路的瞬态过程现象。有时它会使电路中出现过电流或过电压情况,会损坏电路及设备。

※第六节　RC 电路的瞬态过程

一、*RC* 电路接通直流电压

为了研究 RC 的瞬态过程,可先来观察一下电容的充电过程。图 5-15 所示,其中 $R=10^4\Omega$,$C=500\mu$F,$E=10$V。设开关 S 闭合前电容未充电,闭合时刻记作 $t=0$,将微安表及电压表的读数记录于表 5-3,5- 4 中。

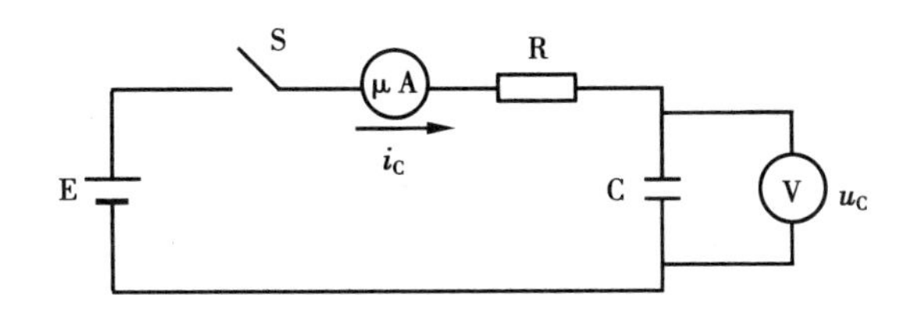

图 5-15　电容充电过程实验

表 5-3　RC 电路 t 时刻的电流值

t/s	0	1	2	3	4	5	10	15	20	25
i_C/μA	1 000	820	670	550	450	370	136	50	18	7

表 5-4　RC 电路 t 时刻电容两端的电压

t/s	0	1	2	3	4	5	10	15	20	25
u_C/V	0	1.81	3.30	4.51	6.32	6.99	8.65	9.50	9.82	9.93

根据表 5-3 的实验结果，以时间 t 为横轴，充电电流 i 为纵轴，做出 i—t 关系曲线，如图 5-16所示。同样，根据表 5-4 的实验结果，做出 u_C—t 关系曲线，如图 5-17 所示。

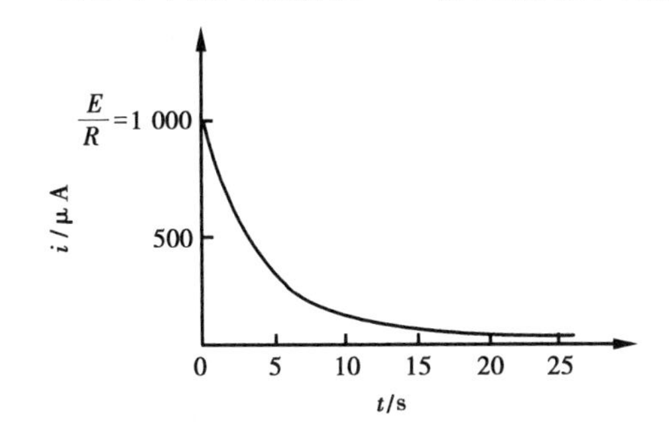

图 5-16　RC 充电 i—t 曲线

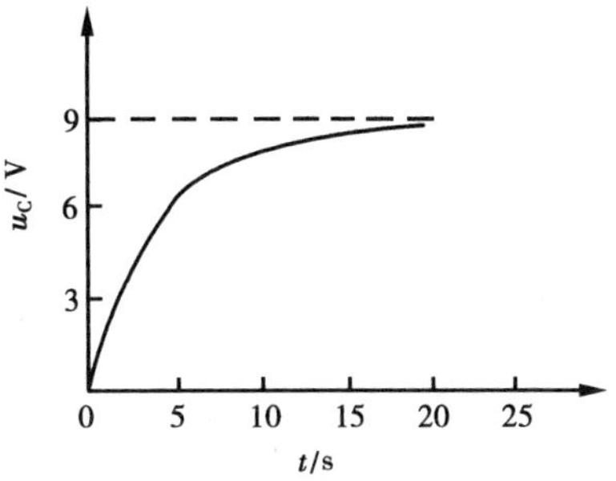

图 5-17　RC 充电电路 u_C—t 曲线

理论和实验证明，RC 电路的充电电流按指数规律变化，其电流数学表达式为

$$i_C = \frac{E}{R}e^{-\frac{t}{RC}}$$

电容器两端的电压 u_C 为

$$u_C = E - u_R = E - i_C R = E - Ee^{-\frac{t}{RC}} = E(1 - e^{-\frac{t}{RC}}) \qquad (5\text{-}8)$$

其中，$RC=\tau$，τ 叫做时间常数，单位是 s，它反映电容器的充电速率。τ 越大，充电过程越缓慢；τ 越小，充电过程越快。当 $t=0.7\tau$ 时，$u_C=0.5E$，当 $t=5\tau$ 时，可认为瞬态过程结束。

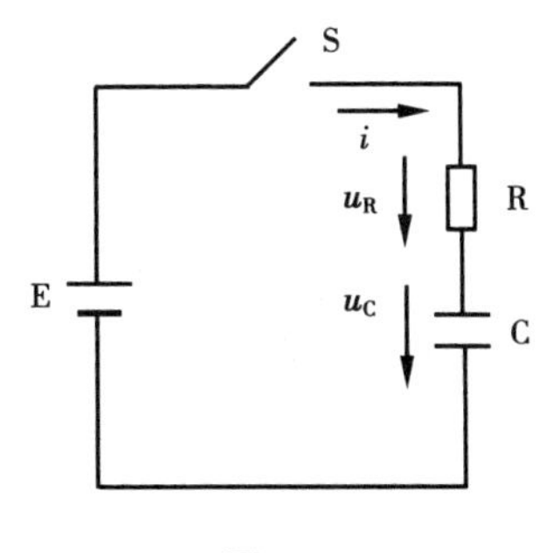

图 5-18

【例 5-8】 某 RC 定时电路，其定时元件 $R=200\ \text{k}\Omega$，$C=500\ \mu\text{F}$，$E=10$ V，电路如图 5-18 所示。设 S 闭合前，电容器未充电。试求电路的时间常数 τ，开关闭合 70 s 时电容器两端的电压 u_C 和 S 闭合 100 s 时流过 R 中的电流。

解:时间常数 τ 为

$$\tau = RC = 200 \times 10^3\ \Omega \times 500 \times 10^{-6}\ \text{F} = 100\ \text{s}$$

当 $t=70$ s 时,即

$t=0.7\tau$ 时,电容器两端的电压

$$u_C = 0.5E = 5\ \text{V}$$

当 $t=100$ s 时,电路中的电流

$$i_C = \frac{E}{R}e^{-\frac{t}{\tau}} = \frac{10\ \text{V}}{200 \times 10^3\ \Omega}e^{-\frac{100\ \text{s}}{100\ \text{s}}} = 50 \times 10^{-6}\ \text{A} \times 0.368 = 18.4\ \mu\text{A}$$

二、电容通过电阻放电

将电容器 C 两端的电压充电到 E,如图 5-19 所示,然后迅速将开关 S 置于“2”的位置,电容器通过电阻放电。在换路的瞬间 $u_C(0^-)=E$,根据换路定律,开关置于“2”的瞬间,电容器两端电压为

$$u_C(0^+) = u_C(0^-) = E$$

电容器 C 通过电阻 R 的放电电流为

$$i = \frac{u_C(t=0)}{R} = \frac{E}{R}$$

电容放电完毕,瞬态过程结束,达到新的稳定状态,即

$$u_C(t \to \infty) = 0$$

$$i(t \to \infty) = 0$$

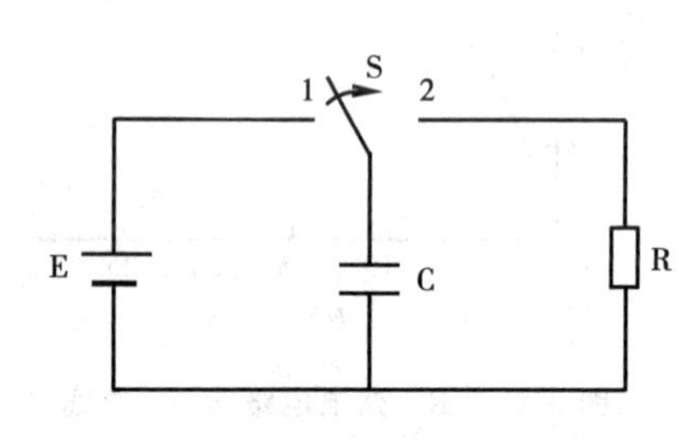

图 5-19 电容器通过电阻放电

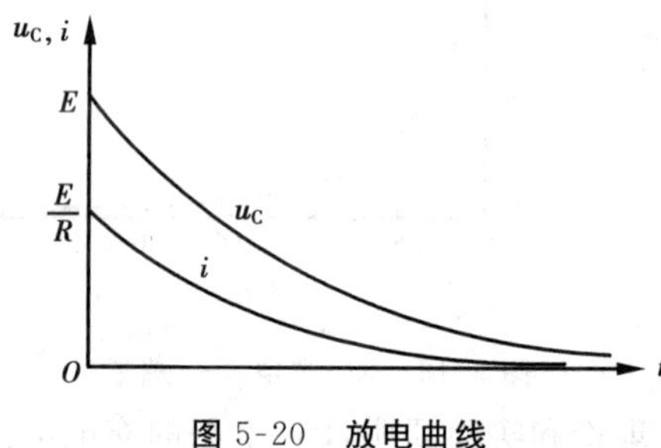

图 5-20 放电曲线

理论和实验证明,电容通过电阻放电的电流和电容两端的电压都按指数规律变化。其数学表达式为

$$\left.\begin{aligned} i &= \frac{E}{R}e^{-\frac{t}{\tau}} \\ u_C &= Ee^{-\frac{t}{\tau}} \end{aligned}\right\} \tag{5-9}$$

根据上式做出电流、电压随时间变化的曲线,如图 5-20 所示,式中 $\tau=RC$,是电容通过电阻放电的时间常数。

放电开始时放电电流最大,电容器两极板间电压变化速率最大。在放电过程中,电容器极板上的电量不断中和,u_C 随之减小,放电电流 i 也随之减小。放电结束,$U_C=0$,$i=0$,电路达到稳定状态。放电快慢由时间常数 τ 决定,τ 越大放电就越慢。

【例 5-9】 某电容 $C=100\ \mu$F,两端电压为 50 V,通过外电阻放电,放电电阻 $R=1$ kΩ,试求开始放电的放电电流;放电 1 s 后,电容两端的电压。

解:电容开始放电时的电流为

$$i = \frac{u_C(t=0)}{R} = \frac{E}{R} = \frac{50\ \text{V}}{1\ \text{k}\Omega} = 50\ \text{mA}$$

电路的时间常数为

$$\tau = RC = 1 \times 10^3\ \Omega \times 1\ 000 \times 10^{-6}\ \text{F} = 1\ \text{s}$$

当 $t=1$ s 时,电容器两端的电压为

$$u_C = E\mathrm{e}^{-\frac{t}{\tau}} = 50\ \text{V} \cdot \mathrm{e}^{-1} = 50\ \text{V} \times 0.368 = 16.8\ \text{V}$$

※第七节　RL 电路的瞬态过程

一、*RL* 电路接通直流电压

图 5-21 所示的 RL 电路与直流电源连接,在开关 S 闭合的瞬间,由于电感线圈原来没有电流,即 $i_L(0^-)=0$。根据换路定律,$t=0^+$ 时电路中电流为 $i_L(0^+)=i_L(0^-)=0$

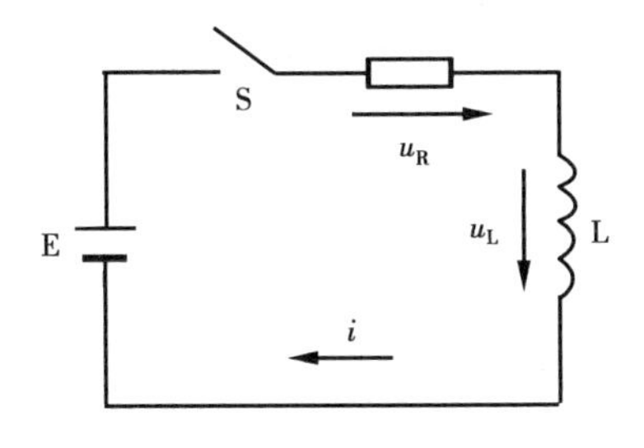

图 5-21　RL 电路接通直流电压

则该瞬间电感 L 和电阻 R 两端的电压分别为

$$u_L = E$$

$$u_R = 0$$

这时电路中的电流变化率最大,按指数规律上升;电阻两端电压按指数规律上升,电感两端电压按指数规律下降。经进一步研究证明,i,u_R,u_L 变化的数学表达式如下:

$$\left.\begin{aligned} i &= \frac{E}{R}(1-\mathrm{e}^{-\frac{t}{\tau}}) \\ u_R &= E(1-\mathrm{e}^{-\frac{t}{\tau}}) \\ u_L &= E\mathrm{e}^{-\frac{t}{\tau}} \end{aligned}\right\} \tag{5-10}$$

根据数学表达式,做出 i,u_R 和 u_L 随时间变化的曲线,如图 5-22 所示。

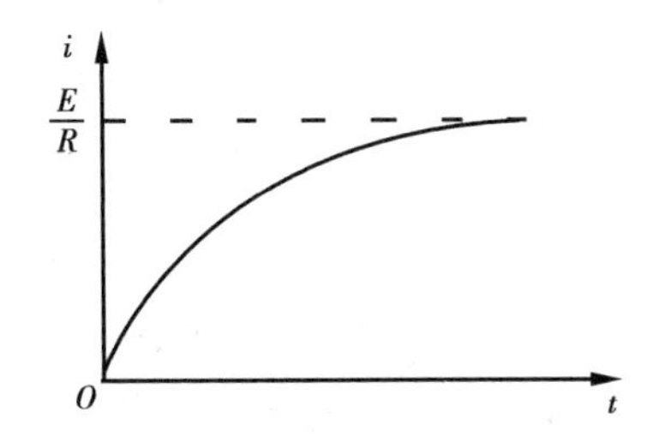

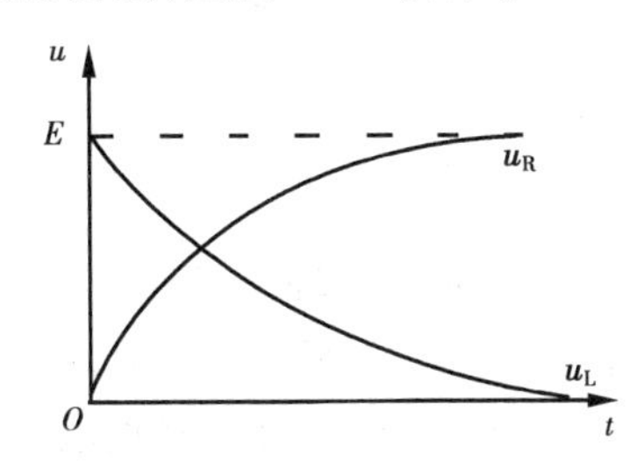

图 5-22　RL 电路接通直流电压时的电流及电压值

时间常数 $\tau=\frac{L}{R}$。τ 不同,电流达稳定值的过程所持续的时间不同,电路瞬态过程的长短不同。若 R 一定,L 越大,τ 就越大,电路达稳定值所需的时间越长;如果 L 一定,则电阻越小,τ 也越大,电路达稳定值所需时间也就越长。在图 5-23 示出了不同时间常数的 RL 电流变化曲线。

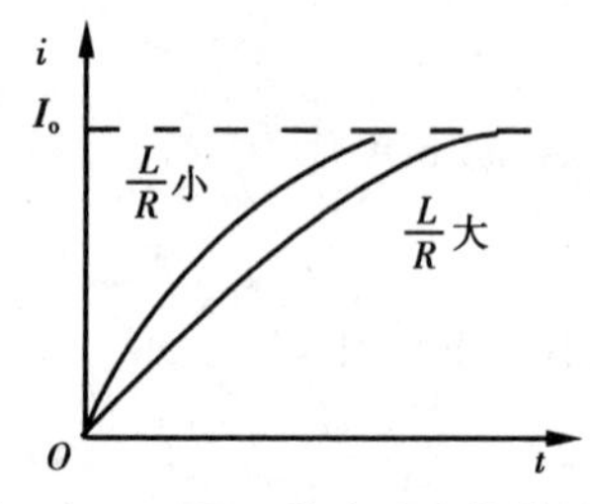

图 5-23　不同 τ 的电流变化曲线

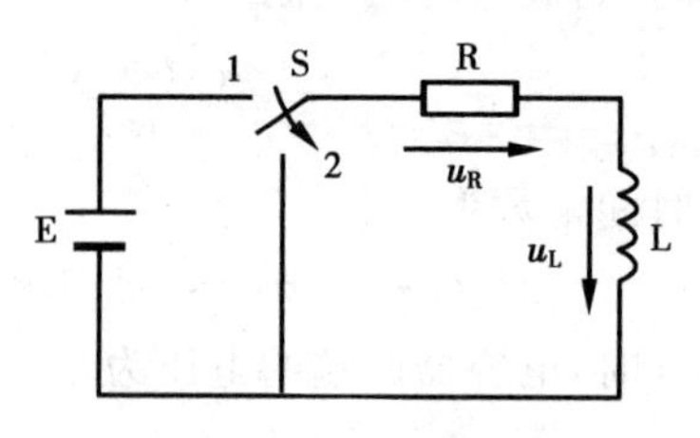

图 5-24　RL 电路的短接

二、*RL* 电路的短接

在如图 5-24 所示电路中，有电流 I 流过电阻和电感(S 置于"1"时)，电路处于稳定状态。在 $t=0$ 的时刻，迅速将开关 S 由"1"置于"2"的位置，由于通过线圈 L 的电流不能发生突变，则 $t=0$ 时刻的电流为

$$i(t=0)=I$$

电阻两端电压、电感两端电压分别为

$$u_R=U_R=IR$$

$$u_L=-U_R=-IR$$

理论和实验证明，i,u_R,u_L 都按指数规律下降，最后下降为零。其数学表达式分别为

$$\left.\begin{aligned}i&=Ie^{-\frac{t}{\tau}}\\u_R&=IRe^{-\frac{t}{\tau}}\\u_L&=-IRe^{-\frac{t}{\tau}}\end{aligned}\right\}\tag{5-11}$$

电流 i，电压 u_R,u_L 随时间变化曲线如图 5-25 所示，其变化速度决定于电路的时间常数。

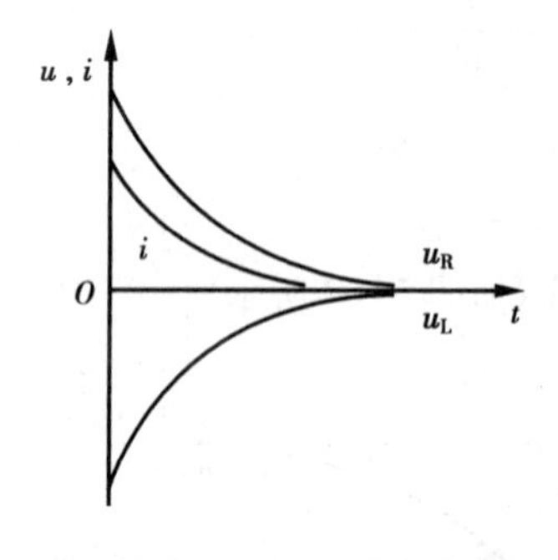

图 5-25　i,u_R,u_L 变化曲线

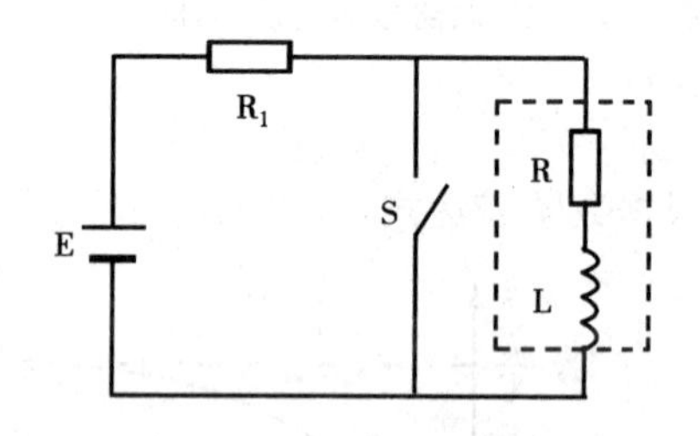

图 5-26

【例 5-10】　在图 5-26 所示电路中，虚线框是继电器，其电阻 $R=10\ \Omega$，吸合时的电感 $L=2\ \text{H}$，$R_1=10\ \Omega$，$E=10\ \text{V}$，继电器的释放电流为 0.184 A。试求开关 S 闭合多长时间继电器开始释放。

解：开关闭合后，继电器所在回路的时间常数为

$$\tau=\frac{L}{R}=\frac{2\ \text{H}}{10\ \Omega}=0.2\ \text{s}$$

S 断开时，电路中的稳定电流为

$$I=\frac{E}{R+R_1}=\frac{10\ \text{V}}{20\ \Omega}=0.5\ \text{A}$$

S闭合后，继电器回路电流变化规律为

$$i = Ie^{-\frac{t}{\tau}}$$

当 $I=0.184$ A时，继电器开始释放，即

$$0.184 = 0.5 \cdot e^{-5t}$$

或

$$0.368 = e^{-5t}$$

因 $e^{-1}=0.368$

所以

$$-5t = -1\ \text{s}$$

$$t = 0.2\text{s}$$

即开关闭合0.2 s时，继电器开始释放。

阅读·应用八

瞬态过程的应用

瞬态过程时间非常短暂，但它与稳态相比，又有自己独特的状态和特点，所以在技术上得到广泛应用。

一、避雷器测试电路

在电力系统中，避雷器用于遭遇雷击时泄放雷电电流，保护电力系统的安全。避雷器的主要元件是气体放电管。在正常工作时呈高电阻开路状态，一旦遭到雷击，只要雷电电压超过设计数值，管内开始放电，将原来高电阻开路状态变为低电阻短路状态，将雷电流通过接地装置导入大地，避免了雷击。

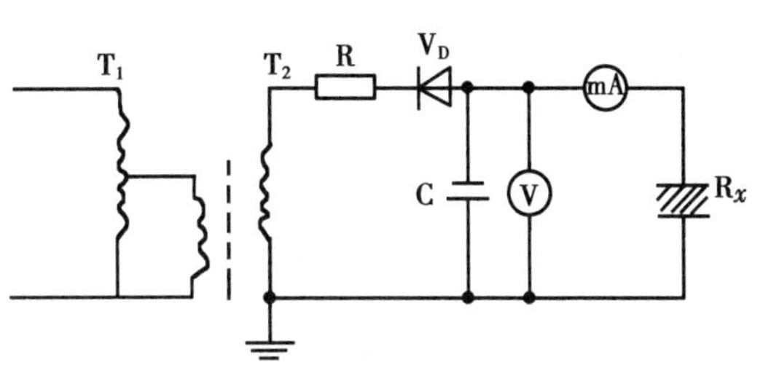

图5-27　避雷器测试电路

新生产的、存放过久的或使用了一定时限的避雷器都应定期测试。其测试的关键数据是气体放电管开始放电的电压（称为临界动作电压）。其测试电路如图5-27所示。该电路中，T_1 为单相调压器，提供测试电路电源。相对于 T_1，T_2 是升压线圈，T_2 输出的高电压经二极管 V_D 整流，对电容器C充电（C和R组成RC充电网络），使C极板电压逐渐上升。当该电压达到避雷器放电管 R_x 的临界动作电压时，R_x 呈低阻短路状态，并组成 R_xC 的放电回路。此时即可从电压表Ⓥ上读出其临界动作电压值。

二、开关电路中的加速电路

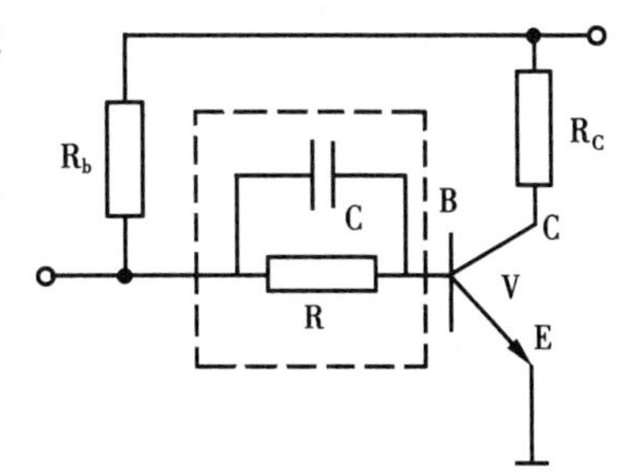

图5-28　加速电路

图5-28所示为电子技术中最常见的晶体管开关电路。当晶体管加上正向电压时，V饱和导通，相当于开关闭合；当

V加上反向电压时，处于截止状态，相当于开关分断。在电子技术中，为了加速V的开关速度，在V基极加入了RC充放电回路，又称加速电路，如图5-28虚线框内所示。当V加上正向电压时，V上边为正，C左边为正。通电瞬时C相当于短路，正电压直接通过电容加在V的基极上，加速V接通电路的速度。当电源极性相反时，V上边为负，C左边为负，由于该瞬时C相当于短路，负电压直接加在V的基极，使V快速截止，加快了分断电路的速度。

本章小结

一、电场

电荷或带电体周围空间存在着一种特殊物质——电场。它有两个重要属性：电荷在电场中要受到力的作用和电场具有能量。

二、电容器和电容

被绝缘介质分开的2个导体的总体称为电容器。当电容器两极板间的外加电压是U，极板上所带电量是Q时，Q与U的比值是一个常数，即电容量

$$C=\frac{Q}{U}$$

平行板电容器极板的面积是S，两极板间的距离是d，中间电介质的介电常数为ε，则平行板电容器的电容量为

$$C=\frac{\varepsilon S}{d}$$

其中：$\varepsilon=\varepsilon_0\varepsilon_r$。

电容器的电容与两极板的相对位置、极板形状和大小以及两极板间的电介质有关，而与两极板间电压和所带电量无关。

三、电容器的串、并联

电容器串、并联电路的特点，见表5-5。

表5-5　电容器的串并联

物理量	串联	并联
电量	$Q=Q_1=Q_2=\cdots=Q_n$	$Q=Q_1+Q_2+\cdots+Q_n$
电压	$U=U_1+U_2+\cdots+U_n$ 电压分配与电容成反比 $\frac{U_1}{U_2}=\frac{C_1}{C_2}$	$U=U_1=U_2=\cdots=U_n$
电容	$\frac{1}{C}=\frac{1}{C_1}=\frac{1}{C_2}=\cdots=\frac{1}{C_n}$ 当n个电容为C_0的电容器串联 $C=\frac{C_0}{n}$	$C=C_1+C_2+\cdots+C_n$ 当n个电容为C_0的电容器并联 $C=nC_0$

四、电容器中的电场能

电容器是储能元件。充电时把电源的能量储存起来，放电时把储存的电场能释放出去。电容器的储能公式为

$$W_C = \frac{1}{2} C U^2$$

五、瞬态过程

在具有储能元件的电路中，换路之后，电路不能立即由一种稳定状态到另一种稳定状态，要有一个瞬态过程。

六、换路定律

电感中的电流不能发生突变，电容两端的电压不能发生突变。

$$i_L(0+) = i_L(0-)$$

$$u_C(0+) = u_C(0-)$$

换路定律可以确定电路发生瞬态过程的起始值。

七、RC，RL 电路的瞬态过程特性

其特性见表 5-6。

表 5-6　RL 和 RC 电路瞬态过程的特点

电路及状态		初始条件 ($t=0$)	电流、电压变化数学表达式	终态 ($t\to\infty$)	时间常数 τ
RC	接通电源	$U_C=0$ $I=\frac{E}{R}$	$u_C=E(1-e^{-\frac{t}{\tau}})$ $i=\frac{E}{R}e^{-\frac{t}{\tau}}$	$U_C=E$ $I=0$	$\tau=RC$
RC	短路	$U_C=E$ $I=\frac{E}{R}$	$u_C=Ee^{-\frac{t}{\tau}}$ $i=\frac{E}{R}e^{-\frac{t}{\tau}}$	$U_C=0$ $I=0$	$\tau=RC$
RL	接通电源	$I=0$ $u_L=E$	$i=\frac{E}{R}(1-e^{-\frac{t}{\tau}})$ $u_L=Ee^{-\frac{t}{\tau}}$	$I=\frac{E}{R}$ $U_L=0$	$\tau=\frac{L}{R}$
RL	短路	$I=\frac{E}{R}$ $U_L=E$	$i=\frac{E}{R}e^{-\frac{t}{\tau}}$ $u_L=Ee^{-\frac{t}{\tau}}$	$I=0$ $U_L=0$	$\tau=\frac{L}{R}$

习题五

一、填空题

1. 电场具有________的性质和________的性质。检验电荷在电场中某点所受的________与其________之比，称为电场强度。它是________量，可用________进行形象描述。
2. 电容量表述了电容器________的能力，其电容量的大小只与________、________和________有关，而与________和________无关。
3. 电容量是给定电容器的________参数，在数值上等于____________________。
4. 电容器充电结束后两极板间电压等于________，放电结束后，则等于________。
5. 当1只电容器耐压不满足电路要求而容量又足够大时，可将几个电容器________联使用，以提高其________。当1只电容器耐压足够而容量较小时，可将几个电容器________联使用，以增加其________。
6. 电容器充放电过程称为________过程。
7. 在贮能元件中，电容器________不能突变，电感器中的________不能突变。
8. 图5-29为3个单一元件瞬态过程电流变化曲线，其中A为________元件电流曲线，其变化规律为________，B为________元件电流曲线，其变化规律为________。C为________元件电流曲线，其变化规律为________。

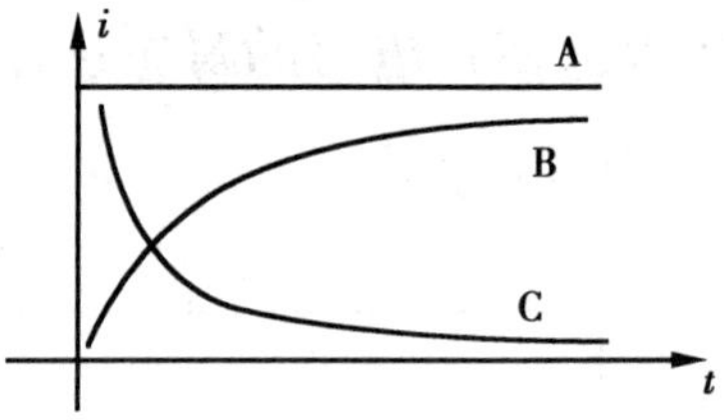

图 5-29

9. 电路中具有________或________时，换路后必定有瞬态过程。
10. 在图5-30中，已知$E=10\ \text{V}$，$R=5\ \Omega$，用换路定律，当开关S闭合瞬间电路中的初始值$U_C(0^+)=U_C(0^-)=$________，$U_R(0^+)=$________，$i(0^+)=$________。

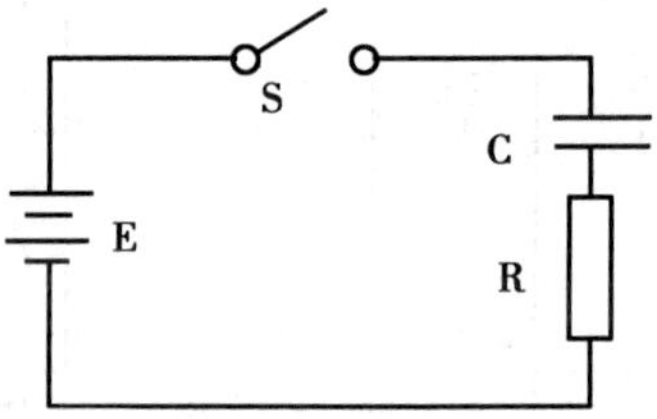

图 5-30

二、判断题

1. 一个固定电容器的电容量与极板所带电量成正比，与极板间电压成反比。 (　　)
2. 电容器串联后的等效电容比其中任何一个都大。 (　　)
3. 电容器并联后的等效电容比其中任何一个都大。 (　　)
4. 无论将电容器接在直流电源上或交流电源上，它的电容量是不变的。 (　　)
5. 将2个电容器串联后接在交流电源上，其容量越大者承受的电压越高。 (　　)
6. 将2个电容器并联后接于交流电源上，容量越小者，该支路通过的电流越小。 (　　)
7. 电容器贮存的电场能与自身电容量成正比。 (　　)

8. 在含有电容器和电源的充放电回路中，其充放电电流是不能突变的。（　　）

9. 瞬态过程的起始值可以用换路定律确定。（　　）

10. 在 RC 电路的瞬态过程中，电容器两端电压变化规律为 $u_C=\frac{E}{R}e^{-\frac{1}{RC}}$。（　　）

三、单项选择题

1. 某 2 只电容 C_1 和 C_2 并联，其中 $C_1=2C_2$，则加上电压后，C_1，C_2 所带电量 Q_1，Q_2 间的关系是（　　）。

   A. $Q_1=Q_2$　　B. $Q_1=2Q_2$　　C. $Q_1=\frac{Q_2}{2}$

2. 某 2 只电容 C_1 和 C_2 串联，其中 $C_1=2C_2$，加上电压后，C_1，C_2 两极板间的电压 U_1，U_2 之间的关系是（　　）。

   A. $U_1=U_2$　　B. $U_1=2U_2$　　C. $U_1=\frac{U_2}{2}$

3. 1 个电容为 C 的电容器，和 1 个电容为 2μF 的电容器串联，总电容为电容器容量 C 的 1/3，那么电容 C 是（　　）。

   A. 2μF　　B. 4μF　　C. 6μF　　D. 8μF

4. 1 个电容为 C 的电容器和 1 个电容为 8μF 的电容器并联，总电容为电容器容量 C 的 3 倍，那么电容 C 是（　　）。

   A. 2μF　　B. 4μF　　C. 6μF　　D. 8μF

5. 如图 5-31 所示，2 个完全相同的电容器串联起来以后，接到直流稳压电源上，在 C_2 中插入云母介质，下面结果正确的是（　　）。

   A. $U_1=U_2$，$Q_1=Q_2$　　B. $U_1<U_2$，$Q_1>Q_2$

   C. $U_1>U_2$，$Q_1=Q_2$　　D. $U_1=U_2$，$Q_1<Q_2$

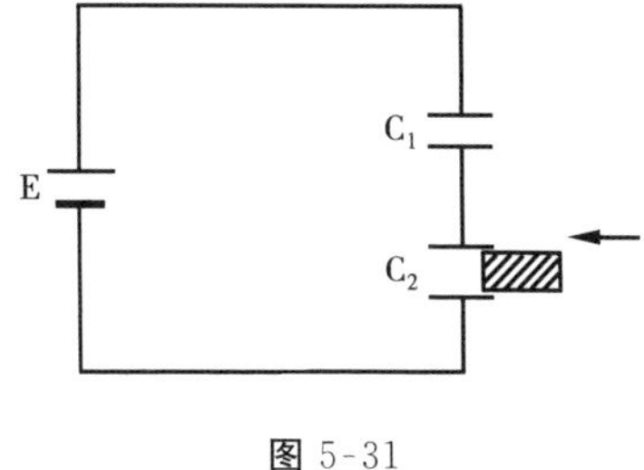

图 5-31

四、问答题

1. 什么是电容器，什么是电容？

2. 有人说“根据公式 $C=\frac{Q}{U}$，如果电容器不带电，即 $Q=0$，则 $C=0$，因此就无电容了。”这种说法对吗？为什么？

3. 在下列哪种情况下，空气平行板电容器所带电量增加 1 倍？

   (1)电容器充电后保持与电源相连，将极板面积增加 1 倍。

   (2)电容器充电后保持与电源相连，将极板间距离增加 1 倍。

   (3)电容器充电后保持与电源相连，在两极板间充满介电常数 $\varepsilon_r=2$ 的电介质。

4. 在什么情况下，可以将电容器串联起来使用？在什么情况下，可将电容器并联起来使用？

※5. 什么是瞬态过程，具有电感或电容的电路中发生瞬态过程的原因是什么？

※6. 什么是换路定律？写出它的数学表达式。

※7. 在 RC 充电及放电电路中，怎样确定电容器上的电压初始值？

8. 什么是 RC 电路的时间常数？说明它的物理意义？

※9. 在RC充电电路中，电容器两端电压变化规律如何，充电电流又按怎样的规律变化？

五、计算题

1. 有3只电容器，其中 $C_1=2\ \mu F$，$C_2=4\ \mu F$，$C_3=6\ \mu F$，将它们串联起来后，接到 $U=88$ V的电压两端，求每只电容器两端所承受的电压。
2. 有2只电容器串联，$C_1=2\ \mu F$，耐压 $U_1=160$ V，$C_2=4\ \mu F$，耐压 $U_2=100$ V，接于250 V交流电源上，求等效电容及各自所承受的电压，并分析这种连接是否安全？
3. 有3只电容器，其中 $C_1=4\ \mu F$，$C_2=6\ \mu F$，$C_3=12\ \mu F$，将它们并联起来以后接到电源上，电容器组带的总电量 $Q=1.2\times10^{-4}$ C，求每只电容器所带的电量。
4. 1个电容为10 μF的电容器，当它的极板上带 36×10^{-6} C电量时，电容器两极板间的电压是多少？电容器储存的电场能是多少？
5. 1个电容器，当它接到220 V直流电源上时，每个极板上所带电量为 2.2×10^{-5} C，如果把它接到110 V的直流电源上，每个极板上所带电量是多少？电容器的电容是多少？
6. 把容量是0.25 μF，耐压是300 V和容量是0.5 μF，耐压是250 V的2个电容器并联起来以后的耐压是多少？总电容是多少？若把这2个电容器串联起来，它们的耐压是多少？总电容又是多少？
7. 如图5-32所示，3只电容器按图连接成混联电路，$C_1=40\ \mu F$，$C_2=C_3=30\ \mu F$，3只电容器的耐压都是100V，试求等效电容及最大安全工作电压。

图 5-32

8. 如图5-33所示，电源电压 $E=200$V，先将开关S置"1"对电容器 C_1 充电，充电完毕后，将开关S置于"2"，如果 $C_1=2\mu F$，$C_2=3\mu F$，试问：

   (1) C_1 和 C_2 两极板间电压各为多少？

   (2) C_1 和 C_2 各带多少电量？

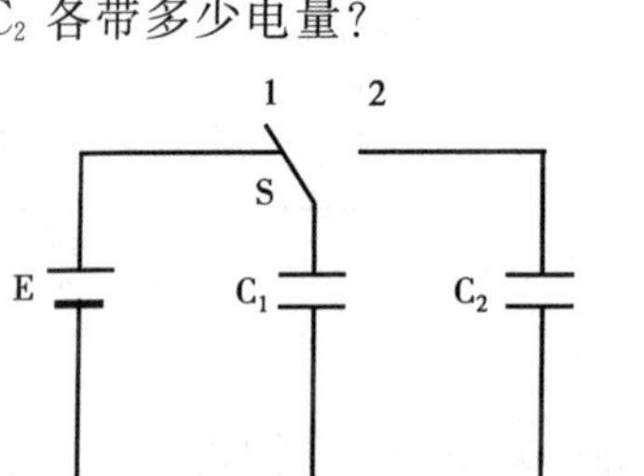

(a)

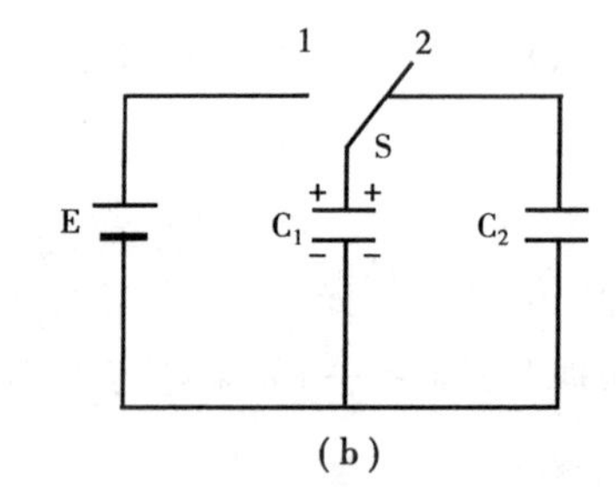

(b)

图 5-33

※9. 在如图5-34所示电路中，$E=10$ V，$R_1=10\ \Omega$，$R_2=10\ \Omega$，开关闭合前，电容两端电压为零。试求开关闭合瞬间电路的电流 i_1，i_2，i_C。

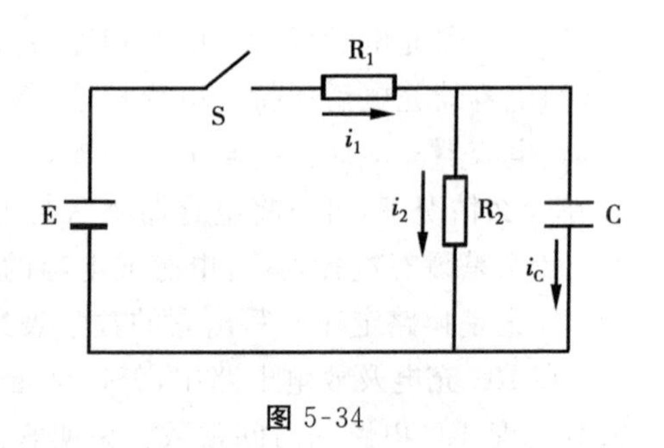

图 5-34

※10. 在如图5-35所示电路中，开关S断开时 $i_L=2$ A，$E=6$ V，$R_1=R_2=1.5\ \Omega$，试求开关S闭合瞬间各支路的电流。（提示：S闭合瞬间，i_L 电流不能突变）

※11. 如图 5-36 所示的电路中，$E=10\ \text{V}$，$R_1=10\ \text{k}\Omega$，$R_2=10\ \text{k}\Omega$，$C=400\ \mu\text{F}$，如果在开关 S 合上前 C 未充电，求电路时间常数，$t=2$ s 时电容器两端的电压。

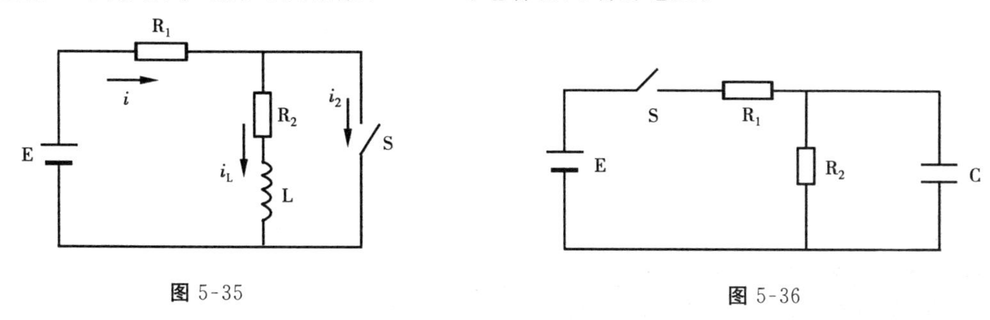

图 5-35　　图 5-36

六、实验题

解剖 1 只纸介质电容器，解剖前先记下它的标称电容量，测出极板(铝箔)面积 S，用百分尺量出绝缘蜡纸厚度 d，已知蜡纸介电常数为 4.3，真空介电常数 $\varepsilon_0=8.85\times10^{-12}$。试计算该电容器的电容量并与标称电容量比较，分析其误差产生原因。

第六章
正弦交流电及其电路

学习目标

国民经济和人民生活的各个领域，无不涉及和广泛应用正弦交流电。正弦交流电及其电路不仅是电工技术和电子技术的基础，对它的熟悉和应用，也是人们适应现代化生产和生活的一项基本素质。应该说，它是本学科和电类专业极为重要的章节，通过本章学习应达到：

①理解正弦交流电的基本概念及有关参数。掌握正弦量的有效值、最大值、平均值及其相互关系；

②掌握正弦交流电三要素，解析式、波形图、相量图 3 种表示法及其相互转换；

③掌握正弦交流电路中元件 R，L，C 的电压、电流关系。感抗、容抗的概念及单一参数正弦交流电路的分析方法；

④掌握 RL，RC，RLC 串联电路的分析方法，阻抗、电压、功率三角形的概念以及有功功率、无功功率、视在功率、功率因素的计算。

⑤了解 R，L，C 并联电路的分析方法。

当闭合导体内磁通发生变化将产生感应电动势和感应电流。人们利用这一原理，研制出了发电机。其中多数发电机绕组所产生的电流、电压、电动势的大小和方向都将随时间周期性地变化。我们将这种电流称为交变电流，简称交流电。与直流电恒定不变相比，交流电任何时刻都在变化。为了叙述和应用的方便，我们将随时间变化的量，如电流、电压、电动势和功率等在某一瞬时所确定的大小和方向叫做瞬时值，分别用 i，u，e，p 等小写字母表示，而将不随时间变化的相关量用大写字母 I，U，E，P 等表示。

交流电按随时间变化的规律不同分为两大类：凡电流、电压、电动势等量随时间按正弦规律变化者，称正弦交流电，如图 6-1(a)所示；凡不按正弦规律变化，而随时间发生间歇性变化或突变的，统称为非正弦交流电，如图 6-1(b)，(c)所示。

本章将研究应用极为广泛的正弦交流电及由相关电路元件组成的正弦交流电路。重点讨论交流电的基本概念、表示方法及交流电路中相关电学量之间的相位关系、数量关系及有关的内在规律。

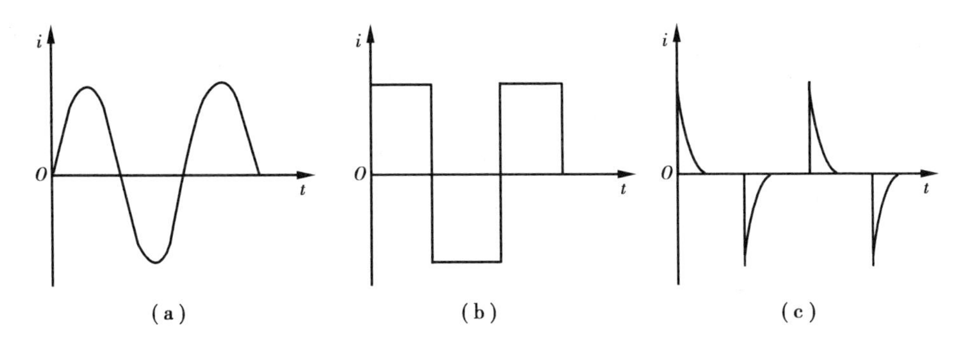

图 6-1　常见交流电波形

第一节　正弦交流电及基本概念

实际的发电机、振荡器等所产生的电动势，基本上都是按正弦函数规律变化的。有的即使不按正弦规律变化，也可以将它们分解成若干个不同频率的正弦交流电，并按正弦交流电的分析方法进行处理。因此掌握正弦交流电的基本概念显得尤为重要。

一、正弦交流电的产生

正弦交流电由交流发电机产生，图 6-2(a)系最简单的交流发电机示意图。它主要由固定在机壳上的定子及可以绕轴旋转的转子构成。转子由铁心和绕在其上的线圈组成，线圈的两端分别接在彼此绝缘的 2 个铜环上，再通过与此有良好接触的电刷将交流电送往外电路。

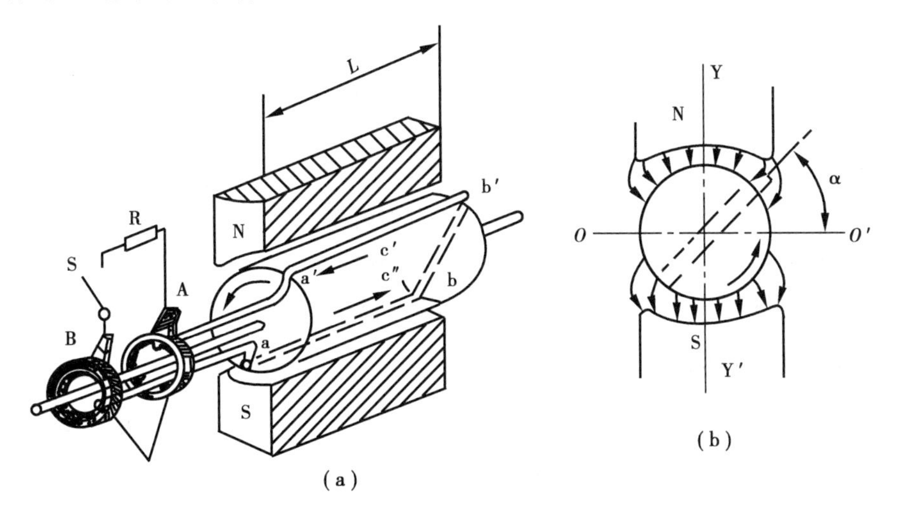

图 6-2　交流发电机模型

当单匝线圈 abb′a′在外力作用下位于定子匀强磁场中绕轴以角速度 ω 匀速转动时，线圈 abb′a′做切割磁感线运动而产生感应电动势。一旦外电路闭合即可产生感应电流。线圈中 aa′，bb′两边因不切割磁感线，则无电磁感应现象产生，所以能产生感应电流的 ab，b′a′两边称为有效边。

图 6-2(b)为转动线圈 abb′a′的截面图。设线圈起始时刻所在位置与中性面 OO'（即线圈

转动过程中不产生感应电动势的平面)的夹角为 ϕ_0,在 t 时刻,线圈 ab 以角速度 ω 旋转到与中性面夹角为 $\alpha(\omega t+\phi_0)$ 位置。设定子磁场磁感应强度为 B,线圈有效边 ab,b′a′长度分别为 L,则在 ab 中因切割磁感线所产生的感应电动势为

$$e_{ab}=BLv\sin(\omega t+\phi_0)$$

同理在有效边 a′b′中产生的感应电动势为

$$e_{a'b'}=BLv\sin(\omega t+\phi_0)$$

因线圈的 2 个有效边 ab,a′b′通过 bb′串联,则线圈中总感应电动势为

$$e=e_{ab}+e_{a'b'}=2BLv\sin(\omega t+\phi_0)=E_m\sin(\omega t+\phi_0) \tag{6-1}$$

式中,$E_m=2BLv$ 为感应电动势最大值,又名振幅或幅值。

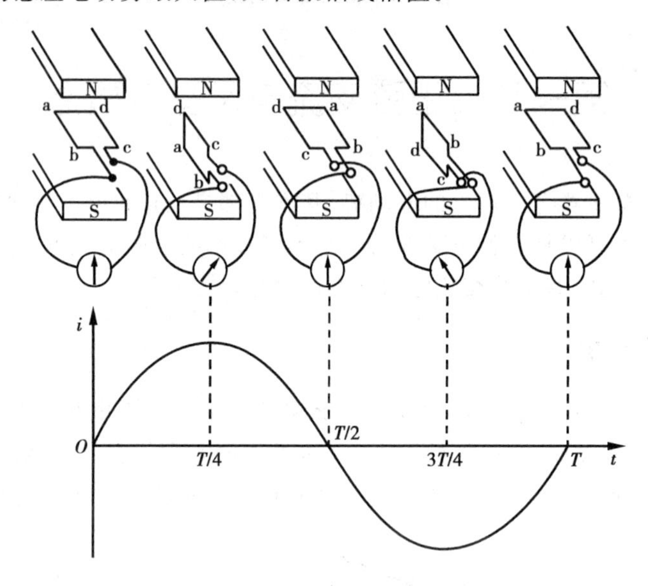

图 6-3　正弦交流电变化规律

从式(6-1)中可以看出,该发电机发出的是正弦交变电动势,其变化规律如图 6-3 的曲线所示。该曲线表明了正弦交流电的 3 个特点:

(1)瞬时性:在一个周期内,不同时间瞬时值均不相同;

(2)周期性:每隔一相同时间间隔,曲线将重复变化;

(3)规律性:始终按正弦函数规律变化,所以图 6-3 所示波形又称正弦波。

二、正弦交流电的三要素

能描述某一时刻正弦交流电确切状态的相关量称为正弦交流电的要素。在理论上,最大值、频率(或角频率,周期)、初相位 3 个量即可确切表述正弦交流电在某一时刻的状态,所以这 3 个量称为正弦交流电三要素。

1. 最大值、有效值与平均值

式(6-1)中的 $E_m=2BLv$ 为感应电动势最大值,对应着图 6-3 所示波形图的 $\frac{T}{4}$ 时刻的状态,在反方向于 $\frac{3T}{4}$ 处又出现负最大值。本书中电流、电压、电动势最大值分别用 I_m,U_m,E_m 表示。

有效值是与直流电相比从能量角度引出的电学量。它表示1个直流电流与1个交流电流分别通过阻值相等的电阻R,在相同的通电时间内若电阻R上所产生的热量相等,此时该直流电的数值即称为交流电的有效值。在本书中电流、电压、电动势等有效值用大写字母 I,U,E 表示。理论和实践均可证明,有效值与最大值的关系为

$$\left.\begin{aligned} I &= \frac{I_m}{\sqrt{2}} = 0.707I_m \\ U &= \frac{U_m}{\sqrt{2}} = 0.707U_m \\ E &= \frac{E_m}{\sqrt{2}} = 0.707E_m \end{aligned}\right\} \tag{6-2}$$

在实际应用中,凡未作特殊说明时所用的电流、电压、电动势的值,均指有效值。如常使用的220 V照明电压,380 V的动力电压,电机电器铭牌所标电流、电压以及电流表、电压表所测数据,均指有效值。

正弦交流电在半个周期内,在同一方向通过导体横截面的电流与半个周期时间之比值称为正弦交流电在该半个周期的平均值。用符号 I_{pj},U_{pj},E_{pj} 表示。

理论证明,平均值与最大值关系为

$$I_{pj} = \frac{2}{\pi}I_m = 0.637I_m$$

$$U_{pj} = \frac{2}{\pi}U_m = 0.637U_m$$

$$E_{pj} = \frac{2}{\pi}E_m = 0.637E_m$$

即正弦交流电的平均值为最大值的0.637倍。

【例6-1】 某一正弦交流电在 $t=0$ 时刻,其瞬时值为 $i(0)=2$ A,设初相位为 $\frac{\pi}{4}$,试求其最大值和有效值。

解:根据正弦交流电瞬时值表达式

$i=I_m\sin(\omega t+\phi_0)$

已知 $t=0$,$i(0)=2$,$\phi_0=\frac{\pi}{4}$

有 $i(0)=I_m\sin\left(\omega\cdot 0+\frac{\pi}{4}\right)=\frac{\sqrt{2}}{2}I_m=2\text{ A}$

$$I_m = \frac{2}{\sqrt{2}}\times 2\text{ A} = 2\sqrt{2}\text{ A} = 2.82\text{ A}$$

$$I = \frac{I_m}{\sqrt{2}} = \frac{2\sqrt{2}}{\sqrt{2}}\text{ A} = 2\text{ A}$$

2.周期、频率与角频率

(1)周期:正弦交流电循环变化一周所用的时间叫周期,用 T 表示,单位为s。所谓"一周",即从图6-3所示正弦波中,电流从0(原点)→最大值($\frac{T}{4}$)→0($\frac{T}{2}$)→反方向最大值

($\frac{3}{4}T$)→0(T)的一个全过程所用的时间。这一全过程的变化正好对应着发电机电枢线圈abb′a′旋转一圈在不同位置切割磁感线产生感应电流的规律。事实上交流电总是按照这一规律周而复始地变化的。

(2)频率:正弦交流电在1s内完成循环变化的周数叫频率,用f表示,单位名称为赫兹,符号为Hz。在我国,电力用交流电频率选用50Hz,即在1s内,这种交流电可完成50个周期性的变化。这种交流电又称市电。

从周期和频率的定义可知,它们互为倒数关系,即

$$f = \frac{1}{T}$$

由上面的分析可以看出,周期和频率都是表征交流电变化快慢的量。周期越长,频率越低,则交流电变化越慢。

(3)角频率:交流电每1s所经历的电角度,叫做该交流电的角频率,用符号ω表示,单位名称为弧度每秒,符号为rad/s。

如图6-1所示,只有一只线圈一对磁极的发电机所产生的交流电$i=I_m\sin(\omega t+\phi_0)$中,$\alpha=(\omega t+\phi_0)$称为交流电的电角度,$\omega$为线圈转动的角速度。该线圈转动一周时,它所产生的交流电也完成一个周期的变化(即变化了2π rad)。即使说,ω是交流电单位时间内电角度的变化量,所以ω就是角频率。由上面分析可得出频率与角频率的关系:

$$\omega = 2\pi f = \frac{2\pi}{T} \tag{6-3}$$

式中:2π——线圈转动一周电度角的变化量,单位为rad;

T——周期,单位为s。

对于交流市电,频率为$f=50$ Hz,则有

$$T = \frac{1}{f} = 0.02\ \text{s}$$

$$\omega = 2\pi f = 2 \times 3.14\ \text{rad} \times 50\ \text{Hz} = 314\ \text{rad/s}$$

又因 1 rad=1 m/m=1

所以 $\omega=316$ rad/s$=316$ s^{-1}

因 1rad=1,因此在用弧度表角度时,rad可以省去。

【例6-2】 已知某正弦交流电$i=30\sqrt{2}\sin(100\pi t+\frac{\pi}{4})$ A,试求:(1)振幅;(2)有效值;(3)角频率;(4)频率;(5)周期。

解:从正弦交流电$i=I_m\sin(\omega t+\phi_0)=30\sqrt{2}\sin(100\pi \text{s}^{-1} t+\frac{\pi}{4})$ A可知:

(1)振幅 $I_m=30\sqrt{2}$ A$=42.6$ A

(2)有效值 $I=\frac{I_m}{\sqrt{2}}=30$ A

(3)角频率 $\omega=100\pi \text{s}^{-1}=314$ rad/s

(4)频率 $f=\frac{\omega}{2\pi}=50$ Hz

(5)周期　　$T=\frac{1}{f}=\frac{1}{50}\ \text{Hz}=0.02\ \text{s}$

3. 相位、初相位与相位差

(1)相位和初相位

在正弦交流电表达式 $i=I_m\sin(\omega t+\phi_0)$ 中可以看出，该电流在任何时刻的瞬时值均由振幅和函数值 $\sin(\omega t+\phi_0)$ 确定，而函数值的大小则视角度 $(\omega t+\phi_0)$ 而定。实际上这个角度即为发电机线圈平面在时刻 t 与中性面的夹角，我们把它称为交流电的相位或相角。由于 $(\omega t+\phi_0)$ 中含有变量 t，所以相位是随时间变化的函数。

在起始时刻 $t=0$，$(\omega t+\phi_0)=\phi_0$，叫做交流电的初相位。它对应着发电机线圈在起始时刻与中性面的夹角为 ϕ_0，反映了正弦交流电起始时刻的状态。

初相位的值与时间计算的起点选择有关，一般初相位的绝对值都用小于 π 的正角表示。对大于 π 的正角化成负角表示，大于 π 的负角则化成正角表示。

须注意的是：相位不仅能确定交流电的瞬时值的大小和方向，而且能反应出正弦量的变化趋势。当相位为 $2n\pi(n=1,2,3,\cdots)$ 时，交流电瞬时值变化到取零值的状态，此时交流电绝对值的变化趋势是从零值起逐渐增加，当相位为 $(2n\pi+\frac{\pi}{2})$ 时，交流电绝对值将变化到取最大值的状态，此后交流电的变化趋势将是逐渐减小。

(2)相位差

两个同频率交流电相位之差叫相位差，用 $\Delta\phi$ 表示。

设两同频率交流电分别为：

$$i_1=I_{m1}\sin(\omega t+\phi_{01})$$
$$i_2=I_{m2}\sin(\omega t+\phi_{02})$$

其相位差为

$$\Delta\phi=(\omega t+\phi_{01})-(\omega t+\phi_{02})=\phi_{01}-\phi_{02} \tag{6-4}$$

可见，两同频率交流电的相位差即为它们初相位之差，它与时间变化无关。在实际应用中，仍规定用小于 π 的角度来表示。

两个同频率交流电，由于初相位的不同，存在着如下 4 种情况：

①当 $\phi_{01}=\phi_{02}$ 时，相位差 $\Delta\phi=0$，两个交流电 i_1，i_2 同时为零，同时到达最大值，称 i_1，i_2 同相，如图 6-4(a)所示；

②当相位差 $\Delta\phi=180°$ 时，两正弦交流电 i_1，i_2 可同时为零，但一个为正最大值时，另一个则为负最大值，称 i_1，i_2 反相，如图 6-4(b)所示；

③当相位差 $\Delta\phi=\frac{\pi}{2}$ 时，称两正弦交流电正交，如图 6-4(c)所示；

④当 $\phi_1>\phi_2$ 时，i_1 比 i_2 先到达零值、最大值，称 i_1 超前于 i_2；反过来也称 i_2 滞后于 i_1。若 $\phi_2>\phi_1$，则情况相反。如图 6-4(d)，(e)所示。

从正弦交流电表达式和波形图可以看出，如果已知它的振幅(最大值)，频率(或角频率，或周期)及初相位 3 个条件，即可用解析式或波形图将该交流电完整地表示出来，所以振幅、频率(或角频率、周期)、初相位称为交流电的三要素。

【例 6-3】 已知两正弦电动势分别为

$$e_1=150\sin\left(100\pi\text{s}^{-1}t+\frac{\pi}{3}\right)\text{V}$$

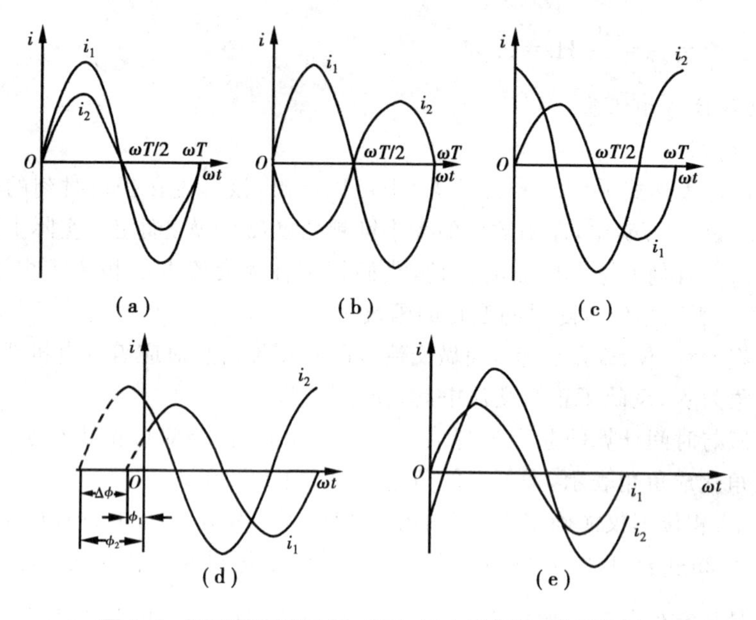

图 6-4 两正弦电流同相、反相、正交及超前、滞后波形

$$e_2 = 100\sin\left(100\pi s^{-1}t - \frac{\pi}{6}\right)V$$

求：(1)各电动势的振幅，(2)频率，(3)周期，(4)相位，(5)初相位，(6)相位差，并说明 e_1，e_2 间的超前滞后关系。

解：(1)振幅：$E_{1m}=150V$；$E_{2m}=100\ V$

(2)频率：$f=\frac{\omega}{2\pi}=\frac{100\pi s^{-1}}{2\pi}=50\ Hz$

(3)周期：$T=\frac{1}{f}=0.02\ s$

(4)相位：$\alpha_1=100\pi s^{-1}t+\frac{\pi}{3}$　　$\alpha_2=100\pi s^{-1}t-\frac{\pi}{6}$

(5)初相位：$\phi_{01}=\frac{\pi}{3}$，$\phi_{02}=-\frac{\pi}{6}$

(6)相位差：$\Delta\phi=\phi_{01}-\phi_{02}=\frac{\pi}{3}-\left(-\frac{\pi}{6}\right)=\frac{\pi}{2}$即 i_1 超前于 i_2 $\frac{\pi}{2}$，此时两正弦交流电正交。

【例 6-4】 已知交变电流、电压、电动势的解析式分别为：

$$i = 3\sqrt{2}\sin(100\pi s^{-1}t)A$$

$$u = 220\sqrt{2}\sin\left(100\pi s^{-1}t + \frac{\pi}{3}\right)V$$

$$e = 220\sqrt{2}\sin\left(100\pi s^{-1}t - \frac{\pi}{3}\right)V$$

现保持它们之间相位差不变，但以电压 u 为参考正弦量，令其初相位为零，试写出各自的解析式。

解：本题的实质是在 i，u，e 相位差不变的前提下，改变其初相位，也就是改变 3 个量初始时刻的状态，下面先分析 i，u 之间相位关系。

已知：u 超前于 i $\frac{\pi}{3}$，即 i 滞后于 u $\frac{\pi}{3}$，当 u 初相位为零时，i 初相位应为 $-\frac{\pi}{3}$。即

$$u = 220\sin(100\pi s^{-1}t)\text{V 时}$$

$$i = 3\sqrt{2}\sin\left(100\pi s^{-1}t - \frac{\pi}{3}\right)\text{A}$$

又已知，e 滞后于 i $\frac{\pi}{3}$，现在 i 又滞后于 u $\frac{\pi}{3}$，以 u 为参考正弦量时，则 e 应滞后于 $u\left(\frac{\pi}{3}+\frac{\pi}{3}\right)=\frac{2\pi}{3}$

所以有

$$e = 220\sqrt{2}\sin\left(100\pi s^{-1}t - \frac{2\pi}{3}\right)\text{V}$$

第二节　正弦交流电的表示法

凡是正弦量均可用解析法、图像法（波形图法）、相量法和复数法表示，本节将介绍应用广泛且又比较容易掌握的解析法、图像法（波形图法）和旋转相量法。

一、解析法

利用正弦函数式表示正弦交流电随时间变化关系的方法叫解析法。在电阻上正弦交流电的电流、电压、电动势分别为：

$$\left.\begin{aligned} i &= I_m\sin(\omega t + \phi_0) \\ u &= U_m\sin(\omega t + \phi_0) \\ e &= E_m\sin(\omega t + \phi_0) \end{aligned}\right\} \tag{6-5}$$

这些解析式同时表达出正弦量的三要素：振幅、频率（或角频率、周期）、初相位。已知三要素，即可求出给定时刻的瞬时值。

二、图像法（波形图法）

在平面直角坐标系中，用时间 t 或电角度 ωt 为横坐标，将与之对应的交流电流 i，电压 u 或电动势 e 为纵坐标，做出 i,u,e 随时间变化的曲线，这种方法叫图像法或波形图法。所做出的曲线即为交流电的波形图，从波形图中可直观地看出交流电的三要素：振幅、频率（角频率、周期）和初相位，如图 6-5 所示。

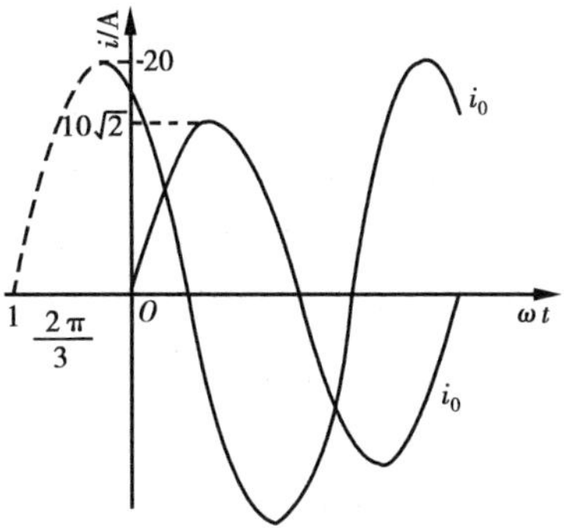

图 6-5　交流电的波形图

三、旋转相量法

在正弦量的加减运算中，无论用解析法或图像法都比较困难，而用旋转相量法却显得方便。

从力学中知道，速度和力等物理量既有方向，又有大小，叫做矢量，可以用几何加减法则

(平行四边形法则)进行运算。这种有明确方向的矢量称为空间矢量。而旋转矢量与空间矢量不同,它是相位随时间变化的矢量,并不要求具备明确的方向,它的加减同样遵循平行四边形法则,所以称它为时间矢量;由于它不要求明确的方向,多称它为旋转相量。

用旋转相量表示正弦交流电方法如下:在平面直角坐标系内,以坐标原点为起点做一有向线段,线段的长度与正弦量的振幅 E_m 成正比,旋转相量起始位置与 x 轴的夹角为正弦量的初相位 ϕ_0。规定相量在反时针方向上旋转的角速度为 ω,在任何时刻该线段与 x 轴的夹角均为此正弦交流电的相位角($\omega t+\phi_0$),该相量任一时刻在 y 轴上的投影 $e=E_m\sin(\omega t+\phi_0)$ 即为此时刻交流电的瞬时值。所以旋转相量既能表示正弦量的三要素,又能求出任何时刻的瞬时值,在正弦交流电的分析计算中,应用极为广泛。为了与空间矢量区别,旋转相量最大值用 $\dot{I}_m$,$\dot{U}_m$,$\dot{E}_m$ 表示,有效值用 $\dot{I}$,$\dot{U}$,$\dot{E}$ 表示。

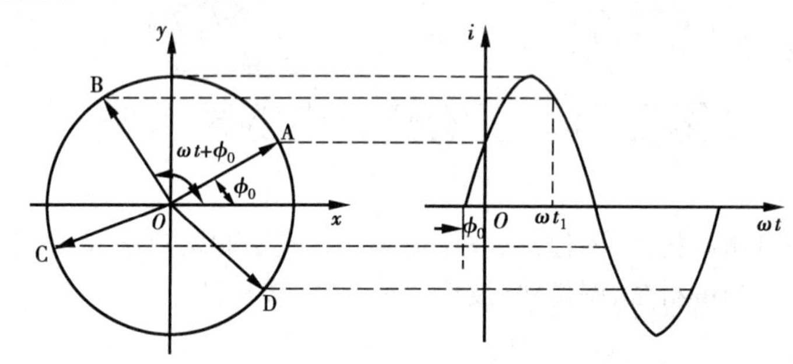

图 6-6 正弦量的旋转相量表示法

几个同频率正弦量的旋转相量画在同一直角坐标系中,由于频率相同,它们沿逆时针方向旋转的角速度相等,各旋转相量之间的相对位置(即相位差)不变,旋转相量间处于相对静止。所以旋转相量可当作静止状态来分析计算,其相量图做法如下:

第一步,用虚线表示图中的基准线,即 x 轴;

第二步,确定出有向线段长度的比例单位;

第三步,从原点 O 出发,有几个正弦量就做出几条有向线段,它们与基准线的夹角分别为各自的初相角,逆时针方向的角度为正,顺时针方向的角度为负;

第四步,在上述射线上按规定单位长度及各自的比例取线段,使各自的长度符合瞬时值表达式中的最大值(或有效值),并在线段末端加箭头。

旋转相量遵从矢量运算规律,但在正弦量的加减运算中,必须是同频率的正弦量方能进行。先在平面直角坐标系中做出与正弦量相对应的旋转相量,再用平行四边形法则求和。和的长度表示了正弦量和的最大值(原旋转相量为最大值)或有效值(原旋转相量为有效值)。和相量与 x 轴正方向的夹角为和相量的初相位,和相量的角频率不变。

旋转相量法除可以求旋转相量之和外,还可求两旋转相量之差。其方法是将减数相量的负值(即它的反方向旋转相量)与被减数旋转相量用平行四边形法则求和。

【例 6-5】 已知 $i_1=5.2\sin\left(\omega t+\frac{\pi}{4}\right)$ A,$i_2=3\sin\left(\omega t-\frac{\pi}{4}\right)$ A,试做出它们的旋转相量图并求二者之和。

解:(1)做 i_1,i_2 旋转相量如图 6-7 所示。

a. 用虚线做出 Ox 基准线;

b. 确定比例单位长，一单位表示 2 A；

c. 从 O 点出发做两条射线，使它们与 Ox 轴的夹角分别为$\frac{\pi}{4}$，$-\frac{\pi}{4}$；

d. 在射线 OA 上取 2.6 个单位长，在射线 OB 上取 1.5 个单位长，标上各自的箭头，由此得出各自的振幅 I_{1m}，I_{2m}。

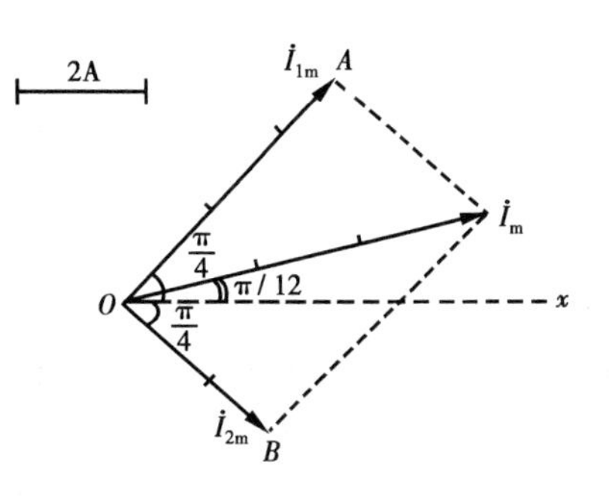

图 6-7

(2)求和：

为求 $\dot{I}_m=\dot{I}_{1m}+\dot{I}_{2m}$，在上述相量图中以 $\dot{I}_{1m}$和 $\dot{I}_{2m}$ 为邻边做平行四边形 $OI_{2m}I_mI_{1m}$。

在$\triangle OI_{2m}I_m$中，已知 $I_{1m}=5.2$ A，$I_{2m}=3$ A

$$I_m=\sqrt{(I_{1m})^2+(I_{2m})^2}=\sqrt{(5.2\text{A})^2+(3\text{A})^2}=6\text{ A}$$

$I_m=6$A，为和相量最大值。

因　$\angle I_{1m}OI_{2m}=\frac{\pi}{4}-\left(-\frac{\pi}{4}\right)=\frac{\pi}{2}$

故　$\triangle OI_{1m}I_m$为直角三角形

因　$I_{1m}I_m=3$，$OI_m=6$

故　$\angle I_{1m}OI_m=30°$

I_m初相位为$\angle I_mOx=\frac{\pi}{4}-\frac{\pi}{6}=\frac{\pi}{12}$

则 i_1，i_2 和的瞬时值表达式为：

$$i=6\sin\left(\omega t+\frac{\pi}{12}\right)\text{ A}$$

【例 6-6】　已知交变电动势 $e_1=36\sqrt{2}\sin\left(\omega t-\frac{\pi}{2}\right)$ V，$e_2=36\sqrt{2}\sin\omega t$ V，试求两电动势之差$e=e_2-e_1$。

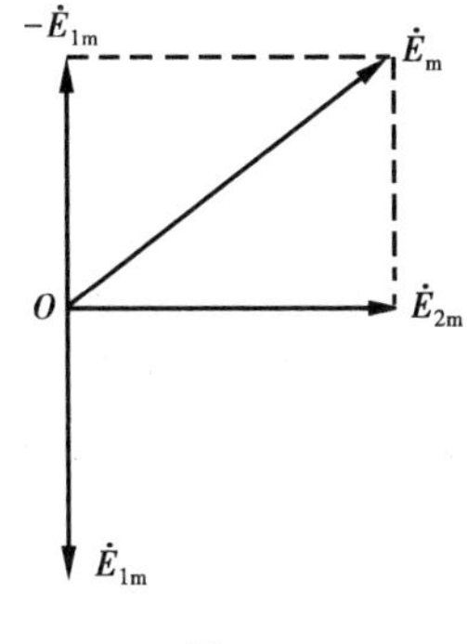

图 6-8

解：用 e_1，e_2 的振幅做旋转相量如图 6-8 所示。

用平行四边形法则求 $\dot{E}_m=\dot{E}_{2m}-\dot{E}_{1m}$即为求 $\dot{E}_{2m}$与$(-\dot{E}_{1m})$之相量和。

$\dot{E}_m=\dot{E}_{2m}+(-\dot{E}_{1m})$得正方形 $OE_{2m}E_mE_{1m}$。

$\dot{E}_{2m}+(-\dot{E}_{1m})$的绝对值为

$$E_m=\sqrt{E_{2m}^2+(-E_{1m})^2}=\sqrt{2\,592\text{ V}^2+2\,592\text{ V}^2}=72\text{ V}$$

因　四边形 $OE_{2m}E_mE_{1m}$为正方形，$\angle E_mOE_{2m}=\frac{\pi}{4}$

故　和相量 E_m初相位为$\frac{\pi}{4}$

则 e_2，e_1 两电动势之差的瞬时值表达式为

$$e=72\sin\left(\omega t+\frac{\pi}{4}\right)\text{ V}$$

第三节　纯电阻电路

在日常生活中，我们所接触到的白炽灯泡、电炉、电烙铁、电熨斗等的发热元件都是由电阻材料制成的，其电感小到可忽略不计。这类以电阻起决定作用，而电感、电容的影响可忽略的交流电路，称为纯电阻电路。这种只有一个元件参数的交流电路称为单一参数交流电路。

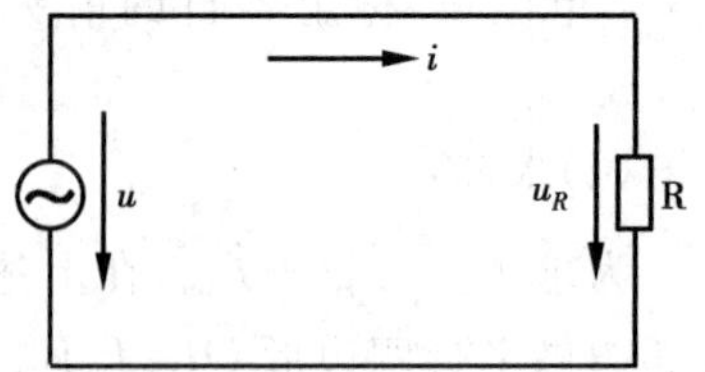

图 6-9　纯电阻电路

一、电流、电压间的数量关系

在图 6-9 所示的纯电阻电路中，串入交流电流表，电阻上并联交流电压表，用低频信号源提供交流电压，连接成如图 6-10(a)所示的实验电路，使低频信号源频率不变，逐次调大其输出信号强度。可以看出，当电压表读数升高时，电流表读数成比例升高。通过计算可知，它们的比值等于电阻值。

改变低频信号源频率，重做上述实验，仍然遵从此规律。

即

$$R = \frac{U}{I} \text{ 或 } I = \frac{U}{R} \tag{6-6}$$

将两边同乘$\sqrt{2}$，则有

$$\sqrt{2}I = \sqrt{2}\frac{U}{R}$$

即

$$I_m = \frac{U_m}{R} \tag{6-7}$$

可见，纯电阻电路中电流、电压的有效值和最大值均满足欧姆定律。

二、电流、电压间的相位关系

实验仍用图 6-10(a)所示电路，只是电流表与电压表分别换成零刻度在中间位置的演示电流表和演示电压表如图 6-10(b)所示，调节低频信号源使其输出 5 Hz 左右的正弦交流信号，观察电流表和电压表指针的偏转情况，可以发现，这两只表指针是同步偏转的，即它们同时为零，也同时到最大值。可见，在纯电阻电路中，电流与电压同相，它们的相位差为零。即

$$\Delta\phi = \phi_{01} - \phi_{02} = 0$$

此时流过电阻 R 电流瞬时值表达式应为

$$i = I_m \sin\omega t \tag{6-8}$$

由于 u_R 与 i 同相位，则 R 两端电压瞬时值为

$$u_R = U_m \sin\omega t = I_m R \sin\omega t \tag{6-9}$$

由此可做出纯电阻电路电流、电压的波形图与相量图如图 6-11 所示。

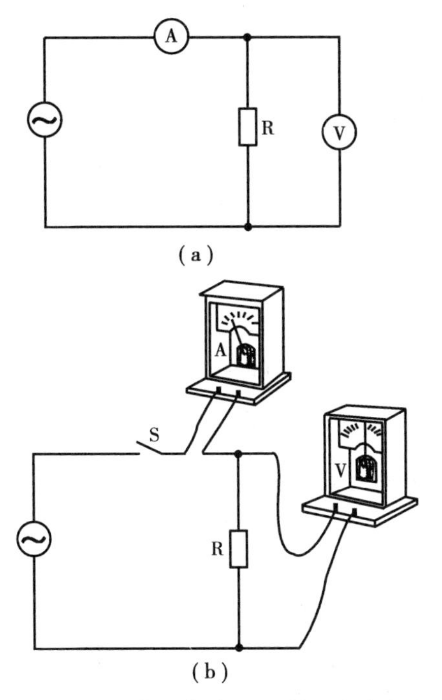

图 6-10　纯电阻电路 i—u 关系实验电路

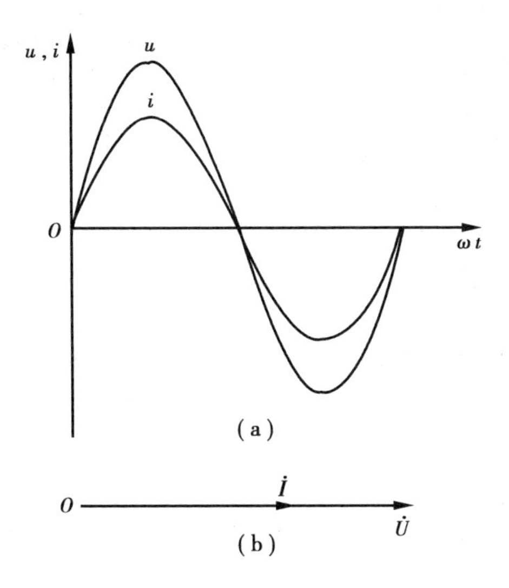

图 6-11　纯电阻电路波形图和相量图

由于 i,u_R 同相,则电压瞬时值和电流瞬时值亦服从欧姆定律。

$$u_R = U_m \sin(\omega t + \phi_0) = I_m R \sin(\omega t + \phi_0) \tag{6-10}$$

$$i = \frac{u}{R} = \frac{I_m R}{R} \sin(\omega t + \phi_0) = I_m \sin(\omega t + \phi_0) \tag{6-11}$$

三、纯电阻电路的功率

交变电流通过电阻时要产生热量，消耗一定的功率。在电阻上由于电流、电压都随时间变化，所以它所消耗的功率也随时间变化。电阻上某一时刻所消耗的功率称为瞬时功率，它等于电流瞬时值与电压瞬时值之积。

即　　$p=iu$

因　　$i=I_m\sin\omega t$

　　　$u=U_m\sin\omega t$

则　　$p=I_m\sin\omega t U_m\sin\omega t=I_mU_m\sin^2\omega t=$

$$\sqrt{2}U_R\cdot\sqrt{2}I_R\,\frac{1-\cos2\omega t}{2}=U_RI-U_RI\cos2\omega t=U_RI(1-\cos2\omega t)\qquad(6\text{-}12)$$

根据式(6-12)做出瞬时功率曲线如图 6-12 所示，可以看出瞬时功率仍随时间做周期性变化。变化的频率为电流、电压的 2 倍。图 6-12 的阴影面积即为有功功率，由于此时电流、电压同相，从解析式和波形图均可看出，瞬时功率总是正值。因电阻是耗能元件，电源供给它的电能转换成了随时间变化的热能，该功率系有功功率。由于电阻上的功率随时间不断变化，计算困难，为了便于对功率的分析计算，我们引入了平均功率的概念。瞬时功率在 1 个周期内的平均值称为平均功率，用大写字母“P”表示。

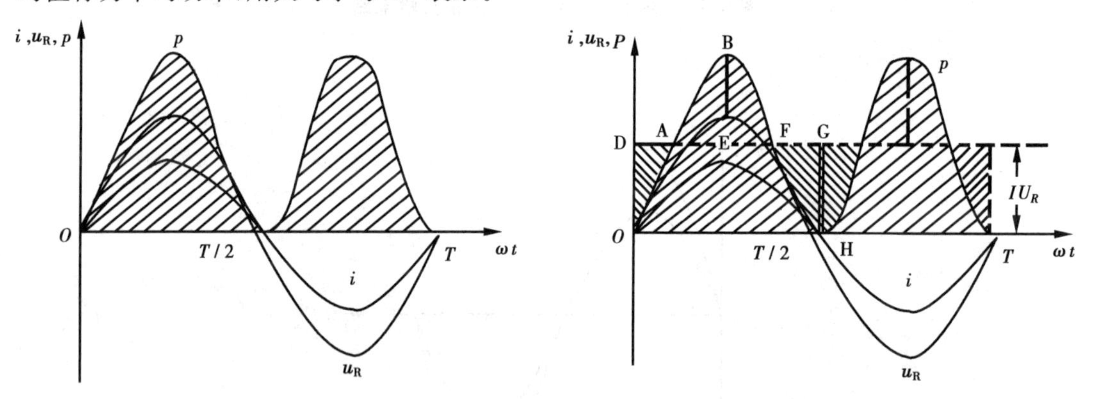

图 6-12　纯电阻电路瞬时功率曲线　　　　图 6-13　纯电阻电路的平均功率

在式(6-12)中，当 $2\omega t=0$ 时，$P=0$；$2\omega t=\pi$ 时，$P=2U_RI$。所以 $P=(U_RI-U_RI\cos2\omega t)$的最大值是 $2U_RI$，最小值是 0。从图 6-13 中可以看出，平均功率是瞬时功率的平均高度，也就是瞬时功率最大值的一半。这可以用割补法加以证明：ABE 与 AOD 面积相等，BEF 与 FHG 面积相等；对它们分别进行割补，即可得矩形面积 OHGD，即交流电半个周期的平均功率。同理也可得另一半周期的平均功率。

从图 6-13 可知

$$P=\frac{1}{2}p_m=\frac{1}{2}(2U_RI)=U_RI=I^2R=\frac{U_R^2}{R}\qquad(6\text{-}13)$$

式(6-13)说明：纯电阻电路平均功率等于电压有效值和电流有效值之积，P，U_R，R 之间的关系满足直流功率的运算关系。

从上面的讨论中可归纳出纯电阻电路的如下特点：

(1)电流、电压在数值关系上，最大值、有效值、瞬时值均满足欧姆定律；

(2)电流、电压频率相同,相位相同;

(3)因电阻是耗能元件,电路所消耗的功率全为有功功率,且满足直流功率运算关系。

【例 6-7】 有1把220 V,500 W的电熨斗,加在电熨斗电阻丝两端电压为$u=220\sqrt{2}\ \mathrm{V}\sin 314\mathrm{s}^{-1}t$,求此交流电的频率,通过电阻丝的电流有效值和电阻丝热态电阻,写出电流瞬时值表达式。

解:已知电阻丝两端电压瞬时值为

$$U_{\mathrm{R}}=220\sqrt{2}\ \mathrm{V}\sin 314\mathrm{s}^{-1}t$$

与标准式$U_{\mathrm{R}}=U_{\mathrm{m}}\sin\omega t$比较得

$$U_{\mathrm{m}}=220\sqrt{2}\ \mathrm{V}$$

$$\omega=314\mathrm{rad/s}$$

该交流电频率为

$$f=\frac{\omega}{2\pi}=\frac{314\ \mathrm{s}^{-1}}{2\times 3.14}=50\ \mathrm{Hz}$$

电阻丝电流有效值为

$$I=\frac{P}{U_{\mathrm{R}}}=\frac{500\ \mathrm{W}}{220\ \Omega}\approx 2.3\ \mathrm{A}$$

电阻丝热态电阻为

$$R=\frac{U_{\mathrm{R}}}{I}=\frac{220\ \mathrm{V}}{2.3\ \mathrm{A}}\approx 95.7\ \Omega$$

电流瞬时值表达式为

$$i=2.3\sqrt{2}\ \mathrm{A}\sin 314\mathrm{s}^{-1}t$$

第四节　纯电感电路

正弦交流电通过电感线圈时,将产生自感电动势。根据楞茨定律,这个电动势总是要阻碍交变电流的变化。当线圈的电阻和分布电容与电感量相比可以忽略不计时,我们把这种线圈接于交流电源上所组成的电路称为纯电感电路,如图6-14所示。

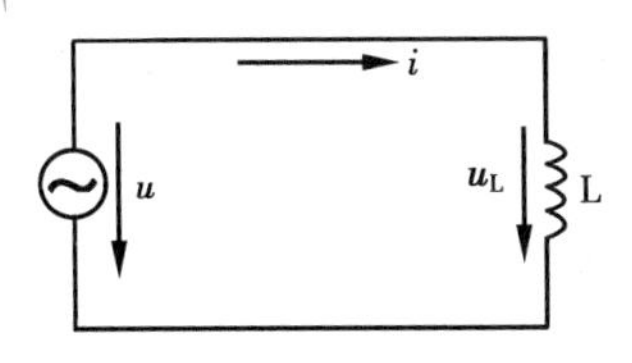

图6-14　纯电感电路

一、电流、电压间的数量关系

用图6-15所示的简单实验来验证纯电感电路电流电压间的数量关系。将交流电流表串入电路,用交流电压表与线圈并联,将超低频信号源频率设定,当改变信号源输出电压值时,从电压表和电流表的参数看出,电流与电压成正比,即

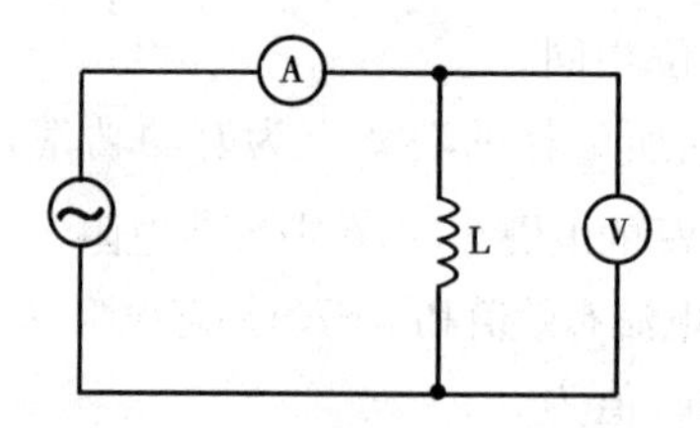

图 6-15　纯电感电路 i—u_L 数量关系实验原理图

$$U_L = X_L \cdot I \tag{6-14}$$

若将等式两边同乘以$\sqrt{2}$，得

$$U_m = X_L \cdot I_m \tag{6-15}$$

式中：X_L——线圈的感抗，单位名称是欧[姆]，符号为 Ω。

式(6-14)和式(6-15)称纯电感电路的欧姆定律，也就是说，它们的有效值、最大值满足欧姆定律。

X_L 叫做感抗，它对交流电流有阻碍作用，在这方面与电阻 R 相似。但它们又有本质区别：电阻在阻碍电流时要消耗电流的功率，而感抗只表示线圈所产生的自感电动势要阻碍交变电流的变化，呈现出阻碍作用，但不消耗功率。感抗只在交流电路中才有意义。

从自感电动势的公式 $e=-L\dfrac{\Delta I}{\Delta t}$可以看出，线圈 L 越大，产生的自感电动势越大，对交流电的阻碍作用越强；交流电频率越高，则电流变化率$\dfrac{\Delta I}{\Delta t}$越大，自感电动势越强，对交流电阻碍作用也越大，所以感抗与交流电频率和线圈电感量成正比，即

$$X_L = \omega L = 2\pi f L \tag{6-16}$$

对于直流电流，因 $f=0$，则感抗 $X_L=0$，即感抗对直流电无阻碍作用，所以纯电感线圈对直流电处于短路状态。线圈的这种“通直流，阻交流”的作用广泛用于电工和电子技术中。

二、电流、电压间的相位关系

实验电路仍用图 6-15，电压表和电流表均换用 0 刻度在中间的指针式演示电流计(与纯电阻电路实验相似)，调节超低频信号源，使其向电路输出 5 Hz 左右的交流电信号，其强度以交流电压表和电流表指针偏转明显、便于观察为度。开启信号源后，电压表和电流表指针的变化遵从如下规律：当电压表指针偏转到左边最大时，电流表指针位于中间零位，当电压表指针由左边最大值回到中间零位时，电流表指针才达到左边最大值。同理，当电压表指针由中间零位偏转到右边最大值时，电流表才从左边最大值回到中间零位。由此可以看出：在纯电感电路中，电流总是滞后于电压$\dfrac{\pi}{2}$；或者说，电压超前于电流$\dfrac{\pi}{2}$，所以该电路中由于电流、电压相位不同，它们之间的瞬时值不满足欧姆定律。其电流、电压、自感电动势相位关系的波形图与相量图如图 6-16 所示。

在图 6-16 中，电感线圈两端加上交流电压 U_L，线圈中将有交流电流通过，由电磁感应定律可知，线圈中将产生自感电动势 $e_L=-L\Delta i/\Delta t$ 阻碍交流电流的变化，为使电流通过线圈，u_L 与 e_L 应处于“平衡”状态，即它们的大小相等，相位相反(相位差为 π)。其解析式为

$$
\left.\begin{aligned}
i &= I_{\mathrm{m}}\sin\omega t \\
u_{\mathrm{L}} &= U_{\mathrm{Lm}}\sin\left(\omega t+\frac{\pi}{2}\right) \\
e_{\mathrm{L}} &= E_{\mathrm{Lm}}\sin\left(\omega t-\frac{\pi}{2}\right)
\end{aligned}\right\} \tag{6-17}
$$

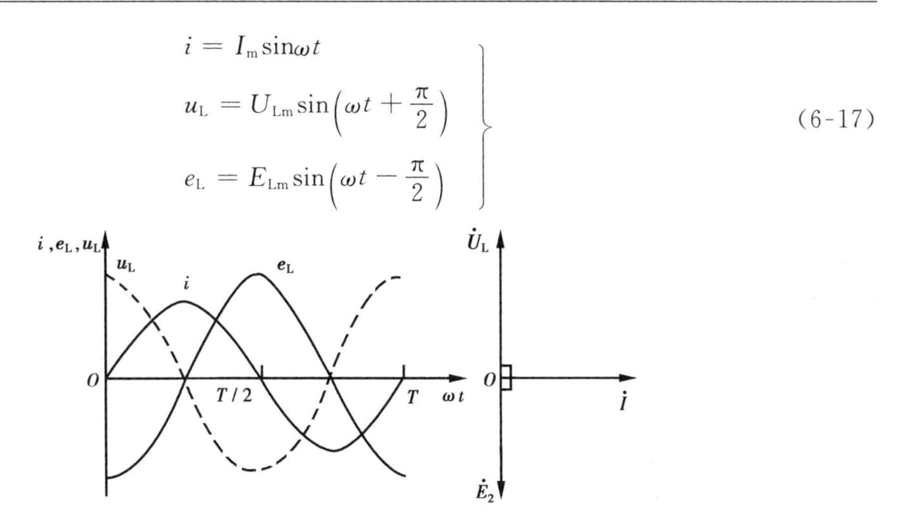

图 6-16　纯电感电路波形图和相量图

三、纯电感电路的功率

根据功率的定义，纯电感电路的瞬时功率等于电流瞬时值与电压瞬时值之积：

$$p = iu_{\mathrm{L}}$$

因

$$i=I_{\mathrm{m}}\sin\omega t$$

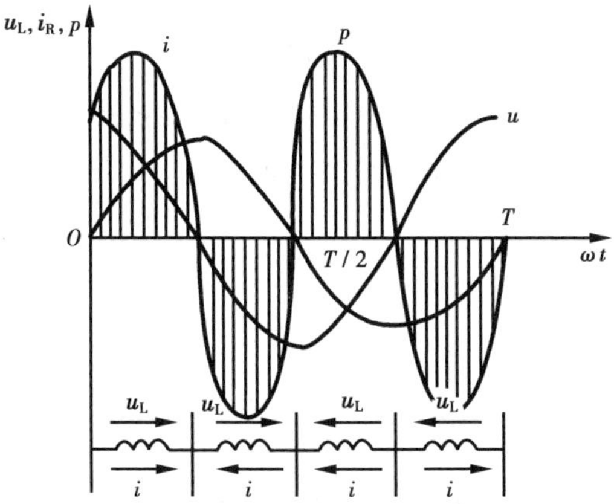

$$u_{\mathrm{L}}=U_{\mathrm{Lm}}\sin\left(\omega t+\frac{\pi}{2}\right)=U_{\mathrm{Lm}}\cos\omega t$$

则

$$
\begin{aligned}
p &= iu_{\mathrm{L}} = I_{\mathrm{m}}\sin\omega t\cdot U_{\mathrm{Lm}}\cos\omega t = \\
&\sqrt{2}I\sin\omega t\cdot\sqrt{2}U_{\mathrm{L}}\cos\omega t = \\
&UI\cdot 2\sin\omega t\cdot\cos\omega t = \\
&U_{\mathrm{L}}I\sin 2\omega t
\end{aligned} \tag{6-18}
$$

图 6-17　纯电感电路的功率曲线

从式(6-18)可以看出：瞬时功率仍按正弦规律变化，不同的是它的变化频率提高了 1 倍，增加到电源频率的 2 倍，振幅为 $U_{\mathrm{L}}I$，其波形如图 6-17 所示。从功率曲线可以看出：交流电的 1 个周期内，在横轴的正负 2 个方向，用竖直细线表示的阴影面积相等，正、负相加的平均功率为 0，即纯电感电路有功功率为 0，说明它并不消耗功率。

在 $0\sim\frac{T}{4}$的时间间隔内，u_{L}，i 均为正，$p=iu_{\mathrm{L}}$ 为正，功率曲线位于横轴上方。这时电感线圈从电源中吸取能量转换成磁场能贮存在线圈内。在$\frac{T}{4}\sim\frac{T}{2}$时间间隔内，$i$ 为正值，u_{L} 为负值，其乘积 $p=iu_{\mathrm{L}}$ 为负，功率曲线在横轴下方，这时电磁线圈将贮存的磁场能转换为电能释放回电源。在$\frac{T}{2}\sim\frac{3T}{4}$时间间隔内，$i$ 为负值，u_{L} 也为负值，其乘积 $p=iu_{\mathrm{L}}$ 为正，功率曲线位于横轴上方，这时电感线圈又从电源中吸取能量转化成磁场能贮存在线圈中。$\frac{3T}{4}\sim T$ 时间间隔内，i 为负值，u_L 为正值，乘积 $p=iu_L$ 为负，功率曲线位于横轴下方，电感线圈又将贮存的磁场能转化为电能释放回电源。可见，在交流电的一个周期内，线圈两次向电源吸取能量，又两次将这些能量释放回电源，完成电能与磁场能的两次交换；但作为电感线圈本身并不消耗能量，所以在一个周期内平均功率（有功功率）为零。

为了量度电感线圈随时间在电源与线圈之间进行的能量交换的大小，下面引入无功功率的概念。所谓无功功率，在数值上等于加在电感线圈两端的电压有效值 U_L 与线圈中的电流有效值 I 之积，其公式为：

$$Q=U_LI \text{ 或 } Q=I^2X_L=\frac{U_L^2}{X_L} \tag{6-19}$$

式中：Q——无功功率，单位名称是乏，符号为 var。

从上述的讨论中，可以归纳出纯电感电路的特点：

（1）电流、电压在数值关系上只有有效值、最大值遵循欧姆定律，瞬时值不遵循欧姆定律，即 $i\neq\frac{U_L}{X_L}$。

（2）电流、电压是同频率交流量，在相位上电压超前于电流 $\frac{\pi}{2}$。

（3）因电感线圈是贮能元件，电路有功功率为零，无功功率等于电压有效值与电流有效值之积。

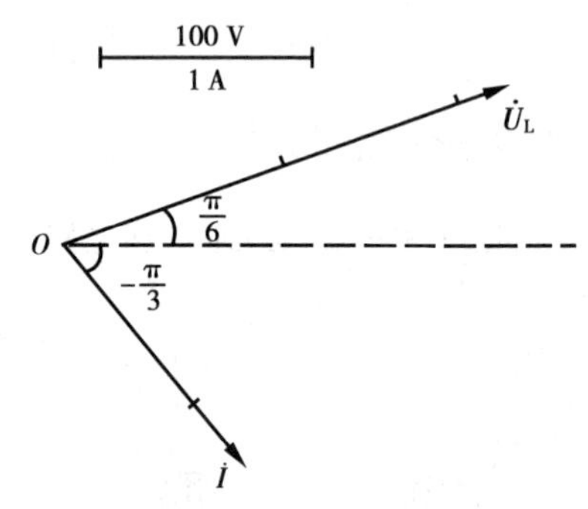

图 6-18　I—U_L 相量图

【例 6-8】 有一电阻可以忽略的电感线圈，电感 $L=0.5$ H，将它接到 $u=220\sqrt{2}\ \text{V}\sin\left(314\text{s}^{-1}t+\frac{\pi}{6}\right)$ 的交流电源上，试求：（1）线圈的感抗；（2）线圈中的电流有效值；（3）电流瞬时值表达式；（4）线圈的无功功率；（5）线圈电流电压的旋转相量图。

解：已知 $u=220\sqrt{2}\ \text{V}\sin\left(314\text{s}^{-1}t+\frac{\pi}{6}\right)$

可得：$U_m=220\sqrt{2}$ V，$U=220$ V，$\omega=314$ rad/s，$\phi_0=\frac{\pi}{6}$。

（1）线圈感抗为

$$X_L=\omega L=314\ \text{rad/s}\times0.5\ \text{H}=157\ \text{H/s}=157\ \frac{\text{V}\cdot\text{s/A}}{\text{s}}=157\ \Omega$$

（2）线圈中的电流有效值为

$$I=\frac{U}{X_L}=\frac{220\ \text{V}}{157\ \Omega}\approx1.4\ \text{A}$$

（3）欲求出电流瞬时值表达式，应先确定出电流的初相位。

因电流滞后于电压 $\frac{\pi}{2}$，即电流初相位为

$$\phi_{io}=\frac{\pi}{6}-\frac{\pi}{2}=-\frac{\pi}{3}$$

则电流瞬时值表达式为

$$i=1.4\sqrt{2}\sin\left(314\text{s}^{-1}t-\frac{\pi}{3}\right)\text{A}$$

(4)线圈无功功率为

$$Q = U_L I = 220\ \text{V} \times 1.4\ \text{A} = 308\ \text{var}$$

(5)根据电流、电压有效值和初相位，做出它们的旋转相量图如 6-18 所示。

第五节　纯电容电路

在电容器两端加上正弦交流电压后，极板上所加的电压不断变化，将引起极板电量的变化。极板电量增加，是电源对电容器充电；极板电量减少，是电容器对电源放电。由于电容器不断充放电，在接有电容器的电路中就有持续变化的电流，因而可视为电容器能让交流电通过。

在电容器的漏电电阻和分布电感与电容量相比可忽略不计时，电容器与交流电源连接所组成的电路称为纯电容电路，如图 6-19 所示。

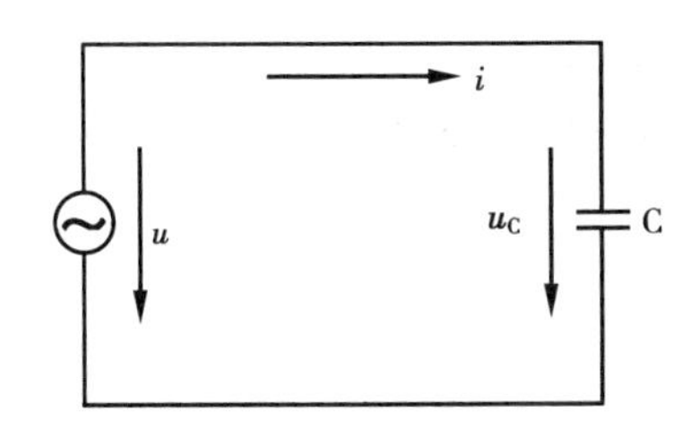

图 6-19　纯电容电路

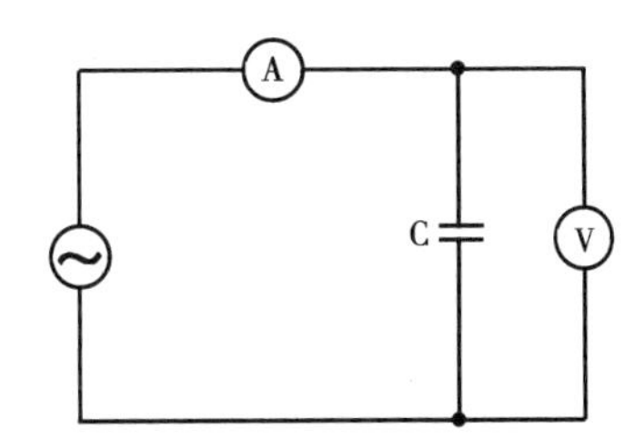

图 6-20　纯电容电路 i—u_C 关系实验电路

一、电流、电压间的数量关系

纯电容电路电流、电压间的数量关系可用图 6-20 所示实验验证。在该电路中，将超低频信号源输出信号频率固定，当改变信号源输出电压时，从电流表和电压表指针偏转角度可以看出，电压和电流成正比关系。即

$$U_C = X_C I \tag{6-20}$$

将等式两边同乘$\sqrt{2}$得

$$U_{Cm} = X_C I_m \tag{6-21}$$

式中：X_C——电容器的阻抗，简称容抗，单位名称是欧[姆]，符号为 Ω。

上两式即为纯电容电路的欧姆定律。

容抗 X_C 表示当交流电通过电容器时，电容器对电流呈现一定的阻碍作用，它与感抗一样并不消耗电源的功率，只体现出能量的交替转换。理论和实验证明，容抗与电容量成反比，与电流的频率或角频率成反比，即

$$X_C = \frac{1}{\omega C} = \frac{1}{2\pi f C} \tag{6-22}$$

应用下面的定性分析，可以进一步理解容抗的概念。设频率一定，电压大小不变时，电容器容量越大，贮存电量越多，电路中电流越大，电容器对电流阻碍作用越小，容抗越小；当外加电压和电容量一定时，电源频率越高，电容器充、放电速度越快，电荷移动速度快，电路中电流

也越大，电容器对电流阻抗作用小，容抗也小。对于直流电，频率为零，容抗为无穷大，电容器对直流视为开路。所以电容器有“隔直通交”的作用。

二、电流、电压间的相位关系

实验电路仍用图 6-20。将电流表和电压表换成零刻度在中间的指针式演示电流计(与纯电阻电路实验相似)。调节超低频信号源使其输出 5Hz 左右的交流信号，其强度以 2 只演示电流计偏转明显，便于观察为度。开启信号源，两演示电流计指针的偏转遵从如下规律：当电流表指针偏转到左边最大值时，电压表指针还位于中间零位，当电流表指针由左边最大值回到中间零位时，电压表指针才从零位偏转到左边最大值……可以看出在纯电容电路中，电流与电压相位关系为：电流超前于电压$\frac{\pi}{2}$，其波形图和相量图如图 6-21 所示。因为电流、电压不同相，所以纯电容电路中电流、电压瞬时值不满足欧姆定律。

按电容器的定义：$C=\frac{Q}{U_C}$，即 $Q=CU_C$。

由于外加电压 U_C 的变化，极板电量也跟着变化。设在 $t_1 \sim t_2$ 的时间内，电压由 $U_{C1} \to U_{C2}$，电量从 $Q_1 \to Q_2$。用 $\Delta t=t_2-t_1$，$\Delta U_C=U_{C2}-U_{C1}$，$\Delta Q=Q_2-Q_1$ 代入上式

$$\Delta Q = C\Delta U_C$$

因为 $Q=it$
$$\Delta Q=i\Delta t$$

则

$$i = C\frac{\Delta U_C}{\Delta t} \tag{6-23}$$

上式表明，纯电容电路中的电流与电容器极板间的电压变化率成正比。

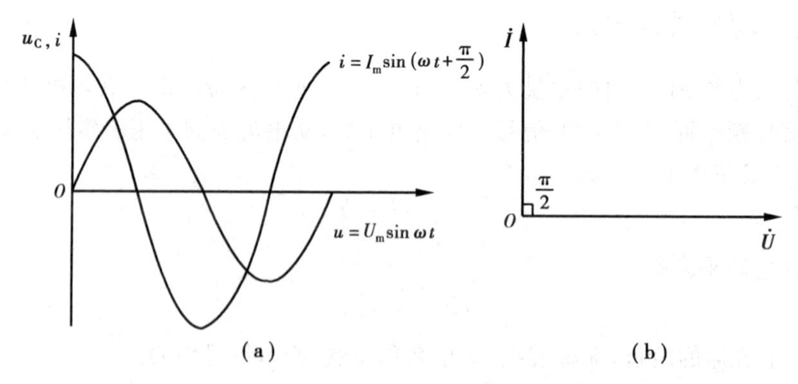

图 6-21 纯电容电路电流、电压波形图和相量图

总之，在纯电容电路中，充放电电流 i 总是要超前于电容电压$\frac{\pi}{2}$，这从图 6-21 的波形图和相量图可以直接看出。它们的瞬时值表达式为

$$\left.\begin{aligned} i &= I_m \sin\left(\omega t + \frac{\pi}{2}\right) \\ u_C &= U_m \sin\omega t \end{aligned}\right\} \tag{6-24}$$

三、纯电容电路的功率

纯电容电路的瞬时功率，等于电流瞬时值与电压瞬时值之积。即

$$p = iu_C$$

因　　$i = I_m \sin\left(\omega t + \frac{\pi}{2}\right) \qquad u_C = U_m \sin\omega t$

所以

$$\begin{aligned} p &= I_m \sin\left(\omega t + \frac{\pi}{2}\right) U_m \sin\omega t = \\ &\sqrt{2}U_C \cdot \sqrt{2}I \sin\omega t \cdot \cos\omega t = \\ &2U_C \cdot I \cdot \frac{1}{2}\sin 2\omega t = \\ &U_C I \sin 2\omega t \end{aligned} \tag{6-25}$$

从式(6-25)可以看出，纯电容电路的瞬时功率是随时间按正弦规律变化的，振幅为 $U_C I$，频率为电流频率的 2 倍。

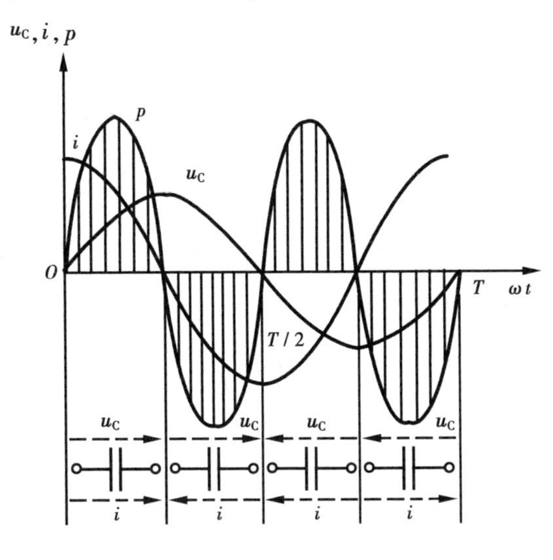

图 6-22　纯电容电路的功率曲线

从图 6-22 电容器充放电过程的曲线可以看出纯电容电路的功率。在 $0 \sim \frac{T}{4}$ 和 $\frac{T}{2} \sim \frac{3}{4}T$ 这两个 $\frac{1}{4}$ 周期内，功率曲线在横轴上方，p 为正值。这正是电容器充电，向电源吸取能量转换成电场能贮存于电容器内的过程。而在 $\frac{T}{4} \sim \frac{T}{2}$ 和 $\frac{3T}{4} \sim T$ 的 2 个 $\frac{1}{4}$ 周期内，功率曲线在横线下方，p 为负值，正是电容器放电，将电场能转换成电能释放回电源的过程。可见在电流(或电压)变化的一个周期内，电容器 2 次向电源吸取能量，又 2 次向电源释放能量，完成 2 次能量交换，对于一个理想电容器，与电感线圈一样，它本身并不消耗能量，所以在一个周期内平均功率(即有功功率)为零。

电容器同电感线圈一样，不消耗有功功率，即不是耗能元件，属贮能元件。但在贮存与释放过程中，要占用无功功率。纯电容电路无功功率在数值上等于电容电压有效值与电流有效值之积。即

$$Q_C = U_C I \tag{6-26}$$

或

$$Q_C = I^2 X_C = \frac{U_C^2}{X_C} \tag{6-27}$$

在本节的讨论中，可归纳出纯电容电路的如下特点：

(1)电流、电压在数值关系上，只有有效值、最大值满足欧姆定律，瞬时值不满足欧姆定律；

(2)电流、电压为同频率正弦量，在相位上，电压滞后于电流 $\frac{\pi}{2}$；

(3)有功功率为零,无功功率等于电压有效值与电流有效值之积。

【例 6-9】 某电容器电容 $C=100\ \mu F$,接于 $u=220\sqrt{2}\sin\left(314s^{-1}t-\frac{\pi}{4}\right)V$ 的交流电源上,试求:(1)电容器的容抗;(2)电流有效值;(3)电流瞬时值表达式;(4)电路的无功功率;(5)做出电流、电压旋转相量图。

解:已知 $u=220\sqrt{2}\sin\left(314s^{-1}t-\frac{\pi}{4}\right)V$

则 $U_{Cm}=220\sqrt{2}\ V$,$U_C=220\ V$,$\omega=314\ rad/s$,$\phi_u=-\frac{\pi}{4}$

(1)电路容抗为

$$X_C=\frac{1}{\omega C}=\frac{1}{314s^{-1}\times100\times10^{-6}\ F}=31.85\ \frac{s}{F}=$$

$$31.85\ \frac{s}{C/V}=31.85\ \frac{s}{A\cdot s/V}=31.85\ \Omega$$

(2)电流有效值为

$$I=\frac{U_C}{X_C}=\frac{220\ V}{31.85\ \Omega}\approx7\ A$$

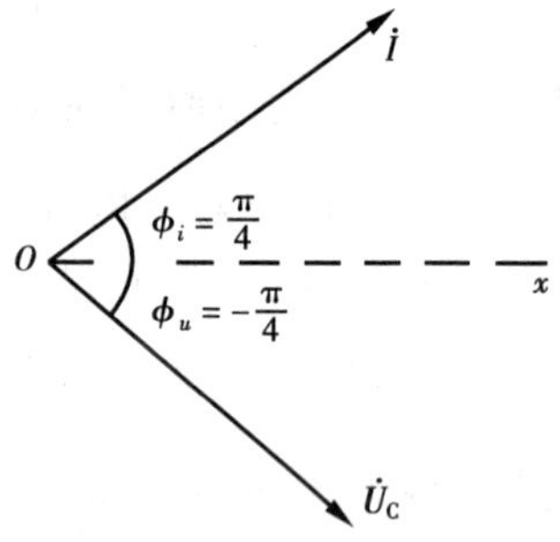

(3)为求电流瞬时值表达式,必先算出电流初相位。

因 $$\Delta\phi_0=\phi_i-\phi_u=\frac{\pi}{2}$$

即 $$\phi_i=\frac{\pi}{2}+\phi_u=\frac{\pi}{4}$$

则电流瞬时值表达式为

$$i=7\sqrt{2}\sin\left(314s^{-1}t+\frac{\pi}{4}\right)A$$

(4)电路的无功功率为

$$Q_C=U_CI=220\ V\times7\ A=1\ 540\ var$$

$\dot{I}$ O $\phi_i=\frac{\pi}{4}$ $\phi_u=-\frac{\pi}{4}$ x $\dot{U}_C$

图 6-23

(5)电流、电压旋转相量图如图 6-23 所示。

第六节　电阻、电感串联电路

实际上很多用电电路同时具备电阻和电感,也就是说,R 和 L 在很多电气线路上是无法分离的。如人们十分熟悉的日光灯线路,就是由电感线圈(镇流器)和灯管灯丝(电阻)组成的典型 RL 串联电路。它的实际电路在《电工技能与训练》中已经学习过,其等效电路如图 6-24 所示。

一、各电压间的关系

根据电流的连续性原理,在 RL 串联电路中,电流处处相等,这一特点与直流电路相同。对电压而言,在纯电阻电路中,电流、电压同相;在纯电感电路中,电压超前于电流 $\frac{\pi}{2}$。那么在

RL 串联电路中又将如何？为了讨论的方便，以正弦电流为参考量，则有

$$\left.\begin{aligned} i &= I_{\mathrm{m}}\sin\omega t \\ u_{\mathrm{R}} &= U_{\mathrm{Rm}}\sin\omega t \\ u_{\mathrm{L}} &= U_{\mathrm{Lm}}\sin\left(\omega t+\frac{\pi}{2}\right) \end{aligned}\right\} \tag{6-28}$$

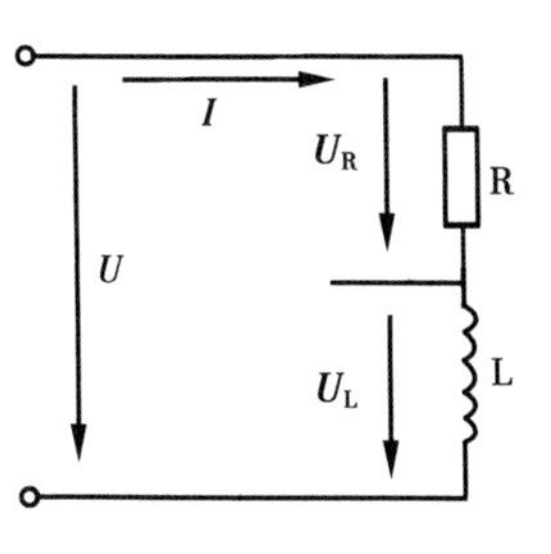

图 6-24　RL 串联电路

电路的总电压瞬时值为电阻电压瞬时值和电感电压瞬时值之和。

$$u = u_{\mathrm{R}} + u_{\mathrm{L}} \tag{6-29}$$

其对应的有效值旋转相量为

$$\dot{U}=\dot{U}_R+\dot{U}_L$$

按式(6-28)和(6-29)做出 $\dot{U}$,$\dot{U}_{\mathrm{R}}$,$\dot{U}_{\mathrm{L}}$ 相量图如图 6-25(a)所示。

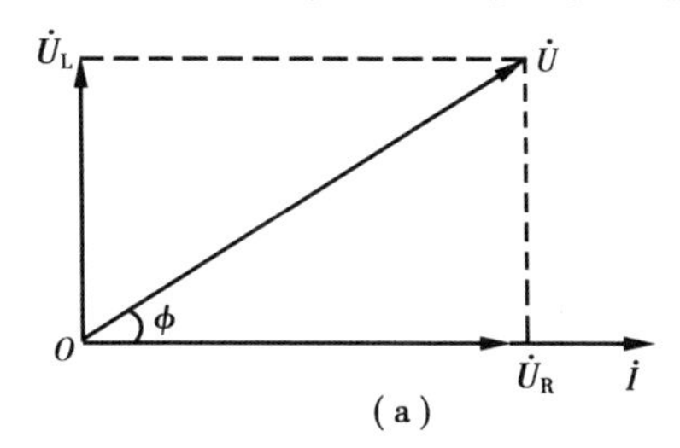

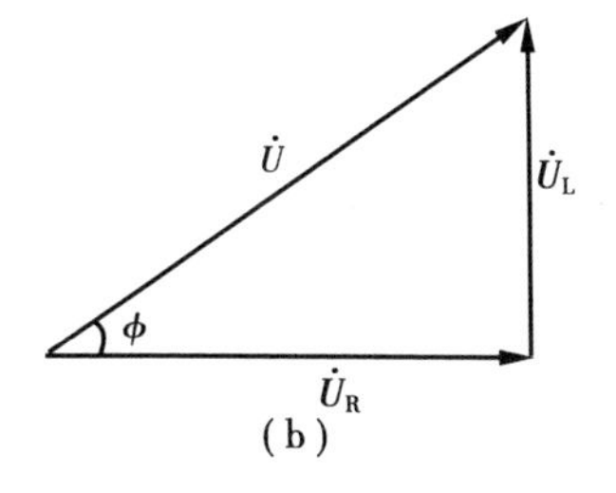

图 6-25　RL 串联电路相量图与电压三角形

从图 6-25(a)可知，$\dot{U}_{\mathrm{R}}$,$\dot{U}_{\mathrm{L}}$,$\dot{U}$ 作为三边所围成的三角形叫 RL 串联电路的电压三角形，如图 6-25(b)所示，求解该三角形，即得

$$U = \sqrt{U_{\mathrm{R}}^2 + U_{\mathrm{L}}^2} \tag{6-30}$$

$$\phi = \arctan\frac{U_{\mathrm{L}}}{U_{\mathrm{R}}} \tag{6-31}$$

$$\left.\begin{aligned} U_{\mathrm{R}} &= U\cos\phi \\ U_{\mathrm{L}} &= U\sin\phi \end{aligned}\right\} \tag{6-32}$$

式中：ϕ——总电压初相位，单位名称弧度，符号为 rad。

从式(6-31)可见，总电压超前于电流一个小于$\frac{\pi}{2}$的 ϕ 角。

二、电阻、感抗与阻抗间的关系

根据纯电阻电路和纯电感电路的欧姆定律

$$U_{\mathrm{R}} = RI \qquad U_{\mathrm{L}} = X_{\mathrm{L}}I$$

将它们代入式(6-30)中得

$$U = \sqrt{U_{\mathrm{R}}^2 + U_{\mathrm{L}}^2} = \sqrt{(IR)^2 + (IX_{\mathrm{L}})^2} = I\sqrt{R^2 + X_{\mathrm{L}}^2}$$

令

$$\left.\begin{aligned} Z &= \sqrt{R^2 + X_{\mathrm{L}}^2} \\ \phi &= \arctan\frac{X_{\mathrm{L}}}{R} \end{aligned}\right\} \tag{6-33}$$

式中：Z——阻抗，是电阻 R 和感抗 X_L 的总称。阻抗越大，对交流电的阻碍作用越强。

将电压三角形的三边同时除以电流 I，即可得电阻 R，感抗 X_L 和阻抗 Z 围成的三角形，此三角形称为 RL 串联电路的阻抗三角形，如图 6-26 所示。

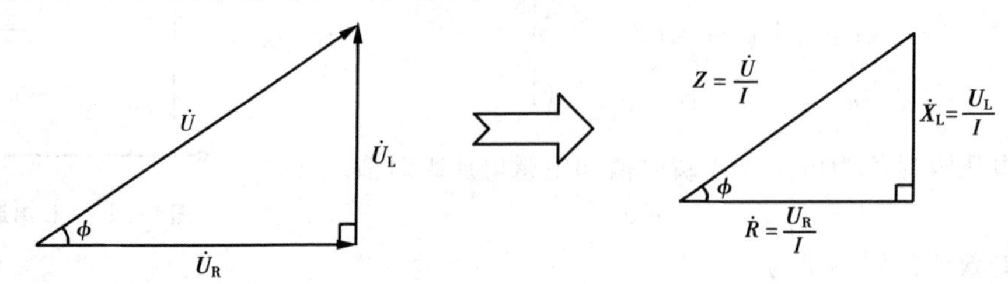

图 6-26　阻抗三角形

解此三角形可得式(6-33)和下式

$$\left.\begin{aligned}R &= Z\cos\phi \\ X_L &= Z\sin\phi\end{aligned}\right\} \tag{6-34}$$

三、RL 串联电路的功率

将电压三角形三边同时乘以电流有效值，即可得与电压三角形相似的功率三角形，如图 6-27 所示。

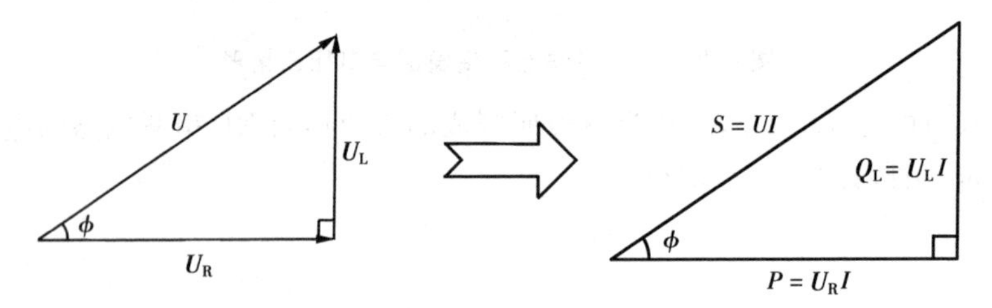

图 6-27　RL 串联电路的功率三角形

功率三角形的三边分别为 $P=IU_R$，$Q_L=IU_L$，$S=IU$，其中 P 为耗能元件电阻消耗的有功功率。Q_L 为贮能元件电感线圈上占用的无功功率。$\dot{S}=\dot{P}+\dot{Q}_L$ 为有功功率与无功功率的相量和，叫视在功率，解此三角形即得

$$\left.\begin{aligned}S &= \sqrt{P^2+Q_L^2} \\ \phi &= \arctan\frac{Q_L}{P} \\ P &= S\cos\phi \\ Q &= S\sin\phi\end{aligned}\right\} \tag{6-35}$$

式中：S——视在功率，单位名称是伏[特]·安[培]，符号为 V·A。

在 RL 串联电路中，有功功率所占比例越大，电源利用率越高，为了衡量电源利用率的高低，我们把有功功率与视在功率之比定义为功率因数，用 $\cos\phi$ 表示。即

$$\cos\phi = \frac{P}{S} \tag{6-36}$$

【例 6-10】　把一个电阻为 20 Ω，电感为 48 mH 的线圈接到 $u=220\sqrt{2}\sin\left(314\text{s}^{-1}t+\frac{\pi}{2}\right)$

V 的交流电源上，试求：(1)线圈的感抗；(2)线圈阻抗；(3)电流有效值；(4)线圈的有功功率、无功功率和视在功率；(5)功率因数。

解：已知 $u=220\sqrt{2}\sin\left(314\text{s}^{-1}t+\frac{\pi}{2}\right)$ V

$$U_m=220\sqrt{2}\ \text{V}\qquad \omega=314\ \text{rad/s}\qquad \phi_0=\frac{\pi}{2}$$

(1)线圈感抗为

$$X_L=\omega L=314\ \text{s}^{-1}\times 48\times 10^{-3}\ \text{H}\approx 15\ \Omega$$

(2)线圈的阻抗为

$$Z=\sqrt{R^2+X_L^2}=\sqrt{(20\ \Omega)^2+(15\ \Omega)^2}=25\ \Omega$$

(3)电流有效值为

$$U=\frac{U_m}{\sqrt{2}}=220\ \text{V}$$

$$I=\frac{U}{Z}=\frac{220\ \text{V}}{25\ \Omega}=8.8\ \text{A}$$

(4)有功功率、无功功率、视在功率为

$$P=RI^2=1\ 548.8\ \text{W}$$

$$Q_L=X_LI^2=1\ 161.6\ \text{var}$$

$$S=UI=1\ 936\ \text{V}\cdot\text{A}$$

(5)功率因数为

$$\cos\phi=\frac{P}{S}=0.8$$

第七节　电阻、电容串联电路

电阻、电容串联的交流电路如图 6-28 所示，它在电工和电子技术中有着广泛的应用，如阻容耦合、RC 移相、RC 振荡，下面讨论 RC 串联交流电路的特性。

一、各电压之间的关系

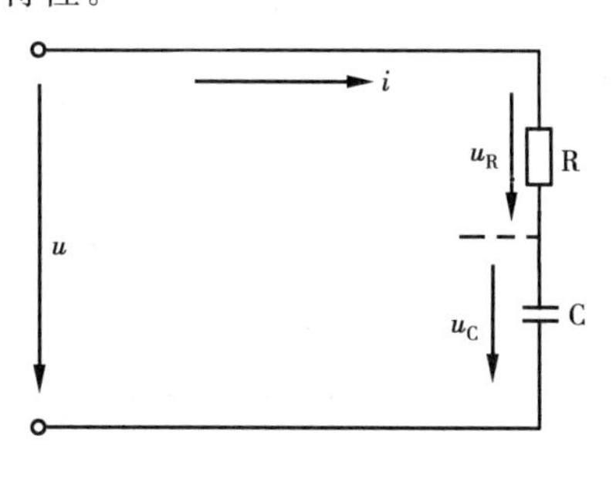

图 6-28　RC 串联电路

与 RL 串联电路一样，RC 串联电路中电流强度仍处处相等。对电压而言，在电阻上，电阻电压与电流同相；对电容而言，电容电压滞后于电流 $\frac{\pi}{2}$。我们仍以电流为参考量列出电流电压的关系式

$$\left.\begin{aligned} i&=I_m\sin\omega t\,\text{A}\\ u_R&=U_{Rm}\sin\omega t\,\text{V}\\ u_C&=U_{Cm}\sin\left(\omega t-\frac{\pi}{2}\right)\text{V}\end{aligned}\right\}\qquad(6\text{-}37)$$

电路总电压瞬时值为电阻电压瞬时值与电容电压瞬时值之和。即

$$即\ u = u_r + u_c$$

其对应的有效值旋转相量

$$\dot{U}=\dot{U}_R+\dot{U}_C \tag{6-38}$$

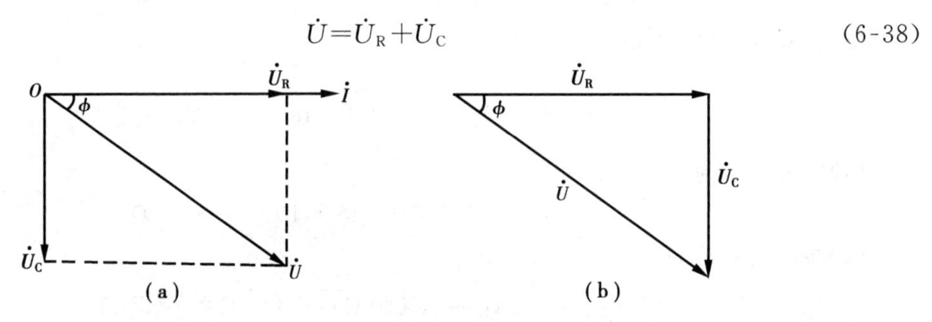

图 6-29　RC 串联电路旋转相量图和电压三角形

按式(6-37)和(6-38)做出 $\dot{U}_R$,$\dot{U}_C$,$\dot{U}$ 的旋转相量图如图 6-29(a)所示,从图中可以看出,由$\dot{U}_R$,$\dot{U}_C$,$\dot{U}$三条边所围成的三角形叫 RC 串联电路的电压三角形,如图 6-29(b)所示。求解这个电压三角形可得

$$\left.\begin{aligned} U &= \sqrt{U_R^2+U_C^2} \\ \phi &= \arctan\frac{U_C}{U_R} \\ U_R &= U\cos\phi \\ U_C &= U\sin\phi \end{aligned}\right\} \tag{6-39}$$

可见 RC 串联交流电路中,总电压滞后电流一个小于$\frac{\pi}{2}$的 ϕ 角。

二、电阻、容抗和阻抗间的关系

根据纯电阻电路和纯电容电路的欧姆定律

$$U_R = IR, \qquad U_C = IX_C$$

将它们代入式(6-39)第 1 式得

$$U = \sqrt{U_R^2+U_C^2} = \sqrt{(IR)^2+(IX_C)^2} = I\sqrt{R^2+X_C^2}$$

仍令

$$\left.\begin{aligned} Z &= \sqrt{R^2+X_C^2} \\ \phi &= \arctan\frac{IX_C}{IR} = \arctan\frac{X_C}{R} \end{aligned}\right\} \tag{6-40}$$

Z 是 RC 串联电路的阻抗,其大小取决于 R,C 及电源频率 f,ϕ 为该电路阻抗角。

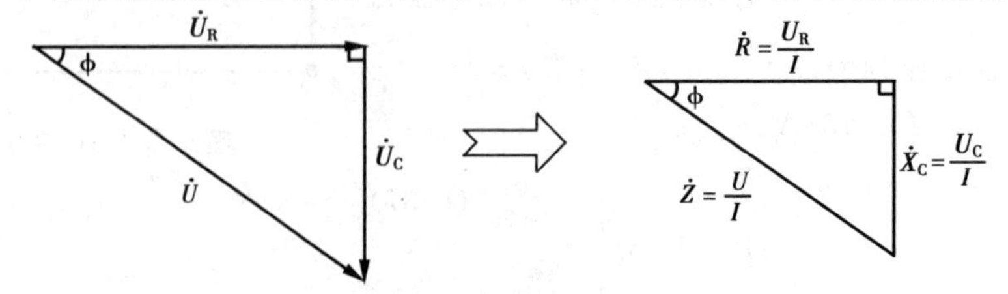

图 6-30　RC 串联电路阻抗三角形

将 R,X_C 和 Z 做三边所围成的三角形称为 RC 串联电路的阻抗三角形。它也可由电压三角形三边分别除以电流有效值获得,如图 6-30 所示。

解此阻抗三角形还可得出

$$\left.\begin{aligned} R &= Z\cos\phi \\ X_C &= Z\sin\phi \end{aligned}\right\} \tag{6-41}$$

三、*RC* 串联电路的功率

将电压三角形三边同时乘以电流有效值,即可得与电压三角形相似的功率三角形,如图 6-31 所示。

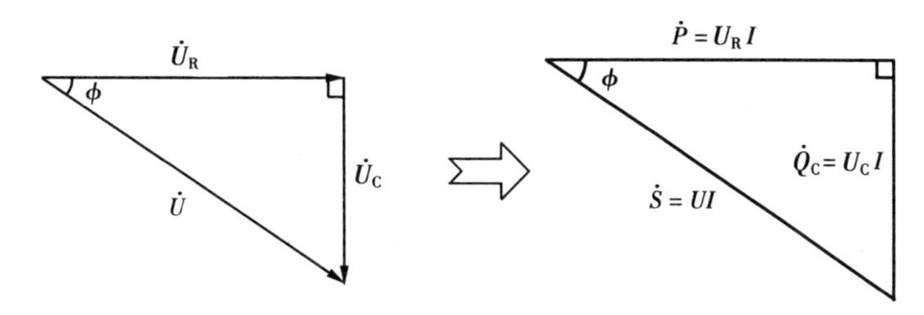

图 6-31　RC 串联电路的功率三角形

功率三角形的三边分别为:$P=IU_R$,$Q_C=IU_C$,$S=IU$。其中 P 为耗能元件 R 消耗的有功功率,Q_C 为贮能元件电容器所占用的无功功率,$\overline{S}=\overline{P}+\overline{Q}_C$ 为有功功率与无功功率的相量和,叫视在功率。解此三角形得

$$\left.\begin{aligned} S &= \sqrt{P^2+Q_C^2} \\ \phi &= \arctan\frac{Q_C}{P} \\ P &= S\cos\phi \\ Q &= S\sin\phi \end{aligned}\right\} \tag{6-42}$$

与 RL 串联电路类似,其功率因数仍定义为

$$\cos\phi = \frac{P}{S}$$

【例 6-11】 将一个阻值为 60 Ω 的电阻和电容量为 125 μF 的电容器串联后,接于 $u=110\sqrt{2}\sin\left(100\pi s^{-1}t+\frac{\pi}{2}\right)$V的交流电源上。试求:(1)电容器的容抗;(2)电路的阻抗;(3)电路中电流有效值;(4)有功功率、无功功率和视在功率;(5)功率因数。

解:由已知 $u=110\sqrt{2}\sin\left(100\pi s^{-1}t+\frac{\pi}{2}\right)$V,可得

$$U_m=110\sqrt{2}\text{V}\quad \omega=100\pi\text{rad/s}\qquad \phi_0=\frac{\pi}{2}$$

(1)电容器容抗为

$$X_C=\frac{1}{\omega C}=\frac{1}{100\pi s^{-1}\times125\times10^{-6}\text{ F}}\approx25\ \Omega$$

(2)电路的阻抗为

$$Z=\sqrt{R^2+X_C^2}=\sqrt{(60\ \Omega)^2+(25\ \Omega)^2}=65\ \Omega$$

(3)电路中电流有效值为

$$U=\frac{U_{\mathrm{m}}}{\sqrt{2}}=\frac{110\sqrt{2}\ \mathrm{V}}{\sqrt{2}}=110\ \mathrm{V}$$

$$I=\frac{U}{Z}=\frac{110\ \mathrm{V}}{65\ \Omega}\approx 1.7\ \mathrm{A}$$

(4)有功功率、无功功率和视在功率分别为

$$P=RI^{2}=(1.7\mathrm{A})^{2}\times 60\ \Omega=173.4\ \mathrm{W}$$

$$Q_{\mathrm{C}}=X_{\mathrm{C}}I^{2}=(1.7\mathrm{A})^{2}\times 25\ \Omega=72.25\ \mathrm{var}$$

$$S=\sqrt{P^{2}+Q_{\mathrm{C}}^{2}}=\sqrt{(173.4\ \mathrm{W})^{2}+(72.25\ \mathrm{var})^{2}}\approx 188\ \mathrm{V\cdot A}$$

(5)功率因数为

$$\cos\phi=\frac{P}{S}=\frac{173.4\ \mathrm{W}}{188\ \mathrm{V\cdot A}}\approx 0.92$$

第八节　电阻、电感和电容串联电路

将电阻 R,电感 L,电容 C 3 个元件串联所组成的电路,简称 RLC 串联电路,如图 6-32 所示。从前面的学习知道,在电阻上,电阻两端电压与电流同相;在电感上,电感两端电压超前于电流$\frac{\pi}{2}$;在电容上,电容两极板间电压滞后于电流$\frac{\pi}{2}$。我们仍以电流为参考量,即可归纳出各元件上瞬时值表达式

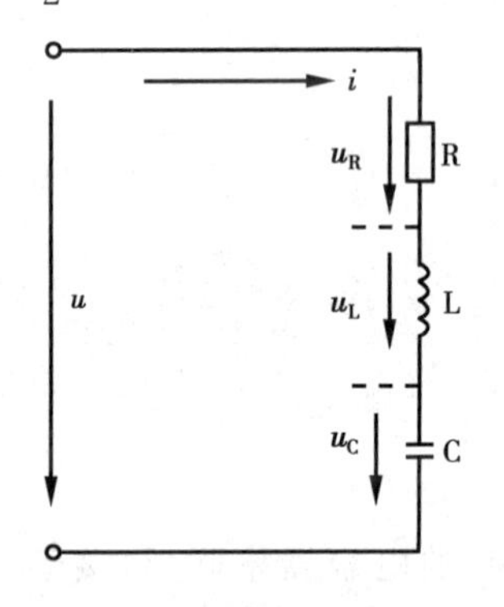

图 6-32　RLC 串联电路

$$\left.\begin{aligned} i&=I_{\mathrm{m}}\sin\omega t\\ u_{\mathrm{R}}&=U_{\mathrm{Rm}}\sin\omega t\\ u_{\mathrm{L}}&=U_{\mathrm{Lm}}\sin\left(\omega t+\frac{\pi}{2}\right)\\ u_{\mathrm{C}}&=U_{\mathrm{Cm}}\sin\left(\omega t-\frac{\pi}{2}\right)\end{aligned}\right\}\qquad(6\text{-}43)$$

由此可得出总电压瞬时值之和为

$$u=u_{\mathrm{R}}+u_{\mathrm{L}}+u_{\mathrm{C}}$$

与之对应的总电压有效值及各旋转相量间的关系为

$$\dot{U}=\dot{U}_{\mathrm{R}}+\dot{U}_{\mathrm{L}}+\dot{U}_{\mathrm{C}}$$

一、各电压间的关系

由式(6-43)可做出 $i,u_{\mathrm{R}},u_{\mathrm{L}},u_{\mathrm{C}}$ 所对应的有效值旋转相量图,并用相量加法先求 $\dot{U}_{\mathrm{L}}$ 与 $\dot{U}_{\mathrm{C}}$ 的相量和(因 $\dot{U}_{\mathrm{L}}$ 与 $\dot{U}_{\mathrm{C}}$ 在同一直线且方向相反,实为代数差);再用平行四边形法则求 $\dot{U}_{\mathrm{R}}$ 与 $(\dot{U}_{\mathrm{L}}+\dot{U}_{\mathrm{C}})$ 的相量和,从而得出 $\dot{U}=\dot{U}_{\mathrm{R}}+\dot{U}_{\mathrm{L}}+\dot{U}_{\mathrm{C}}$,如图 6-33 所示。

从图中可以看出 3 种情况:当 $\dot{U}_{\mathrm{L}}>\dot{U}_{\mathrm{C}}$ 时,总电压超前于电流一个小于$\frac{\pi}{2}$的 ϕ 角;$\dot{U}_{\mathrm{L}}<\dot{U}_{\mathrm{C}}$ 时,总电压滞后于电流一个小于$\frac{\pi}{2}$的 ϕ 角;当 $\dot{U}_{\mathrm{L}}=\dot{U}_{\mathrm{C}}$ 时,总电压与电流同相。

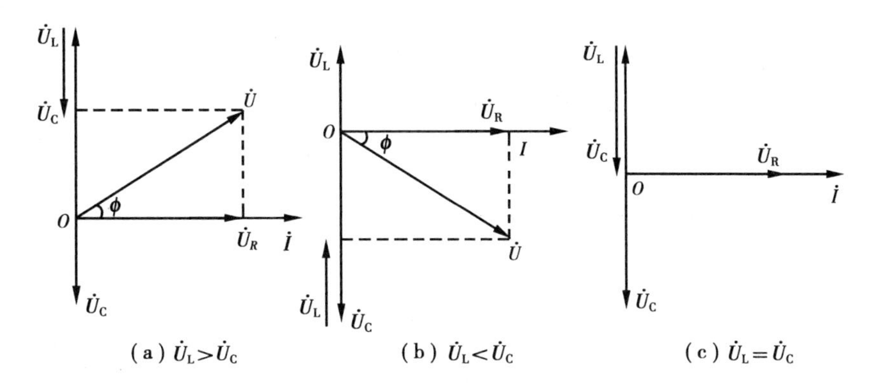

图 6-33　RLC 串联电路旋转矢量图

类似 RL 和 RC 串联电路，$\dot{U}_{\rm R}$，$(\dot{U}_{\rm L}-\dot{U}_{\rm C})$，$\dot{U}$ 为三边所组成的三角形叫 RLC 串联电路的电压三角形。只是因$(\dot{U}_{\rm L}-\dot{U}_{\rm C})$的正负不同，$\phi$ 角有正，负之分，如图 6-34 所示。

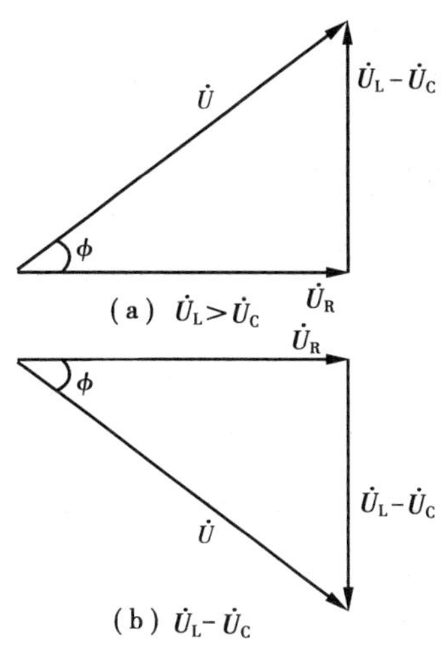

图 6-34　RLC 串联电路的电压三角形

求解该电压三角形可得

$$\left.\begin{aligned} U &= \sqrt{U_{\rm R}^2+(U_{\rm L}-U_{\rm C})^2} \\ \phi &= \arctan\frac{U_{\rm L}-U_{\rm C}}{R} \end{aligned}\right\} \qquad (6\text{-}44)$$

二、各阻抗间的关系

根据单一参数交流电路欧姆定律

$$U_{\rm R}=IR \qquad U_{\rm L}=IX_{\rm L} \qquad U_{\rm C}=IX_{\rm C}$$

代入式(6-44)得

$$U=IZ=\sqrt{(IR)^2+(IX_{\rm L}-IX_{\rm C})^2}= I\sqrt{R^2+(X_{\rm L}-X_{\rm C})^2}$$

其中

$$\left.\begin{aligned} Z &= \sqrt{R^2+(X_{\rm L}-X_{\rm C})^2}=\sqrt{R^2+X^2} \\ \phi &= \arctan\frac{X_{\rm L}-X_{\rm C}}{R}=\arctan\frac{X}{R} \end{aligned}\right\} \qquad (6\text{-}45)$$

式中，$\dot{X}=\dot{X}_{\rm L}-\dot{X}_{\rm C}$ 称为电抗，体现了电感和电容共同对交流电的阻碍作用，单位为 Ω。$\dot{Z}$ 为阻抗，在 RLC 串联的交流电路中，体现出电阻、电感、电容三者对电流的阻碍作用。同理，由 $\dot{R}$，$(\dot{X}_{\rm L}-\dot{X}_{\rm C})$和 $\dot{Z}$ 为三边所围成的三角形叫阻抗三角形，它也可由电压三角形三边分别除电流有效值获得，如图 6-35 所示。

阻抗角 ϕ 的大小，由电路参数 R,L,C 及电源频率等决定。它的大小决定了 RLC 串联电路的性质：

(1)当 $\dot{X}_{\rm L}>\dot{X}_{\rm C}$ 时，$\dot{X}>0$，阻抗角 $\phi=\arctan\dfrac{X}{R}>0$，总电压超前于电流一个小于$\dfrac{\pi}{2}$的 ϕ 角，电路呈感性。

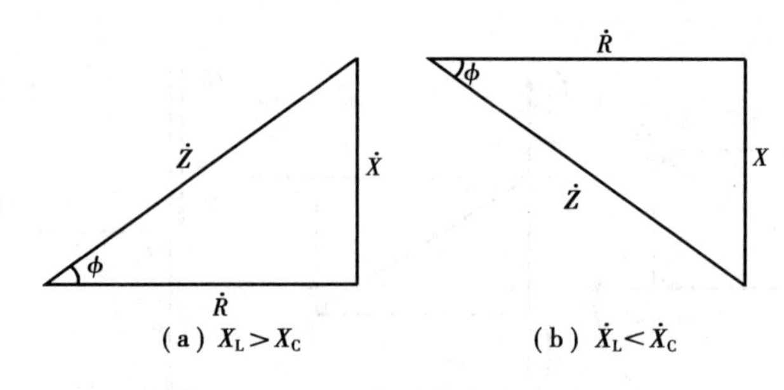

图 6-35 RLC 串联电路阻抗三角形

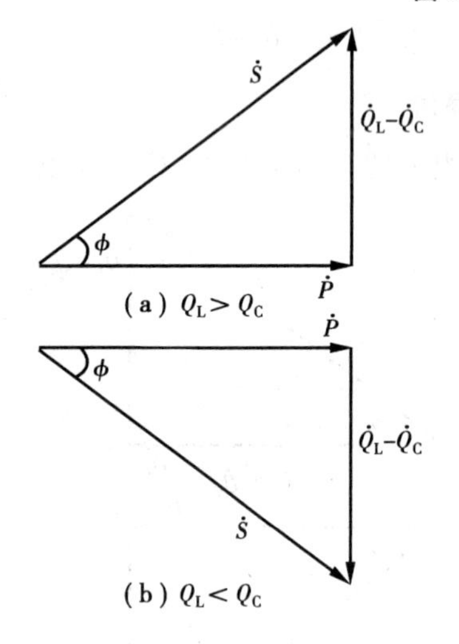

图 6-36 RLC 串联电路的功率三角形

(2)当 $\dot{X}_L < \dot{X}_C$ 时，$\dot{X}<0$，$\phi=\arctan\dfrac{X}{R}<0$，总电压滞后于电流一个小于$\dfrac{\pi}{2}$的 ϕ 角，电路呈容性。

(3)当 $\dot{X}_L=\dot{X}_C$ 时，$\dot{X}=0$，$\phi=\arctan\dfrac{X}{R}=0$，总电压与电流同相，电路呈电阻性。此种状况即为下节所讨论的串联谐振。

三、RLC 串联电路的功率

将电压三角形的三边同时乘以电流有效值即得 RLC 串联电路的功率三角形，它与该电路的电压三角形、阻抗三角形相似，如图 6-36 所示。它的三边分别为 $P=IU_R$，$Q=I(U_L-U_C)$，$S=IU$。其中 P 为有功功率，Q 为无功功率，S 为视在功率，由于电路性质不同，阻抗角 ϕ 有正负和零之分。

解此功率三角形可得

$$\left.\begin{aligned} S &= \sqrt{P^2+Q^2} = \sqrt{P^2+(Q_L-Q_C)^2} = IU = I^2 Z \\ P &= I^2 R = IU\cos\phi \\ Q &= I^2 X = I^2(X_L-X_C) \end{aligned}\right\} \tag{6-46}$$

从式中无功功率 $Q=Q_L-Q_C$ 公式可以看出，电感线圈所占用的无功功率，可被电容器所占的无功功率所补偿。从而减小无功功率，提高功率因数。在生产实践中，大量运用这一原理来提高电源利用率。

该电路中，功率因数仍为

$$\cos\phi=\frac{P}{S}$$

由于电容器对电感线圈的补偿作用，使阻抗角 ϕ 减小，功率因数 $\cos\phi$ 增大。

【例 6-12】 一个线圈和电容器串联，已知线圈电阻为 4 Ω，电感 $L=254$ mH，电容 $C=637$ μF，接于 $u=311\ \text{V}\sin\left(100\pi\text{s}^{-1}t+\dfrac{\pi}{4}\right)$的交流电路中。试求：(1)电路的阻抗；(2)电流有效值；(3)电阻电压 U_R，电感电压 U_L 和电容电压 U_C；(4)有功功率、无功功率和视在功率；(5)判断电路的性质。

解：已知 $u=311\ \text{V}\sin\left(100\pi\text{s}^{-1}t+\dfrac{\pi}{4}\right)$

可得　$U_m=311\ V$　　$U=\dfrac{U_m}{\sqrt{2}}=220\ V$　　$\omega=100\pi\ rad/s$

$$\phi=\frac{\pi}{4}$$

(1)电路的阻抗为

$$X_L=\omega L\approx 314s^{-1}\times 254\times 10^{-3}H\approx 80\ \Omega$$

$$X_C=\frac{1}{\omega C}\approx\frac{1}{314s^{-1}\times 637\times 10^{-6}F}\approx 5\ \Omega$$

$$Z=\sqrt{R^2+(X_L-X_C)^2}=\sqrt{(4\ \Omega)^2+(80\ \Omega-5\ \Omega)^2}\approx 75\ \Omega$$

(2)电流有效值为

$$I=\frac{U}{Z}=\frac{220\ V}{75\ \Omega}=2.93\ A$$

(3)各元件的两端电压为

$$U_R=IR=2.93\ A\times 4\ \Omega=11.72\ V$$

$$U_L=IX_L=2.93\ A\times 80\ \Omega=234.4\ V$$

$$U_C=IX_C=2.93\ A\times 5\ \Omega=14.7\ V$$

(4)有功功率、无功功率、视在功率为

$$P=I^2R=(2.93\ A)^2\times 4\ \Omega=34.3\ W$$

$$Q=I^2(X_L-X_C)=(2.93A)^2\times 75\ \Omega=643.9\ var$$

$$S=I^2Z=(2.93\ A)^2\times 75\ \Omega=643.9\ V\cdot A$$

(5)电路的性质为

$$\phi=\arctan\frac{X_L-X_C}{R}\qquad 因\ X_L-X_C=75\ \Omega>0$$

故 $\phi>0$,该电路为电感性电路。

第九节　串联谐振电路

上节在讨论 RLC 串联电路 3 种性质时已经谈到,当 $X=X_L-X_C=0$ 时,电路呈阻性,总电压和电流同相,这种状态叫 RLC 串联电路的串联谐振。

一、谐振的基本条件

下面用图 6-37 所示实验来研究 RLC 串联电路发生谐振的基本条件。

在图 6-37(a)中,接通电路,当低频信号源输出电压一定、电容不变时,调节信号源频率,使其由小到大,此时灯泡电流将由小到大;当信号源频率增加到某一数值时,灯泡最亮;继续增加信号源频率,灯泡反而变暗。

仍使信号源输出电压不变、固定信号频率,调节电容器 C 容量如图 6-37(b)所示,在 C 由小到大的调节过程中,在某一数值时,灯泡最亮,其余数值(大于或小于该数值)灯泡均达不到最亮的程度。

上述实验表明:当信号源频率 f 或电容量处于某一数值时,阻抗最小,电路电流最大,出

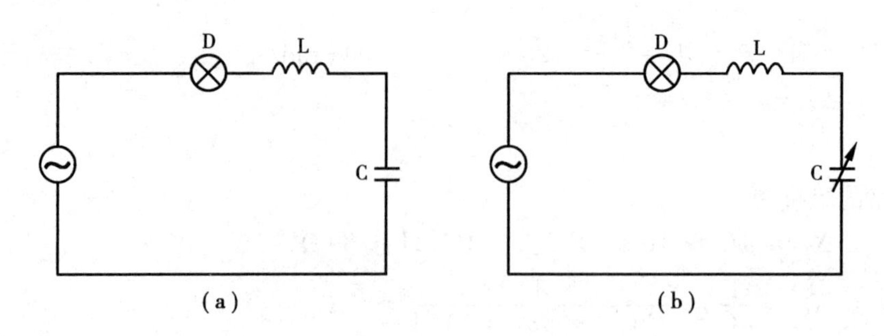

图 6-37 串联谐振实验

现串联谐振。

已经知道，串联谐振时

$$X=X_L-X_C=0 \tag{6-47}$$

其阻抗角

$$\phi=\arctan\frac{X_1-X_2}{R}=0 \tag{6-48}$$

式(6-47)和(6-48)即为串联谐振的基本条件。

根据式(6-47)有

$$X_L=X_C$$

即
$$\omega L=\frac{1}{\omega C} \qquad \omega^2=\frac{1}{LC}$$

欲满足上述谐振条件，一个办法是调节电路参数 L 或 C；另一个方法是调节信号源频率。通常在 LC 已有确定值的电路，要使电路谐振，其信号源角频率必须满足：

$$\omega=\omega_0=\frac{1}{\sqrt{LC}} \tag{6-49}$$

信号源频率则应满足

$$f=f_0=\frac{1}{2\pi\sqrt{LC}} \tag{6-50}$$

上两式中，ω_0，f_0——分别为电路谐振的角频率和频率。

可以看出，谐振频率与 L 和 C 有关，与 R 无关，它反应了电路的固有性质。一旦电路参数(R,L,C)确定之后，则 ω_0，f_0 也随之确定，所以将 f_0 称为电路的固有频率。电路发生串联谐振的条件也可叙述为：外加信号源频率等于电路固有频率，电路发生谐振。

在技术上，经常利用改变电路固有参数 L 或 C，从而改变其固有频率使它与外来信号频率相同而发生谐振，这在电子接收设备中用得极为广泛。

二、串联谐振的特点

(1)阻抗最小，且为纯电阻：

谐振时 $X=X_L-X_C=0$，容抗和感抗相等，二者完全互相补偿，所以阻抗最小，为一纯电阻，即

$$Z=\sqrt{R^2+(X_L-X_C)^2}=R$$

但此时感抗和容抗均不为零，这时的感抗和容抗称谐振电路的特性阻抗，用字母 ρ 表示

$$\rho=\omega_0 L=\frac{1}{\omega_0 C}=\frac{L}{\sqrt{LC}}=\sqrt{\frac{L}{C}} \tag{6-51}$$

(2)电流最大,且与信号源电压同相。谐振时,阻抗最小,电流必然最大。即

$$I=I_0=\frac{U}{R}$$

此时由于电路呈纯电阻性,电流必然与电压同相。

(3)电阻两端电压等于总电压,电感电压和电容电压相等、且为信号源电压的 Q 倍,谐振时:

电感电压 $U_L=I_0X_L=\frac{U}{R}X_L=\frac{U}{R}\cdot\omega_0L=\frac{\omega_0L}{R}U=QU$

电容电压 $U_C=I_0X_C=\frac{U}{R}X_C=\frac{U}{R}\ \frac{1}{\omega_0C}=\frac{1}{RC\omega_0}\cdot U=QU$

由于电感电压与电容电压等于电源电压 Q 倍,因此串联谐振又称为电压谐振。式中

$$Q=\frac{\omega_0L}{R}=\frac{1}{R\omega_0C}=\frac{1}{R}\sqrt{\frac{L}{C}}=\frac{\rho}{R}\tag{6-52}$$

被称为谐振电路的品质因数,无单位。它表明:线圈的电阻越小,电路消耗的能量减少,电路品质越好,品质因数越高;若线圈电感越大,贮存的能量越多,说明电路品质越好,Q 值也越高。所以在电子技术中,由于外来信号微弱,常常用串联谐振来获得一个与信号电压频率相同,但要大很多倍的电压。

(4)谐振时,电能只供给电路中的电阻损耗,电源与 LC 电路不发生能量转换,但电感与电容间进行着磁场能和电场能的转换。

三、谐振电路的选择性和通频带

品质因数 Q 值的大小,决定着谐振电路质量的优劣。下面用电流随频率变化的关系式即可说明:

$$I=\frac{I_0}{\sqrt{1+Q^2\left(\frac{f}{f_0}-\frac{f_0}{f}\right)^2}}\tag{6-53}$$

式中,谐振电流 I_0 为一常数,所以电流随频率的变化关系还受 Q 值的影响。为了更加形象,我们在直角坐标系中做出 I 随 f 变化的关系曲线,称为电流谐振曲线,如图 6-38 所示。

从式(6-53)中可以看出,谐振时,$f=f_0$ 时,$I=I_0$,在图 6-38 中,电流达最大值。其他频率($f<f_0$,$f>f_0$)电流均小于 I_0,但曲线在偏离谐振频率时,下降的坡度则与 Q 值有关,Q 值越大,频率偏离 f_0 后,下降坡度越大,曲线越尖锐,即 Q 值越高的电路,对非谐振频率的抑制能力越强,也就是说该电路对谐振频率及相邻频率的选择能力越强,则该电路对信号频率的选择性就越好。在电子技术中,常常需要利用谐振电路从多个信号频率中选择我们所需要的频率而衰减其他频率,所以要求谐振电路有较好的选择性。

但在选择信号频率时,又不可能选择单一频率,而选择一定频率范围(频带)。如音响设备接收时要兼顾高、中、低音三类成分,需选择一个不太窄的频率范围。如果 Q 值太高,电流谐振曲线太尖锐,有些频率选不进来,必将丢失部分有用频率而使接收效果变差。所以在实际应用中,既要考虑选择性的优劣,又要顾及一定的频率范围内回路允许通过信号的能力。在技术上,规定谐振曲线上,$I=\frac{I_0}{\sqrt{2}}$所对应的频率范围叫电路的通频带,用字母 BW 表示,如图 6-39

所示。图中

$$BW = f_2 - f_1 \tag{6-54}$$

理论和实践还可证明

$$BW = \frac{f_0}{Q} \tag{6-55}$$

从上式可以看出,Q 值越高,通频带越窄,电路选择性越好;Q 值越低,通频带越宽,但选择性变差。

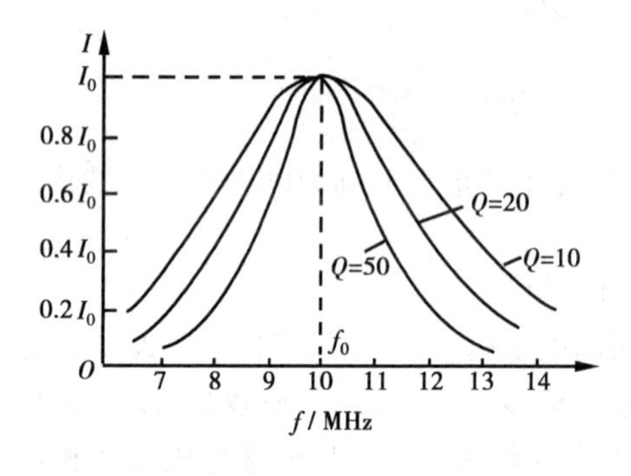

图 6-38　串联电路的谐振曲线

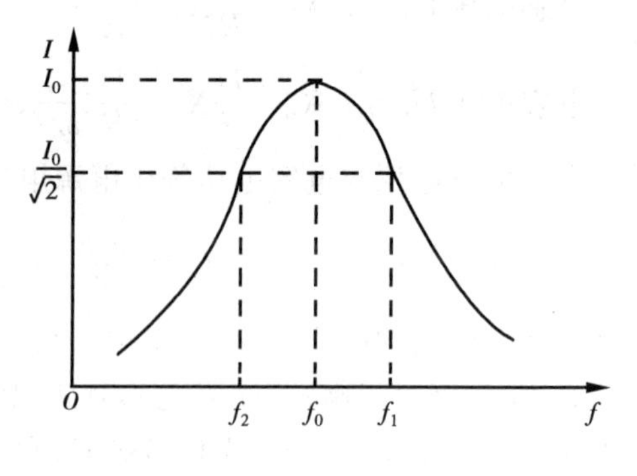

图 6-39　通频带

四、串联谐振的应用——收音机的调谐原理

由于串联谐振电路具有选择信号的能力,常用于收音机选择电台。在技术上,利用调节谐振电路固有参数,使其与被收听的电台频率发生谐振,从而选出该台信号的过程称为调谐。

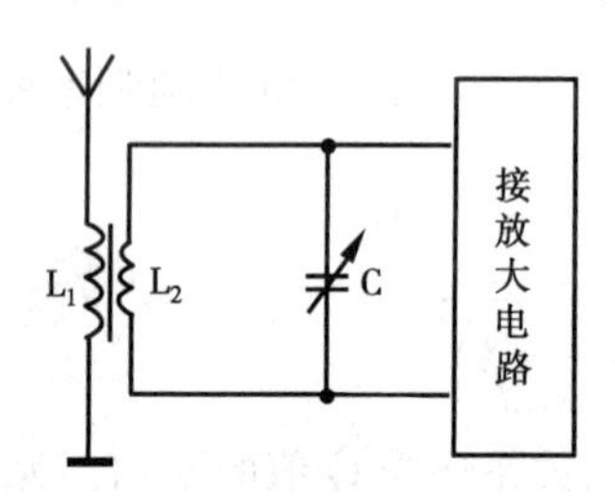

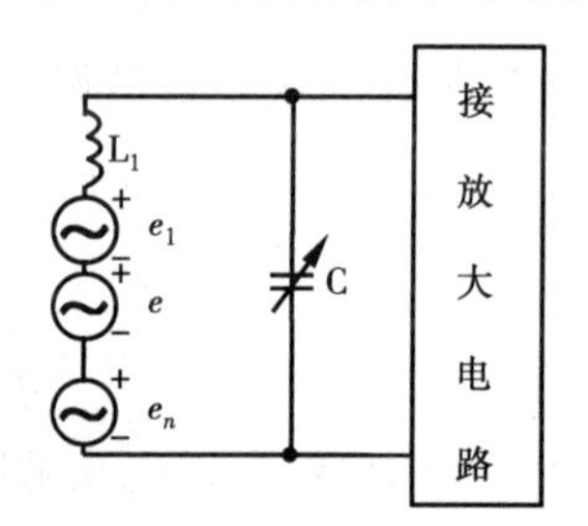

图 6-40　收音机的调谐原理

在图 6-40 中,收音机天线接收到空间各个电台的电磁波,通过互感线圈在 L_2C 串联电路中感应出多个频率的信号电动势 $e_1, e_2, e_3, \cdots$ 当调节可变电容器使该电路固有频率与某一电台信号频率(如 e_1 的频率 f_1)一致时,电路对 f_1 的信号谐振,电容器两端获得 Q 倍的电压 Qe_1 送至后面的放大器,而其他频率的信号由于与该电路不发生谐振(称为失谐),电压很低,电流很小,被调谐回路抑制掉。若重新调整可变电容器 C 的容量,又可与另外电台信号发生谐振而选出该电台。即收音机的调谐回路可通过不断改变 C 的容量,先后选择出多个不同的电台信号。

【例 6-13】 在 RLC 串联电路中,已知 $R=50\ \Omega$,$L=4\ \text{mH}$,$C=160\ \text{pF}$,信号源输出电压有效值 $U=25\ \text{V}$。试求:(1)电路的谐振频率 f;(2)电路的谐振电流 I_0;(3)电容两端的电压 U_C;(4)电路品质因数 Q;(5)通频带 BW;(6)当信号源频率为谐振频率的 1.1 倍时,求电流 I 和电容电压 U_C,并与谐振状态比较。

解:(1)电路的谐振频率为

$$f_0=\frac{1}{2\pi\sqrt{LC}}=\frac{1}{2\times3.14\times\sqrt{4\times10^{-3}\,\mathrm{H}\times160\times10^{-12}\,\mathrm{F}}}\approx200\ \mathrm{kHz}$$

(2)谐振电流为

$$I_0=\frac{U}{R}=\frac{25\ \mathrm{V}}{50\ \Omega}=0.5\ \mathrm{A}$$

(3)电容两端电压 U_C 为

$$U_C=I_0X_C=\frac{I_0}{2\pi fC}=\frac{0.5\ \mathrm{A}}{2\times3.14\times200\times10^3\,\mathrm{Hz}\times1.6\times10^{-10}\ \mathrm{F}}\approx2\ 500\ \mathrm{V}$$

(4)品质因数为

$$U_C=QU$$

$$Q=\frac{U_C}{U}=\frac{2\ 500\ \mathrm{V}}{25\ \mathrm{V}}=100$$

(5)通频带为

$$BW=\frac{f_0}{Q}=\frac{200\times10^3\ \mathrm{Hz}}{10^3}=200\ \mathrm{Hz}$$

(6)当信号源频率为 $1.1f_0=1.1\times200\ \mathrm{kHz}=220\ \mathrm{kHz}$

由于电路失谐，$X_L\neq X_C$，则阻抗为

$$Z=\sqrt{R^2+(X_L-X_C)^2}=\sqrt{R^2+\left(\omega L-\frac{1}{\omega C}\right)^2}\approx1\ 000\ \Omega$$

电流有效值为

$$I=\frac{U}{Z}=\frac{25\ \mathrm{V}}{1\ 000\ \Omega}=0.025\ \mathrm{A}$$

$$\frac{I_0}{I}=\frac{0.5}{0.025}=20\ 倍$$

电容两端电压为

$$U'_C=I\times X_C=\frac{I}{\omega C}=\frac{0.025\ \mathrm{A}}{3\times3.14\times220\times10^3\ \mathrm{Hz}\times160\times10^{-12}\ \mathrm{F}}=112.5\ \mathrm{V}$$

$$\frac{U_C}{U'_C}=\frac{2\ 500\ \mathrm{V}}{112.5\ \mathrm{V}}\approx22.2\ 倍$$

可见，信号频率只偏离电路谐振频率 10%，电流急剧减小 20 倍，电容两端电压减小了 22.2倍，说明该电路选择性好。

※第十节　电阻、电感和电容并联电路

将电阻 R、电感 L 和电容器 C 并连接于交流电源上，即组成 RLC 并联电路，如图 6-41 所示。由于 3 个元件并联，它们两端电压相等，我们以电压为参考量，再根据各元件上电流电压的关系得出如下表达式

$$\left.\begin{aligned} U &= U_{\mathrm{m}}\sin\omega t \\ i_{\mathrm{R}} &= I_{\mathrm{Rm}}\sin\omega t \\ i_{\mathrm{L}} &= I_{\mathrm{Lm}}\sin\left(\omega t-\frac{\pi}{2}\right) \\ i_{\mathrm{C}} &= I_{\mathrm{Cm}}\sin\left(\omega t+\frac{\pi}{2}\right) \end{aligned}\right\} \tag{6-56}$$

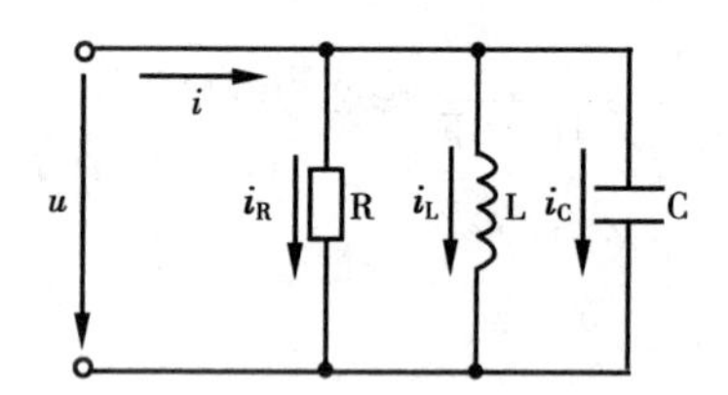

图 6-41　RLC **并联电路**

其电路总电流瞬时值为

$$i = i_{\mathrm{R}} + i_{\mathrm{L}} + i_{\mathrm{C}}$$

与此对应的总电流有效值旋转相量为

$$\dot{I} = \dot{I}_{\mathrm{R}} + \dot{I}_{\mathrm{L}} + \dot{I}_{\mathrm{C}}$$

利用式(6-56)各元件上电流与电压的相位关系，可做$u, i_{\mathrm{R}}, i_{\mathrm{L}}, i_{\mathrm{C}}$所对应的旋转相量图，并用平行四边形法则求出总电流的和相量。由于 L 和 C 上通过的电流大小不同，有下面 3 种情况：

(1)当 $\dot{I}_{\mathrm{C}} > \dot{I}_{\mathrm{L}}$ 时，总电流超前电压一个小于$\frac{\pi}{2}$的 ϕ 角，电路呈容性，如图 6-42(a)所示；

(2)当 $\dot{I}_{\mathrm{C}} < \dot{I}_{\mathrm{L}}$ 时，总电流滞后于电压一个小于$\frac{\pi}{2}$的 ϕ 角，电路呈感性，如图 6-42(b)所示；

(3)当 $\dot{I}_{\mathrm{C}} = \dot{I}_{\mathrm{L}}$ 时，总电流与电压、电阻电流同相，电路呈阻性，电路发生并联谐振，如图 6-42(c)所示。

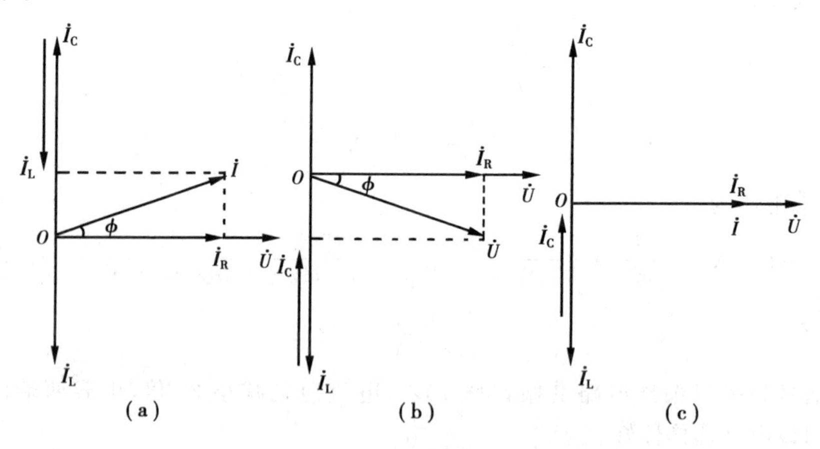

图 6-42　RLC **并联电路旋转相量图**

在图 6-42(a)，(b)中，由 $\dot{I}_{\mathrm{R}}$，$(\dot{I}_{\mathrm{C}}-\dot{I}_{\mathrm{L}})$或$(\dot{I}_{\mathrm{L}}-\dot{I}_{\mathrm{C}})$，$\dot{I}$ 为三边所组成的三角形称为 RLC 并联电路的电流三角形，解此三角形即得总电流和总电流与电压间的相位差。

$$\left.\begin{aligned} I &= \sqrt{I_{\mathrm{R}}^2 + (I_{\mathrm{C}} - I_{\mathrm{L}})^2} \\ \phi &= \arctan\frac{I_{\mathrm{C}} - I_{\mathrm{L}}}{I_{\mathrm{R}}} \end{aligned}\right\} \tag{6-57}$$

RLC 并联电路在电子技术中应用广泛，下面以电子接收设备中广为使用的中频选频回路为例进行分析。事实上，中频选频回路由 1 个线圈和电容器并联组成，而线圈则可视为由电感 L 和导线直流电阻 R 串联组成，其电路如图 6-43 所示。这种电路通常称为感性负载与电容并联电路。

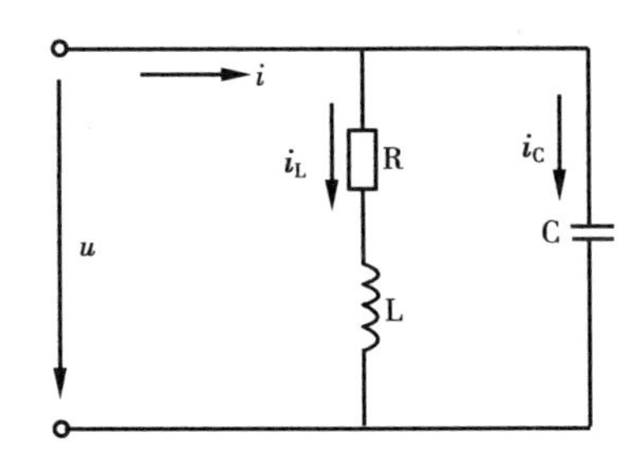

图 6-43　线圈与电容并联电路

图中的 2 个支路中，由于元件参数的影响，电流的大小和相位是不同的。为了叙述方便，先对各支路的参数进行分析，最后再计算总电流及其与电压的相位关系。

线圈支路由 R 与 L 串联而成，其电流为

$$I_L = \frac{I}{Z_L} = \frac{U}{\sqrt{R^2 + X_L^2}}$$

该支路系感性电路，电流将滞后于电压 1 个小于 $\frac{\pi}{2}$ 的 ϕ_1 角。

$$\phi_1 = \arctan\frac{X_L}{R}$$

电容支路为一纯电容电路，电流为

$$I_C = \frac{U}{X_C}$$

电流超前于电压 $\frac{\pi}{2}$。

根据这两个支路上各自的电流大小及与电压的相位关系，可做出其有效值的旋转相量图如图 6-44 所示，并用平行四边形法则求其相量和。

整个并联支路总电流为

$$I = I_L + I_C$$

总电流数值为

$$I = \sqrt{(I_L\cos\phi_1)^2 + (I_L\sin\phi_1 - I_C)^2}$$

总电流与电压间相位角为

$$\phi = \arctan\frac{I_L\sin\phi_1 - I_C}{I_L\cos\phi_1}$$

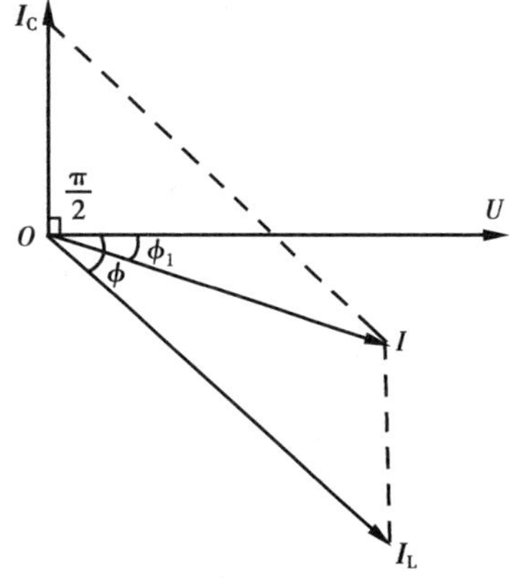

图 6-44　线圈与电容并联电路相量图

R，L，C 并联电路中功率的计算与 RLC 串联电路相同，即

$$\left.\begin{aligned} P &= UI\cos\phi \\ Q &= UI\sin\phi \\ S &= UI \end{aligned}\right\} \qquad (6\text{-}58)$$

虽然上面讨论的是交流电路，但是在节点电流的分配和回路电压的计算上，不管是瞬时值或旋转相量，均与直流电路一样满足基尔霍夫定律，即

$$\left.\begin{aligned} \sum i &= 0 \\ \sum I &= 0 \end{aligned}\right\} \quad \text{基尔霍夫第一定律}$$

$$\left.\begin{aligned} \sum u &= 0 \\ \sum U &= 0 \end{aligned}\right\} \quad \text{基尔霍夫第二定律}$$

【例 6-14】　在 RLC 并联电路中，已知 $R = 20\ \Omega$，$X_L = 12.5\ \Omega$，$X_C = 25\ \Omega$，接于 $u = 100\sqrt{2}\sin\left(314\text{s}^{-1}t + \frac{\pi}{6}\right)$V的交流电源上。试求：(1)各电流与电压的旋转相量图；(2)电路总

电流；(3)总阻抗；(4)有功功率、无功功率与视在功率；(5)判断电路性质。

解：从已知 $u=100\sqrt{2}\sin\left(314\text{s}^{-1}t+\frac{\pi}{6}\right)\text{V}$ 得

$$U_{\text{m}}=100\sqrt{2}\ \text{V}\qquad U=100\ \text{V}\qquad \omega=314\ \text{rad/s}t\qquad \phi_0=\frac{\pi}{6}$$

(1)先求各支路电流有效值和初相位，做出旋转相量图。

电阻支路电流有效值为

$$I_{\text{R}}=\frac{U}{R}=\frac{100\ \text{V}}{20\ \Omega}=5\ \text{A}$$

该支路电流电压同相，其电流瞬时值表达式为

$$i_{\text{R}}=5\sqrt{2}\sin\left(314\text{s}^{-1}t+\frac{\pi}{6}\right)\text{A}$$

电感支路电流有效值为

$$I_{\text{L}}=\frac{U}{X_{\text{L}}}=\frac{100\ \text{V}}{12.5\ \Omega}=8\ \text{A}$$

该支路电流滞后于电压$\frac{\pi}{2}$，电流瞬时值表达式为

$$i_{\text{L}}=8\sqrt{2}\sin\left(314\text{s}^{-1}t+\frac{\pi}{6}-\frac{\pi}{2}\right)\text{A}=8\sqrt{2}\sin\left(314\text{s}^{-1}t-\frac{1}{3}\pi\right)\text{A}$$

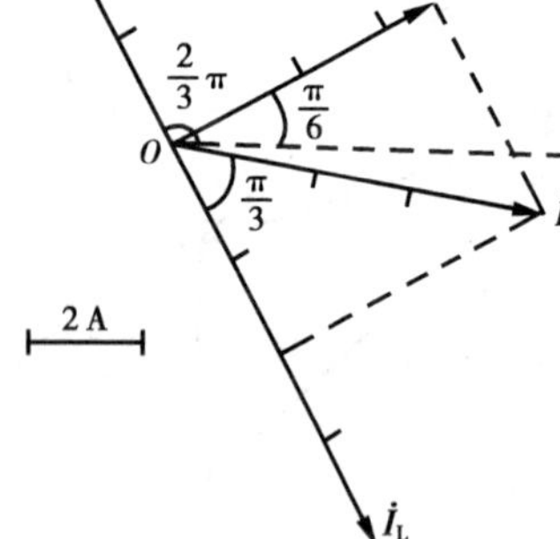

图 6-45

电容支路电流有效值为

$$I_{\text{C}}=\frac{U}{X_{\text{C}}}=\frac{100\ \text{V}}{25\ \Omega}=4\ \text{A}$$

该支路电流超前于电压$\frac{\pi}{2}$，其瞬时值表达式为

$$i_{\text{C}}=4\sqrt{2}\sin\left(314\text{s}^{-1}t+\frac{\pi}{6}+\frac{\pi}{2}\right)\text{A}=4\sqrt{2}\sin\left(314\text{s}^{-1}t+\frac{2}{3}\pi\right)\text{A}$$

由此可画出 $u,i_{\text{L}},i_{\text{C}}$ 各自的有效值旋转相量图，并求总电流 I 如图 6-45 所示。

(2)总电流有效值为

$$I=\sqrt{I_{\text{R}}^2+(I_{\text{L}}-I_{\text{C}})^2}=\sqrt{(5\ \text{A})^2+(4\ \text{A})^2}=6.4\ \text{A}$$

(3)总阻抗为

$$Z=\frac{U}{I}=\frac{100\ \text{V}}{6.4\ \Omega}\approx 15.6\ \Omega$$

(4)有功功率、无功功率、视在功率为

$$P=IU_{\text{R}}=5\ \text{A}\times 100\ \text{V}=500\ \text{W}$$

$$Q=Q_{\text{L}}-Q_{\text{C}}=U(I_{\text{L}}-I_{\text{C}})=$$
$$100\ \text{V}\times(8\ \text{A}-4\ \text{A})=400\ \text{var}$$

$$S=IU=6.4\ \text{A}\times 100\ \text{V}=640\ \text{V}\cdot\text{A}$$

(5)判断电路性质：由相量图可见，总电流滞后于电压 1 个小于$\frac{\pi}{2}$的 ϕ 角，电路呈感性。还可从 $I_{\text{L}}>I_{\text{C}}$ 看出该电路呈感性。

阅读·应用九

功率因数的提高与节能

能源，是发展国民经济的重要基础，是世界各国十分关注的焦点之一。节约能源，对经济和社会发展具有特殊的意义。所谓节能，就是尽可能合理利用能量，让有限能量发挥其最大作用。在电能的节约方面，降低设备用电的无功功率，提高功率因数，最大限度地发挥电能利用率，则是我们电气操作、管理人员的重要任务。

在电力工程上，因电机、变压器等供用电设备多系感性负载，它们占用无功功率多，功率因数低，对电能浪费较多。技术上多采用并联电容器予以补偿，提高其功率因数，也就提高了电能利用率。它的工作原理如下：

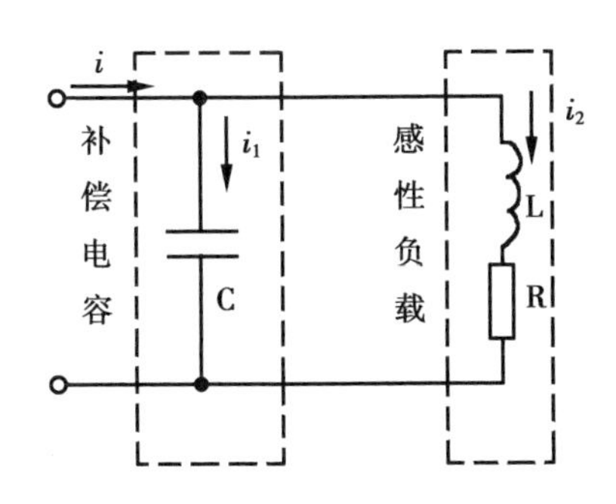

图 6-46　电容器补偿电路

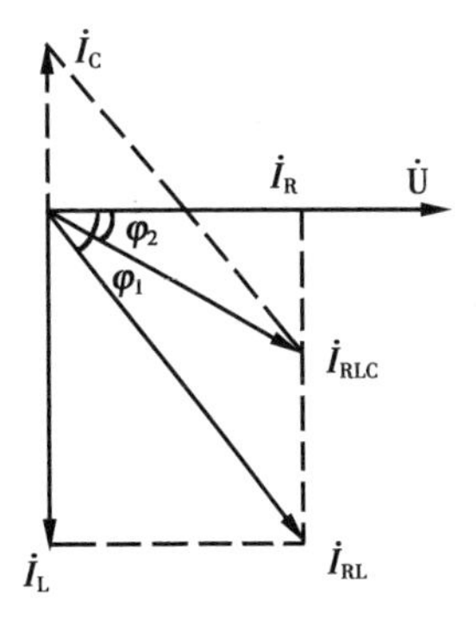

图 6-47　感性负载并联补偿电容相量图

电气工程上的大量感性负载，可视为电阻与电感的串联电路，加接补偿电容器后，电路如图 6-46 所示。在图 6-47 所示 RL 串联的感性负载相量图中，电阻电流 $\dot{I}_R$ 与电感电流 $\dot{I}_L$ 合成 $\dot{I}_{RL}$，它与电压的相位角为 φ_1，由于 φ_1 较大，功率因数 $\cos\varphi_1$ 较低。并联电容器 C 后，电容电流 $\dot{I}_C$ 与 $\dot{I}_{RL}$ 合成 $\dot{I}_{RLC}$，与电压之间的相位角为 φ_2，因 $\varphi_2 \ll \varphi_1$，则 $\cos\varphi_2 \gg \cos\varphi_1$。可见并联补偿电容器后功率因数得到显著提高。在视在功率一定时，有功功率 $P=IU\cos\varphi_2$ 增大，节省了电能。

电容器对感性负载的补偿有如下 3 种方式：

1. 个别补偿

对单台感性用电设备，可将电容器直接并联到该设备上，并用同一套开关控制，使它们同时通电和同时断电。这种补偿效果最佳。

2. 分散补偿

将补偿电容器分组，分别与各支路感性负载并联，各支路分别用开关控制，以实现各组电容器和对应的感性负载同时通电和同时断电。

3. 集中补偿

将电容器集中安装在配电所(室)，对整个供电电网补偿。这种方式安装简便，运行可靠，便于管理。但补偿效果较差,因网络内负载变化时不能自动切换,影响供电质量和节能效果。

本章小结

一、交流电的基本概念

1. 交流电由交流发电机产生,它的基本参数有最大值(振幅)、有效值、平均值、瞬时值。它们之间的关系是:

$$\begin{cases} I = \frac{\sqrt{2}}{2}I_m \\ U = \frac{\sqrt{2}}{2}U_m \\ E = \frac{\sqrt{2}}{2}E_m \end{cases} \quad \begin{cases} I_{Pj} = \frac{2}{\pi}I_m \\ U_{Pj} = \frac{2}{\pi}U_m \\ E_{Pj} = \frac{2}{\pi}E_m \end{cases} \quad \begin{cases} i = I_m \sin\omega t \\ u = U_m \sin\omega t \\ e = E_m \sin\omega t \end{cases}$$

与时间有关的量是周期、频率、角频率。它们的关系为

$$T = \frac{1}{f} \qquad \omega = \frac{2\pi}{T} = 2\pi f$$

表示交流电位置状态的有相位、相位差和初相位。

其中:最大值(振幅)、频率(或角频率、周期)、初相位被列为交流电的三要素。因它们能反应出交流电在某一时刻的状态。

2. 交流电有3种表示法:解析法、图像法和旋转相量法。

二、单一参数交流电路

表6-1 单一参数交流电路性能比较表

电路类型	R	L	C
电流电压数量关系	$u=iR$ $U=IR \quad U_m=I_mR$	$U=IX_L \quad U_m=I_mX_L$ $u\neq iX_L$	$U=IX_C \quad U_m=I_mX_C$ $u\neq iX_C$
电流电压相位关系	u,i 同相	u 超前于 i $\frac{\pi}{2}$	u 滞后于 i $\frac{\pi}{2}$
阻抗与频率的关系	R 与 f 无关	$X_L=2\pi fL$	$X_C=\frac{1}{2\pi fC}$
满足欧姆定律的参数	最大值、有效值、瞬时值	最大值、有效值	最大值、有效值
有功功率	$p=I^2R$	$p=0$	$p=0$
无功功率	$Q=0$	$Q_L=I^2X_L$	$Q_C=I^2X_C$

三、2～3 个元件串联的交流电路

表 6-2　2～3 个元件串联的交流电路

电路类型	RL 串联电路	RC 串联电路	RLC 串联电路
电抗与频率的关系	$X_L=\omega L=2\pi fL$	$X_C=\frac{1}{\omega C}=\frac{1}{2\pi fC}$	$X_L=2\pi fL \quad X_C=\frac{1}{2\pi fC}$
阻抗计算公式	$Z=\sqrt{R^2+X_L^2}$	$Z=\sqrt{R^2+X_C^2}$	$Z=\sqrt{R^2+(X_L-X_C)^2}$
总电压与其余电压间的数量关系	$u=u_R+u_L$ $u=\sqrt{U_R^2+U_L^2}$ $\overline{U}=\overline{U}_R+\overline{U}_L$	$u=u_R+u_C$ $U=\sqrt{U_R^2+U_C^2}$ $\dot{U}=\dot{U}_R+\dot{U}_C$	$u=u_R+u_L+u_C$ $U=\sqrt{U_R^2+(U_L+U_C)^2}$ $\dot{U}=\dot{U}_R+\dot{U}_C+\dot{U}_L$
总电压与电流的相位关系	$\phi=\arctan\frac{\omega L}{R}$ u 超前于 i 一个小于 $\frac{\pi}{2}$ 的 ϕ	$\phi=\arctan\frac{1}{R\omega C}$ u 滞后于 i 一个小于 $\frac{\pi}{2}$ 的 ϕ	$\phi=\arctan\frac{X_L-X_C}{R}$ u 可超前(感性)，滞后(容性)于 i 一个小于 $\frac{\pi}{2}$ 的 ϕ 也可 u,i 同相(阻性)
总电压与电流的数量关系	$U=IZ, U_m=I_mZ$	$U=IZ \quad U_m=I_mZ$	$U=IZ \quad U_m=I_mZ$
有功功率	$p=I^2R$	$p=I^2R$	$p=I^2R$
无功功率	$Q_L=I^2X_L$(呈感性)	$Q_C=I^2X_C$(呈容性)	$Q=Q_L-Q_C$ {感性 容性 阻性}
视在功率	$S=\sqrt{P^2+Q_L^2}$	$S=\sqrt{P^2+Q_C^2}$	$S=\sqrt{P^2+(Q_L-Q_C)^2}$
阻抗、电压、功率三角形	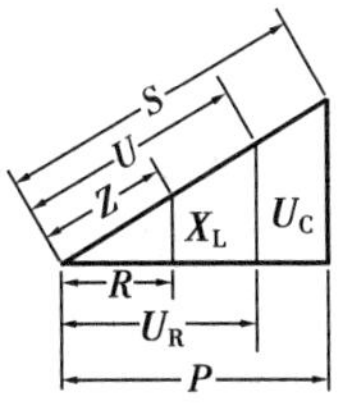 S U Z X_L U_C R U_R P	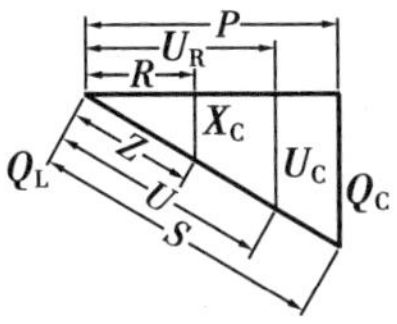 P U_R R X_C U_C Q_L Z U S Q_C	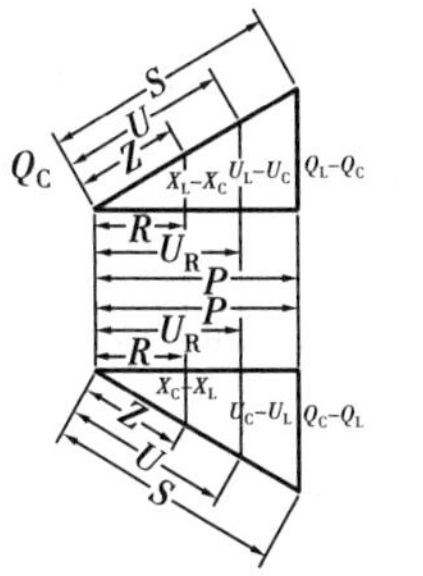 Q_C S U Z X_L-X_C U_L-U_C Q_L-Q_C R U_R P P U_R R X_C-X_L U_C-U_L Q_C-Q_L Z U S

四、RLC 并联电路

1. 总电流与其余电流的数量关系为

$$I=\sqrt{I_R^2+(I_C-I_L)^2}$$

2. 各电流与总电压的相位关系(以总电压为参考量)：电阻支路电流与电压同相，电感支路电流滞后于电压 $\frac{\pi}{2}$，电容支路电流超前于电压 $\frac{\pi}{2}$，总电流与电压之间相差一个小于 $\pm\frac{\pi}{2}$ 的 φ。

（$0<\varphi<+\frac{\pi}{2}$为容性，$0>\varphi>-\frac{\pi}{2}$为感性）

五、串联谐振

串联谐振条件为 $X_L=X_C$，谐振频率和角频率分别为 $f=f_0=\frac{1}{2\pi\sqrt{LC}}$，$\omega=\omega_0=\frac{1}{\sqrt{LC}}$，通频带 $BW=f_2-f_1=\frac{f_0}{Q}$。

串联谐振特点：

(1)阻抗最小，电路呈纯电阻；

(2)总电流最大，与电压同相；

(3)$U_L=U_C=QU$ 称为电压谐振；

(4)只有电阻耗能。

习题六

一、填空题

1. 正弦交流电的三要素是指________，________和________。
2. 交流电有效值是指在____效应方面与直流电流等效的值，它是最大值的____倍，其电动势、电压、电流分别用符号____、____和____表示。
3. 某交变电流 $i=5\sqrt{3}\sin(314t+\frac{\pi}{6})$A，则它的振幅为____ A，角频率为________ rad/s，频率为____ Hz 有效值为____ A，初相位为________，周期为________ s，相位为________。
4. 正弦交流电的表示方法有________法，________法和________法。
5. 旋转相量图是从坐标原点做 1 条与________轴重合的有向线段作参考射线，以旋转相量起始位置与该线段正方向夹角为________，以________为角速度，绕原点逆时针方向旋转所做出的能反应正弦量三要素的相量图。
6. 纯电阻电路中，电流、电压的________值、________值和________值之间的关系遵从欧姆定律。
7. 在纯电感电路和纯电容电路中，电流、电压的________值和________值之间的关系满足欧姆定律，而________值之间的关系不满足欧姆定律。
8. 在 RLC 串联的交流电路中，电阻两端电压________于电流，电感器两端电压________于电流，电容器两端电压________于电流。
9. 在 RLC 串联的电路中，使电路呈阻性的条件是________，呈感性的条件是________，呈容性的条件是________。

二、判断题

1. 旋转相量反映了正弦量的三要素，又通过它在纵轴上的投影反映了正弦量的瞬时值。（　　）

2. 只要是正弦量就可以用旋转相量进行加减运算。（　　）

3. 将一只标有“200V 100W”的白炽灯泡分别接到220V直流电源和220V交流电源上时，其发光强度相同。（　　）

4. 在直流电路中，电容器视为开路，电感线圈视为短路。（　　）

5. 在RL串联电路中，任何时刻电源电压都等于电阻两端与电感两端电压之和。（　　）

6. 感性电路指电压超前于电流$\frac{\pi}{2}$的电路。（　　）

7. 在RLC串联电路中，如果电抗为零，则感抗和容抗必定为零。（　　）

8. 容性电路中电压必定滞后于电流。（　　）

9. 串联谐振时，有功功率等于视在功率，功率因数等于1。（　　）

10. 收音机调谐回路是用RLC串联谐振原理实现选择电台的。（　　）

三、单项选择题

1. 图6-48所示电路的属性为（　　）。

A. 阻性　B. 感性　C. 容性　D. 都不是

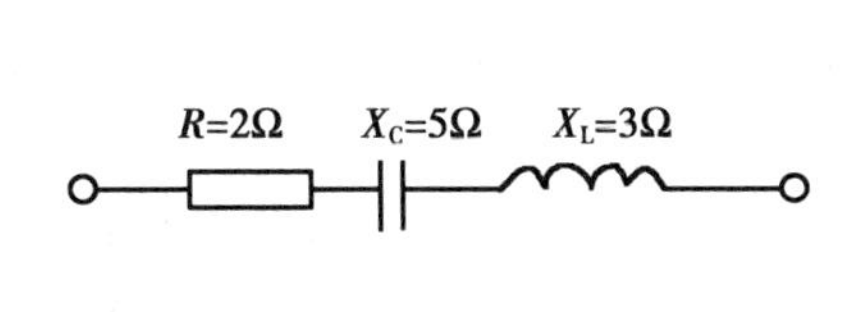

图6-48

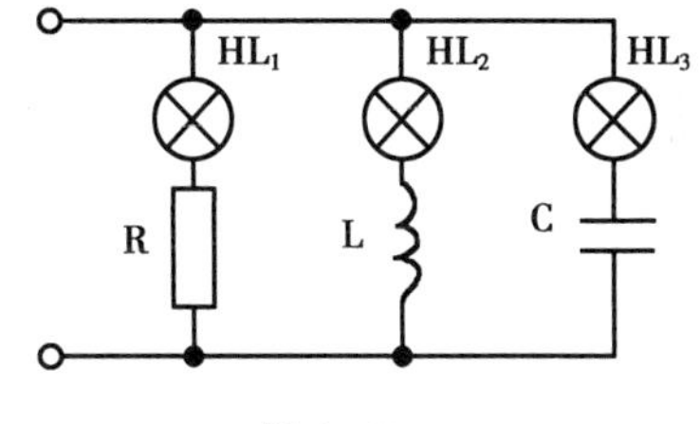

图6-49

2. 如图6-49所示，3只完全相同的白炽灯分别与R，L，C串联后接于220V电源上，已知$R=X_L=X_C$，则3只灯泡的亮度为（　　）。

A. 3只灯泡一样亮

B. 接直流电源时HL_3不亮，HL_2最亮，HL_1较亮

C. HL_1接交流电源比接直流电源亮

D. HL_2接交、直流电源一样亮

3. 如图6-50所示，当开关S分断时电路发生串联谐振，当S闭合时电路呈（　　）。

A. 阻性　B. 感性　C. 容性　D. 保持谐振

4. 在图6-51所示电路发生串联谐振时，电压表读数为（　　）。

A. U_S　B. QU_S　C. 0　D. $\sqrt{3}U_S$

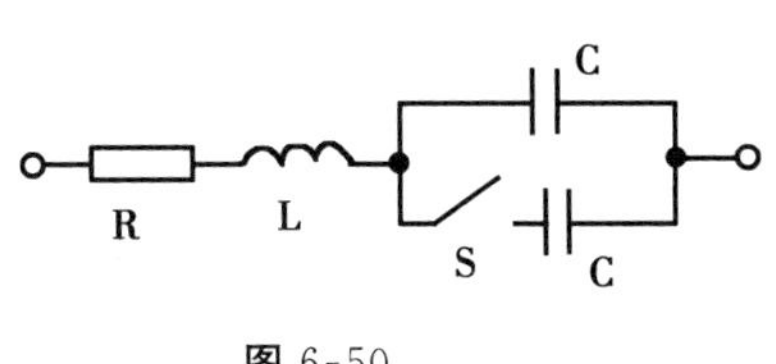

图6-50

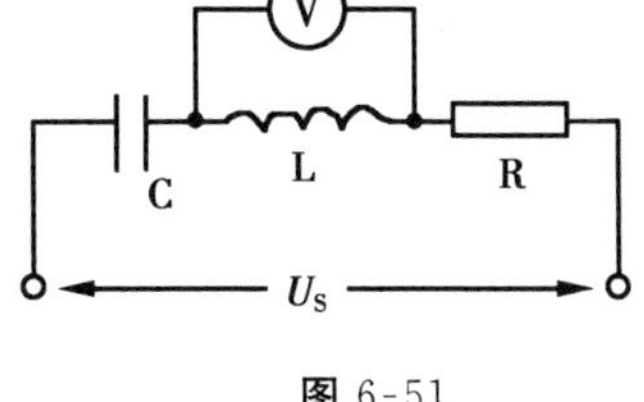

图6-51

5. 在RLC的表达式中，正确的是（　　）。

A. $U=U_R+U_L+U_C$　　B. $Z=\sqrt{R^2+X_L^2+X_C^2}$

C. $U=\sqrt{U_R^2+(U_L-U_C)^2}$　　D. $Z=R+X_L+X_C$

四、问答题

1. 解释：(1)交流电的周期、频率、角频率；(2)最大值、有效值、平均值；(3)相位、初相位、相位差；(4)感抗、容抗、电抗、阻抗。说明各组的几个量中存在什么关系。
2. 交流电有哪3种表示法？为什么从3种表示法中都能看出交流电的三要素？
3. “同相”、“反相”“超前”和“滞后”各是什么含义？对不同频率的交流电能否这样比较？为什么？
4. 在纯电容电路中，$I=\dfrac{U}{X_C}$，$I_m=\dfrac{U_m}{X_C}$，为什么 $i\neq\dfrac{U}{X_C}$？

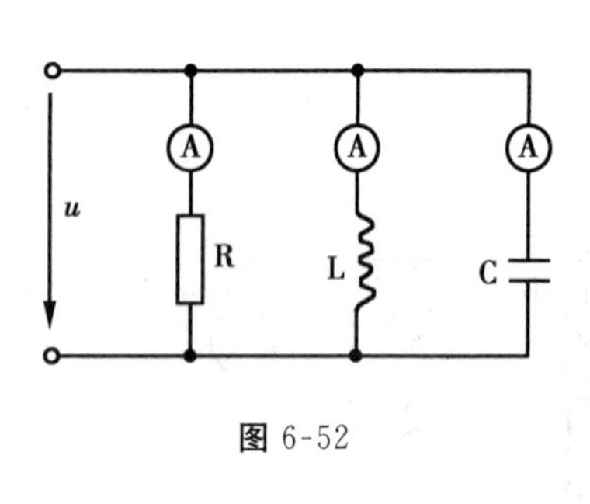

图 6-52

5. 为什么电容器加上交流电压时，电路中会有电流？
6. 直流电路中，频率、感抗、容抗各为多大？为什么直流电流容易通过电感而不能通过电容？为什么高频电流容易通过电容而不容易通过电感？
7. 在图6-52所示电路中，若正弦交流电源的电压有效值不变，而频率升高1倍时各电流表的电流将怎样变化？为什么？

*8. 为什么在交流并联电路中却有总电流小于支路电流的情况，而在直流并联电路中，总电流始终大于支路电流？

五、计算题

1. 已知正弦交变电动势 $e=220\sqrt{2}\sin\left(314\text{s}^{-1}t-\dfrac{\pi}{3}\right)$ V，求出它的 $E_m, E, \omega, f, T, \phi_0$；指出其三要素，并画出其波形图和旋转相量图。
2. 在图6-53中，已知干路总电流瞬时值为 $i=143\sin\left(\omega t-\dfrac{\pi}{4}\right)$ A，支路 Z_2 的电流瞬时值为 $i_2=78\sin\left(\omega t-\dfrac{\pi}{4.29}\right)$ A，试用相量法求支路 Z_1 的电流瞬时值表示式 i_1。

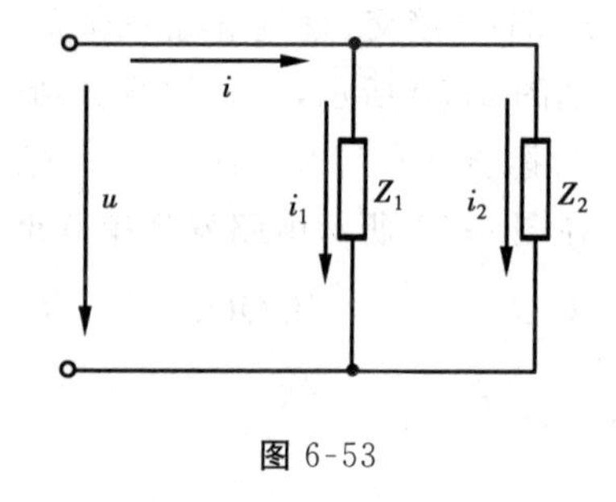

图 6-53

3. 图6-54为两同频率交变电流的波形图，试回答：(1)当 $f=50$Hz 时，它们的周期和角频率各为多少？(2)两者哪个超前、哪个滞后？相位差是多少？(3)写出两个瞬时值表达式。
4. 两交变电压分别为 $u_1=U_{1m}\sin\left(\omega t+\dfrac{\pi}{12}\right)$ V，$u_2=U_{2m}\sin\left(\omega t-\dfrac{\pi}{6}\right)$ V，试求它们第1次出现峰值的时间(即对应的电角度)。
5. 设角频率为 ω，试根据下列已知条件，写出电压、电流或电动势瞬时值表达式，并在同一坐标系中画出各自的波形图和相量图。

(1)$U=220\text{V},\phi_0=\frac{\pi}{3}$；

(2)$I_m=10\text{A}$，i滞后于u $\frac{\pi}{4}$；

(3)$E_m=310\text{V},\phi_0=-\frac{\pi}{6}$。

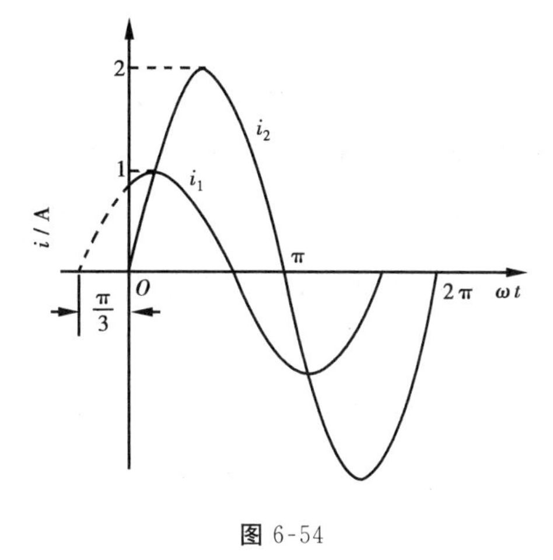

图 6-54

6. 1个额定值为"220 V，2 000 W"的电炉，接到电压为$u=220\sqrt{2}\sin\left(314\text{s}^{-1}t+\frac{\pi}{6}\right)$ V的电源上，试求：(1)通过电炉丝的电流瞬时值表达式；(2)画出电压与电流的波形图和相量图；(3)若每天使用3h，每月照30天算，1月能用电多少kW・h?

7. 将电阻为484 Ω的白炽灯泡接在$u=220\sqrt{2}\sin\left(314\text{s}^{-1}t-\frac{2}{3}\pi\right)$ V的交流电源上，试求通过灯泡的电流有效值及瞬时值表达式，并计算该灯泡的功率。

8. 有一线圈，其电阻小到可忽略不计，将其接在220V，50Hz的交流电源上，测得通过线圈的电流为2A，求线圈自感系数L。

9. 将容量为$C=20\mu\text{F}$的电容器接到$u=141\sin\left(100\pi\text{s}^{-1}t-\frac{\pi}{4}\right)$ V的电源上，试求：(1)流过电容器的电流有效值；(2)写出电流瞬时值表达式；(3)做出电流、电压的波形图和旋转相量图；(4)求无功功率；(5)当电源频率变为100 Hz时，电路的容抗是多少？电流有效值又是多少？

10. 1个10 μF的电容器，接于50 Hz、110 V的交流电源上，问通过电容器的电流多大？若电压初相位为零，画出电压、电流的相量图；写出电压、电流瞬时值表达式并求电容器的无功功率。

11. 有1个220 Ω的电阻，其额定电流是0.5 A，现要把它接到220V，50Hz的交流电源上，拟用一个纯电感线圈(电阻忽略)限流，若该电路电流仍为0.5A，试求线圈电感应为多大？

12. 在电子技术中，广泛应用RC串联电路。已知某阻容耦合电路中，$R=15$ kΩ，$C=10$ μF，输入电压有效值$U_i=5$ V，频率为100 Hz的交变电流，试求：(1)U_R，U_C各是多少？(2)输出总电压U_o和输入电压U_i的相位差是多少？

13. 一异步电动机，在某一负载下运行时，电阻$R=9$ Ω，感抗$X_L=27.8$ Ω，接在$U=220$ V交流电源上，试求：(1)电动机中的电流；(2)电动机的有功功率、无功功率及功率因数。

14. 把1个阻值为6 Ω的电阻和电容量为125 μF的电容器串联后接到$u=110\sqrt{2}\sin\left(\omega t+\frac{\pi}{2}\right)$ V的交流电源上，试求：(1)流过电路的电流；(2)画出电流、电压相量图；(3)电路有功功率、无功功率、视在功率和功率因数。

15. 在电容器中，由于有介质损耗，所以除了有电容C外，还有电阻，可等效于RC串联电路，若在该电容器上施加有效值为100 V的交流电压，测得电流$I=1$ A，功率$P=10$ W，试求等效电路中电阻和电容的大小。

16. 1个电感线圈的电阻$R=30$ Ω，$L=127$ mH，与一个容量$C=40$ μF的电容器串联后，接于

$u=220\sqrt{2}\sin\left(314\text{s}^{-1}t+\frac{\pi}{6}\right)$ V的电源上，试求：(1)感抗、容抗和阻抗；(2)电流有效值和瞬时值表达式；(3)有功功率、无功功率、视在功率和功率因数。

17. 在 RLC 串联电路中，已知 $R=16\ \Omega$，$X_L=4\ \Omega$，$X_C=16\ \Omega$ 接于电源电压 $u=100\sqrt{2}\sin\left(314\text{s}^{-1}t+\frac{\pi}{4}\right)$ V的电路中，试求：(1)电路的阻抗；(2)i，u_R，u_L，u_C 瞬时值表达式；(3)绘出相量图；(4)有功功率、无功功率、视在功率及功率因数。

18. 在图 6-55 中，电压表读数 $U_R=U_i=U_C=10$ V，试求总电压 U，并画出旋转相量图。

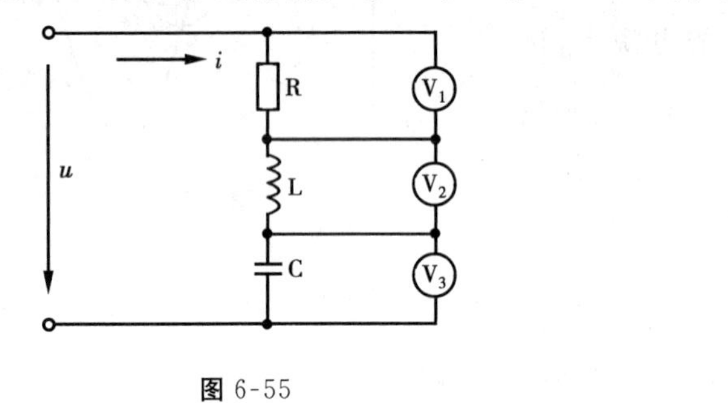

图 6-55

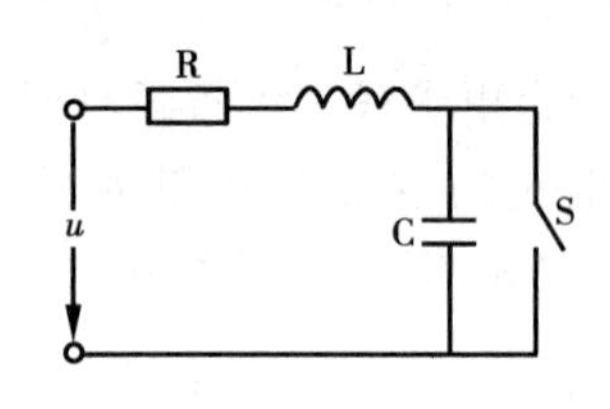

图 6-56

19. 有一 RLC 串联电路，已知 $R=40\ \Omega$，$L=254$ mH，$C=63.7\ \mu$F，在电容器两端并联一短路开关 S，如图 6-56 所示，当外加电压 $u=311\sin100\pi\text{s}^{-1}t$(V)时，试分别计算 S 闭合和分断两种情况下的电流 I 及 U_R，U_L，U_C。

20. 在 $u=110\sqrt{2}\sin\left(314\text{s}^{-1}t+\frac{\pi}{6}\right)$ V 的电源上，并接有 RLC 并联电路，其中 $R=10\ \Omega$，$X_L=8\ \Omega$，$X_C=15\ \Omega$，试求：(1)电阻、电感和电容各支路电流；(2)总电流；(3)做出电流、电压相量图；(4)电路的总功率。

21. 将一电阻 $R=50\ \Omega$，$L=4$ mH 的线圈与 $C=634$ pF 的电容器串联后，接于 $U=5$ V 的交流电源上，试求：(1)当电路处于谐振状态时，电流 I_0 及电容电压 U_{C0}；(2)当频率增加 10%时，电流 I_1 及电容电压 U_{C1}。

22. 在 RLC 串联谐振电路中，已知信号源电压 $U=1$ V，频率 $f=1$ MHz，电路谐振电流 $I_0=100$mA，电容两端电压 $U_{C0}=100$ V，试求：(1)电路元件参数 R，L，C；(2)电路品质因数 Q。

23. 在 RLC 串联谐振电路中，已知 $R=20\ \Omega$，$L=0.1$ mH，$C=100$ pF，品质因数 $Q=150$，交流电源电压有效值 $U=1$ mV，试求：(1)电路的谐振频率；(2)谐振阻抗；(3)谐振时电路中的电流 I_0。

六、实验题

1. 一盏日光灯在 220 V 交流电压下正常工作时，试用量程为 250 V 或 300 V 交流电压表分别检测灯管两端和镇流器两端电压，将二者之算数和与电源电压比较，解释其中的原因。

2. 一盏 40 W 日光灯在 220 V 交流电压下正常工作时，用功率因数表测出此时的功率因数。然后在灯具相线和中性线之间并入一只 4.75 μF/400 V 电容器，重测一次功率因数。将两次所测数据进行比较并分析其中的原因。

实验五

单一参数交流电路相位关系的测量

一、实验目的

验证纯电感电路和纯电容电路中的电流、电压之间存在$\frac{\pi}{2}$的相位差。

二、实验器材(以实验小组为单位)

序号	器材名称	型号规格	数量	单位	备注
1	超低频信号源	不限	1	台	
2	双踪示波器	SR-8 或其他	1	台	
3	电阻 R	4.7Ω/0.5W	1	个	
4	电感 L	0.04H/0.5A	1	个	
5	电容 C	(2 200～3 600)pF/63V	1	个	
6	导线		足用		

三、实验原理

在 RL 串联电路、RC 串联电路中，R 阻值的选择很小，与感抗和容抗相比小到可以忽略不计(即不明显影响实验结果)。这样的两个串联电路可看成纯电感电路和纯电容电路。电路必须利用 R 的目的是因为电路上的电流 I 与 R 端电压 U_R 同相，用 U_R 代替 I 的相位，便于分别与 L 和 C 两端的电压比较其相位关系。在本实验中，由于 R 阻值小，实际是将 R 上的电压与 RL(或 RC)串联电压(相当于纯电感电压或纯电容电压)分别输入双踪示波器中，通过荧光屏显示出 i(或 u_R)与 u_L(或 u_C)的相位差。

四、实验步骤

(1)按实验图 5-1 将超低频信号源，R，L 接成电路，将 R 的 A 端接入双踪示波器 Y_1 输入端，将 RL 的 B 端接双踪示波器 Y_2 输入端，公共端 C 接双踪示波器接地端子。

(2)开启超低频信号源，向 RL 串联电路提供 6 V，50Hz 左右的交流电源。观察双踪示波器荧光屏上的波形，并比较出二者的相位差，记入表实 5-1 中。

(3)将上述电路中的 L 换成 C，如实验图 5-2 所示重做第 2 步所述实验，观察荧光屏所示波形，并比较二者的相位差，记入表实 5-1 中。

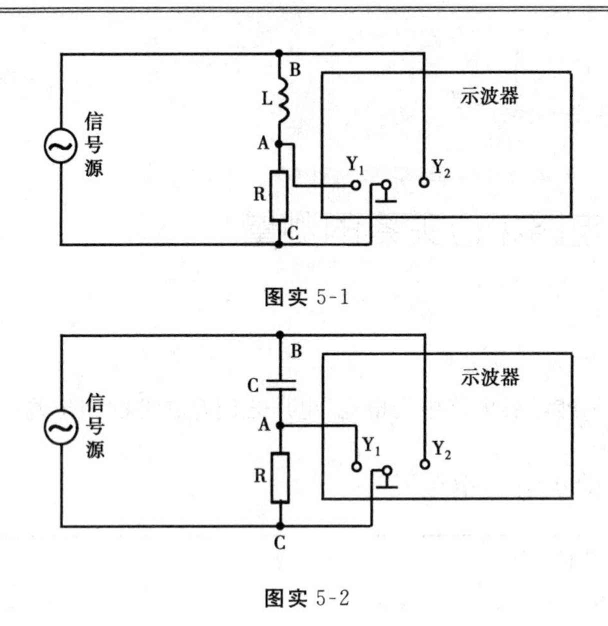

图实 5-1

图实 5-2

五、实验记录

实验结果记录在表实 5-1 中。

表实 5-1　实验结果记录

元件参数 / 测量内容		纯电感电路测量 R=________ L=________	纯电容电路测量 R=________ C=________
低频信号	电压		
	频率		
电流电压的波形			
相位差			

六、实验结果分析

(1)在纯电感、纯电容电路中，电流电压之间存在怎样的相位关系？

(2)实验结果是否有误差？如有，原因何在？

(3)在 RL 和 RC 两串联电路的 i—u 相位差测量中，哪个电路误差小？为什么？

实验六

RLC 串联谐振实验

一、实验目的

验证 RLC 串联电路的谐振条件及其 Q 值对谐振曲线的影响。

二、实验器材(以实验小组为单位)

序号	器材名称	规格型号	数量	单位	备注
1	超低频信号源	不限	1	台	
2	双踪示波器	SR-8 或其他	1	台	
3	电阻 R_1	16Ω/0.5W	1	只	
4	电阻 R_2	160Ω/0.5W	1	只	
5	电感 L	0.2H/0.5A	1	只	
6	电容 C	0.47μF/63V	1	只	
7	交流电流表Ⓐ	量程 50mA	1	只	可用万用表替
8	交流电压表Ⓥ	量程 1/3/10V	1	只	可用万用表替
9	连接导线		足用		

三、实验原理

在 RLC 串联电路中，当 $X_L=X_C$ 时电路呈纯电阻性，电流与电压同相，电路发生串联谐振。总电路电流最大。电感两端与电容两端电压很高，又称电压谐振。

在谐振状态，可作出电流随信号频率变化的曲线——谐振曲线。谐振曲线的陡峭程度与回路 Q 值有关，Q 值越大，曲线越尖锐。但 Q 值又与参数 R,L,C 有关，当 L,C 一定时，R 越大，Q 值越小，曲线越平缓。

四、实验步骤

(1)按实验图 6-1 将超低频信号源，双踪示波器，R，L，C 元件，电流表及电压表接入电路。

(2)因电阻上电流(及 RLC 串联电路电流)与电阻两端电压同相。所以可用电阻电压相位代替电流相位，并将其 A 端接于双踪示波器 Y_1 输入端，将 RLC 串联后的 B 端接于双踪示波器 Y_2 输入端，公共端 C 接地。

(3)开启超低频信号源，调节输出电压使 $U=3$ V，输出频率从 50 Hz 逐渐上升到 2 000 Hz，观察电流表读数的变化和示波器荧光屏上电流电压的波形的变化，记下阻抗角为零时的

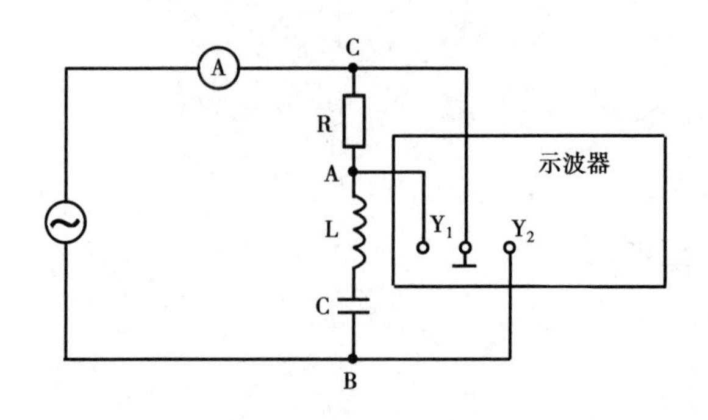

图实 6-1

谐振频率 f_0，用交流电压表测出谐振时的 U_L，U_C 值与计算数据比较，算出误差，一并记入表实 6-1 中。

表实 6-1　串联谐振状态有关参数记录

项　目	谐振频率	谐振电流	U_L	U_C	波　形
实验数据					
计算数据					
误　差					

(4)保持信号源输出电压、电路各元件参数不变，调节信号源频率依次为表实 6-2 所示定值，测出与之对应的电流值，记入该表中。

(5)在电路中将电阻 R_1 换成 R_2，按表实 6-2 所列频率重测各频率所对应的电流值，一并记入该表中。

(6)根据表实 6-2 所列数据，在实验图 6-2 所示的平面直角坐标系中，做出 i—f 曲线，即在两种不同电阻值 R_1 和 R_2(即两种不同 Q 值)时的 2 条谐振曲线。

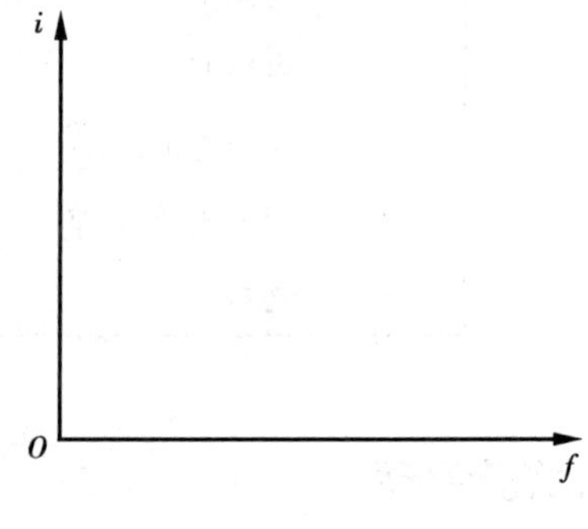

图实 6-2　i—f 曲线

五、实验结果分析

1. 通过本实验的实际测量中，能看出串联谐振有哪些特点？

表实 6-2　谐振曲线测试数据记录

频率 f/Hz	200	300	400	500	600	700	800	900	1 000	1 100	1 200
$R_1=16\Omega$ 时电流值											
$R_2=160\Omega$ 时电流值											

2. 从 R_1 和 R_2 所对应的两条不同谐振曲线，你看出了哪些问题？

3. 试分析表实 6-1 所列实验误差的产生原因。

第七章
三相交流电路

学习目标

在较大容量的用电设备中，都采用三相交流电路供电，特别是各行业的动力用电更是如此。所以懂得三相交流电路的结构、原理及相关计算，是电气工作人员应掌握的一项基本知识。通过本章学习，应达到：

①理解对称三相正弦量及相序的概念；

②掌握三相电源、三相负载的2种连接方式及它们的线电压与相电压、线电流与相电流、中线电流之间的关系，了解中线的作用；

③理解对称三相负载作星形、三角形联结时电压、电流和功率的计算。

第一节　三相交流电源

一、三相交流电的产生

三相交流电是由三相交流发电机产生的。三相交流发电机的原理如图7-1所示，它主要由定子和转子2部分组成。定子是在铁心槽里嵌入3组几何尺寸和匝数相同的线圈，该组线圈称为三相电枢绕组（也称为定子绕组）。它们排列在圆周上的空间位置互差$\frac{2\pi}{3}$角度，首端分别标以L_1，L_2，L_3，尾端分别标以L'_1，L'_2，L'_3。各相绕组电动势的正方向规定为由线圈的末端指向首端。转子是一对磁极，转子铁心上绕有励磁绕组，并通入直流电流励磁。适当地选择磁极面的形状和励磁绕

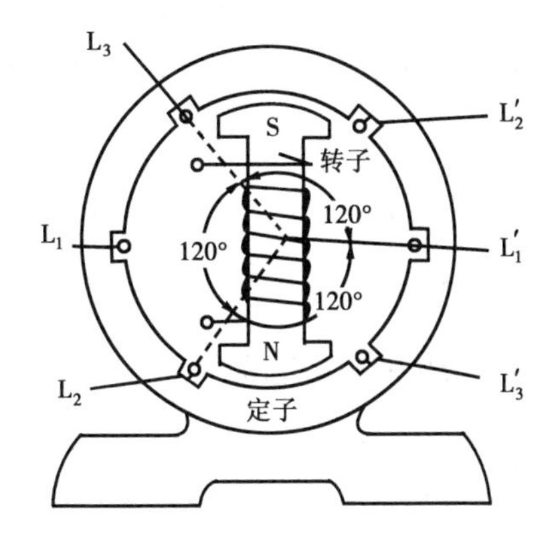

图7-1　三相交流发电机的原理示意图

组的结构，可使定、转子间的气隙中磁感应强度近似按正弦规律分布。

当转子由原动机带动并按顺时针方向以角速度 ω 匀速转动时，就相当于各相绕组依次以角速度 ω 逆时针匀速旋转，作切割磁感线运动，因而产生感应电动势 e_1，e_2，e_3。由于 3 个绕组的结构相同，在空间相差$\frac{2\pi}{3}$的角度，所以 e_1，e_2，e_3 3 个电动势的振幅相同，频率相同，彼此间的相位差为$\frac{2\pi}{3}$。若把 e_1 的初相位规定为零，那么三相电动势的瞬时值表达式为

$$\begin{cases} e_1 = E_m \sin\omega t \\ e_2 = E_m \sin\left(\omega t - \frac{2}{3}\pi\right) \\ e_3 = E_m \sin\left(\omega t + \frac{2}{3}\pi\right) \end{cases} \tag{7-1}$$

它们的波形图和旋转相量图如图 7-2 所示。

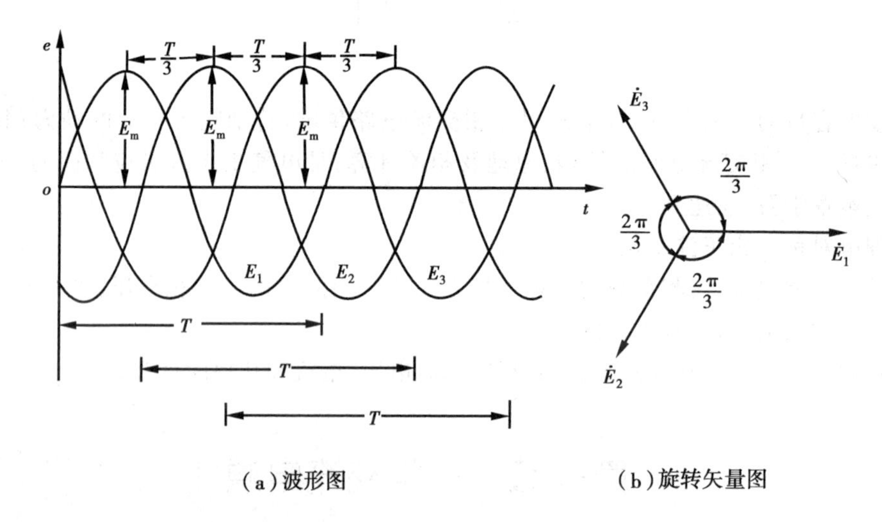

图 7-2　三相对称电动势的波形图和旋转相量图

从图 7-2 可以看出，e_1 超前 e_2 $\frac{2\pi}{3}$达最大值，e_2 又超前 e_3 $\frac{2\pi}{3}$达最大值，这种先后的顺序称为相序。习惯上三相交流电的相序为 L_1—L_2—L_3。

在电工技术和电力工程中，把这种振幅相同、频率相同，相位彼此相差$\frac{2\pi}{3}$的三相电动势称为对称三相电动势，能供给三相电动势的电源就称为三相电源。产生三相电动势的每个线圈称为一相。

二、三相四线制电源

三相电源的 3 个线圈本来有 6 个端头（接头），如果把 3 个线圈的末端 L'_1，L'_2，L'_3 联结成 1 个公共点并用 1 根导线引出，把 3 个线圈的首端 L_1，L_2，L_3 各用 1 根导线引出，如图 7-3 所示。这种联结方式构成的供电系统称为三相四线制电源，用符号“Y”表示。上述的公共点称为中性点（零点），用 N 表示，从中性点引出的导线称为中性线（零线），用黑色或白色表示。中

性线一般是接地的，也称为地线。从 3 个首端引出的 3 根导线称为相线（俗称火线），分别用黄、绿、红 3 种颜色表示。

三相四线制电源可输送 2 种电压，即相电压和线电压。各相线与中性线之间的电压称为相电压，分别用 U_1，U_2，U_3 表示其有效值。相线与相线之间的电压称为线电压，分别用 U_{12}，U_{23}，U_{31} 表示其有效值。它们与相电压之间的关系为

$$\begin{cases}\dot{U}_{12}=\dot{U}_1-\dot{U}_2\\ \dot{U}_{23}=\dot{U}_2-\dot{U}_3\\ \dot{U}_{31}=\dot{U}_3-\dot{U}_1\end{cases} \tag{7-2}$$

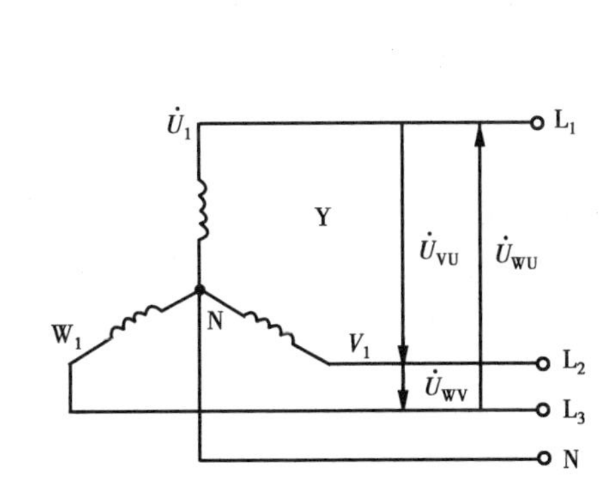

图 7-3　三相四线制电源

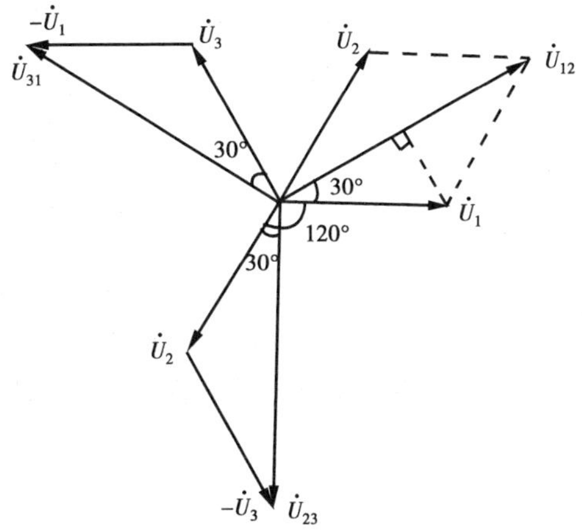

图 7-4　三相四线制电源旋转相量图

由上式可做出它们之间的旋转相量图，如图 7-4 所示。

从图中可以看出

$$\cos 30^\circ=\frac{\frac{1}{2}U_{12}}{U_1}$$

化简上式即得线电压 U_{12} 与相电压 U_1 间的关系

$$U_{12}=\sqrt{3}U_1$$

同理可得

$$U_{23}=\sqrt{3}U_2$$

$$U_{31}=\sqrt{3}U_3$$

一般线电压用 U_l 表示，相电压用 U_ϕ 表示，则线电压与相电压间的关系的一般式为

$$U_l=\sqrt{3}U_\phi \tag{7-3}$$

从图 7-4 还可看出线电压 U_{12}，U_{23}，U_{31} 分别超前相应的相电压 U_1，U_2，U_3 $\frac{\pi}{6}$。三个线电压彼此间的相位差仍为 $\frac{2\pi}{3}$，所以线电压也是中心对称的。

通过以上讨论可以得出如下结论：

(1)对称三相电动势有效值相等，频率相同，各相之间的相位差为 $\frac{2\pi}{3}$；

(2)三相四线制电源的相电压和线电压都是中心对称的；

(3)线电压是相电压的$\sqrt{3}$倍，线电压的相位超前相应的相电压$\frac{\pi}{6}$。

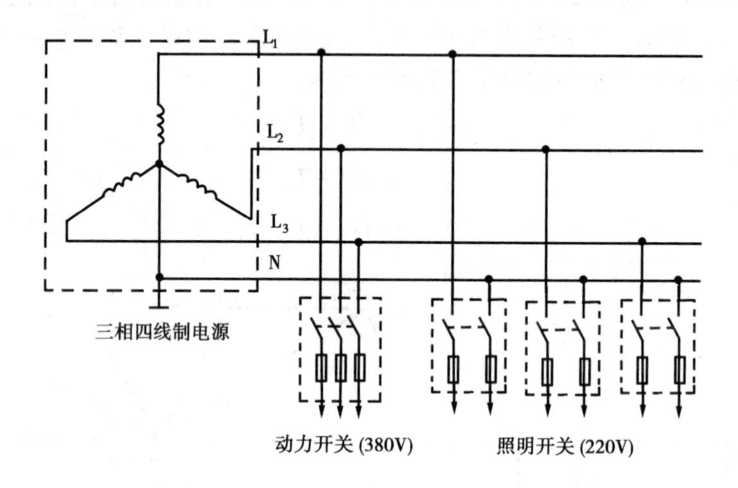

图 7-5　三相四线制低压配电线路

图 7-5 是三相四线制低压配电线路，接到动力开关上的是 3 根相线，它们之间的电压$U_l=380V$，可为三相电动机等负载供电。接到照明开关上的是相线和中性线，它们之间的电压$U_\phi=220V$。

第二节　三相负载的接法

用电器统称为负载，负载分单相负载和三相负载。单相负载是指只需单相电源供电的设备，如电灯、电熨斗、电烙铁等。三相负载是指同时需要三相电源供电的负载，如三相交流电动机，大功率电炉等。三相负载分对称三相负载和不对称三相负载。如果每相负载的大小和性质完全相同，即$R_U=R_V=R_W$，$X_U=X_V=X_W$。这样的负载称为对称三相负载。各相负载不同的就叫不对称三相负载。

三相负载有星形(Y)和三角形(△)2 种联结方式。

一、三相负载的星形接法

1. 联结方式

把各相负载的末端 U_2，V_2，W_2 连在一起接到三相电源的中性线上；把各相负载的首端 U_1，V_1，W_1 分别接到三相交流电源的 3 根相线上，这种联结的方法称为三相负载的星形接法。图 7-6(a)为三相负载星形接法的原理图，图 7-6(b)为三相负载星形接法的实际电路图。

每相负载两端的电压叫做负载的相电压，用$U_{Y\phi}$表示。从图中可以看出，当忽略输电线的电阻时，负载的相电压等于电源的相电压($U_{Y\phi}=U_\phi$)。负载的线电压用U_{Yl}表示，它也等于电源的线电压，因此负载的线电压与相电压的关系为$U_{Yl}=\sqrt{3}U_{Y\phi}$。

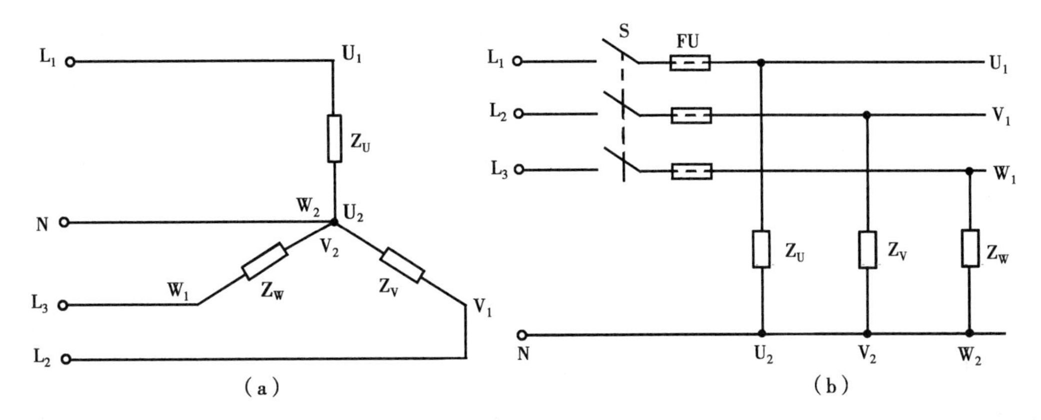

图 7-6　三相负载的星形接法

2. 电路计算

流过每一相负载的电流叫相电流，分别用 $I_{U\phi}$，$I_{V\phi}$，$I_{W\phi}$ 表示，一般用 $I_{Y\phi}$ 表示，流过每根相线的电流称为线电流，分别用 I_U，I_V，I_W 表示，一般用 I_{Yl} 表示。

当负载作星形联结并具有中性线时，三相负载中的每一相就是一个单相交流电路，各相负载的电压与电流间的数量及相位关系可用第六章学习过的单相交流电路的方法来处理。

由于电源是对称的，负载也是对称的，因此流过每相负载的电流大小(相电流)是相等的，即

$$I_{Y\phi}=I_{U\phi}=I_{V\phi}=I_{W\phi}=\frac{U_{Y\phi}}{Z_{\phi}}$$

各相电流之间的相位差为$\frac{2\pi}{3}$。因此计算星形接法的对称三相负载每一相的电流只需计算其中一相就行了。

根据基尔霍夫第一定律可知，流过中性线的电流为

$$i_N=i_{U\phi}+i_{V\phi}+i_{W\phi}$$

上式对应的旋转相量关系为

$$\dot{I}_N=\dot{I}_U+\dot{I}_V+\dot{I}_W$$

做出对称三相负载的相电流旋转相量图，如图 7-7 所示。根据上式求出旋转相量和为零，即

$$\dot{I}_N=0$$

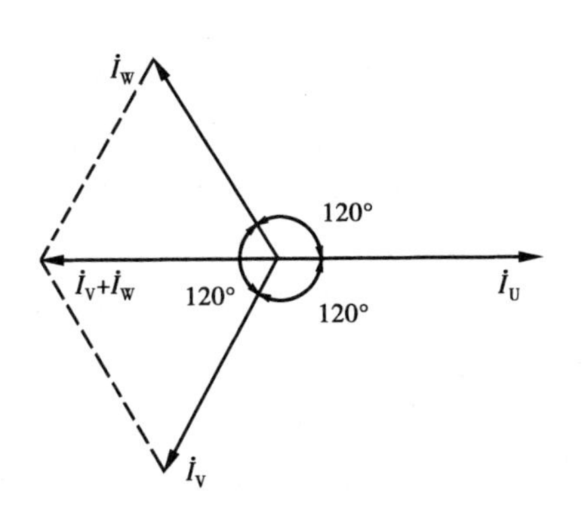

图 7-7　星形联结的三相对称负载电流相量图

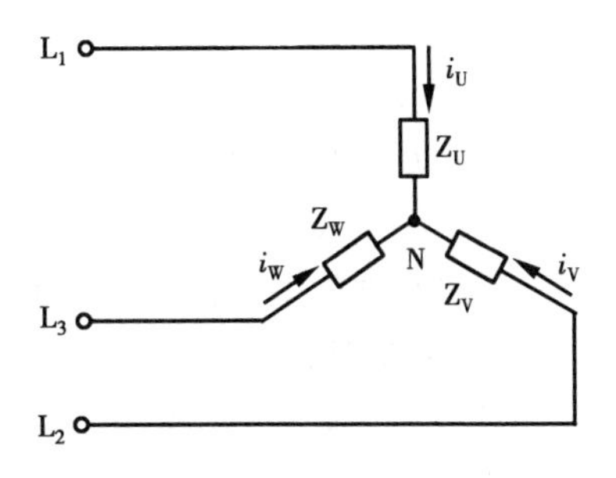

图 7-8　三相三线制电路

这说明星形联结的对称三相负载各相电流的瞬时值之和为零,即中性线里没有电流流过。因此去掉中性线也不影响三相电路的正常工作,于是可以把中性线去掉,成为三相三线制电路,如图 7-8 所示。常用的三相电动机和三相变压器都是对称三相负载,可采用三相三线制供电。

从图 7-6(a)还可看出,由于每相负载都串在相线上,相线和负载流过的是同一个电流,所以各相电流等于各线电流,即

$$\begin{cases} I_{U\phi} = I_U \\ I_{V\phi} = I_V \\ I_{W\phi} = I_W \end{cases} \tag{7-4}$$

一般写成 $I_{Y\phi} = I_{Yl}$

【例 7-1】 星形联结的对称三相负载,每相的电阻 $R=6\ \Omega$,感抗 $X_L=8\ \Omega$,接到线电压 $U_l=380\text{V}$的三相电源上。求负载的相电压 $U_{Y\phi}$,相电流 $I_{Y\phi}$及线电流 I_{Yl}。

解:先求电源的相电压

$$U_\phi = U_l/\sqrt{3} = 380\ \text{V}/\sqrt{3} = 220\ \text{V}$$

每相负载的阻抗为

$$Z_\phi = \sqrt{R^2 + X_L^2} = \sqrt{(6\ \Omega)^2 + (8\ \Omega)^2} = 10\ \Omega$$

由于是对称三相负载做星形联结,所以每相负载两端的相电压等于电源的相电压,即

$$U_{Y\phi} = U_\phi = 220\ \text{V}$$

$$I_{Y\phi} = \frac{U_{Y\phi}}{Z_\phi} = \frac{220\ \text{V}}{10\ \Omega} = 22\ \text{A}$$

$$I_{Yl} = I_{Y\phi} = 22\text{A}$$

3. 不对称负载星形联结时中性线的作用

三相负载很多情况下是不对称的,最常见的照明电路就不可能把每相负载做得对称。这种情况,中性线的作用将显得十分重要,下面通过一个具体的例子来分析三相四线制电路中性线的重要作用。

把额定电压为 220 V,功率分别为 100 W,40 W,60 W 的 3 个灯泡做星形联结,然后接到三相四线制的电源上。电源的线电压为 380 V,则相电压为 220 V,与灯泡的额定电压相同,为了便于说明问题,假设在中性线和各相负载上都安有开关 S_N,S_U,S_V,S_W 如图 7-9 所示。当所有开关都闭合时,每个灯泡都能正常发光。当断开 S_U,S_V,S_W 中的任意 1 个或 2 个开关时(S_N 闭合),处在通路状态下的灯泡两端的电压仍是电源的相电压,灯泡仍然正常发光。上述两种情况是由于有中性线,灯泡两端的电压能维持 220V 不变,所以灯泡能正常发光,只是各相电流的数值不相等,中性线电流不等于零。如果断开 S_W,再断开中性线开关 S_N,电路就成为图 7-9(b)所示。此时 40 W 的灯泡反而比 100 W 的灯泡亮得多。其原因是,去掉了中性线,2 个灯泡(40 W 和 100 W 灯泡)串联起来后接到了 2 根相线上,即加在 2 个串联灯泡两端的电压是线电压(380 V)。又由于 100 W 灯泡的电阻比 40 W 灯泡的电阻小,根据串联分压原理可知,100 W 灯泡两端的电压比 40 W 灯泡两端的电压低些,因此,100 W 灯泡反而较暗,而 40 W 灯泡两端的电压高于 220 V,会发出更强的光,还可能将灯泡烧毁。

可见,对于不对称星形负载的三相电路,必须采用带中性线的三相四线制电路。若去掉中性线,可能使某一相的电压过低,该相用电器不能正常工作;某一相电压过高,烧毁该相负载。因此,中性线对于不对称星形负载的正常工作及安全是非常重要的,它可以保证三相负载电压

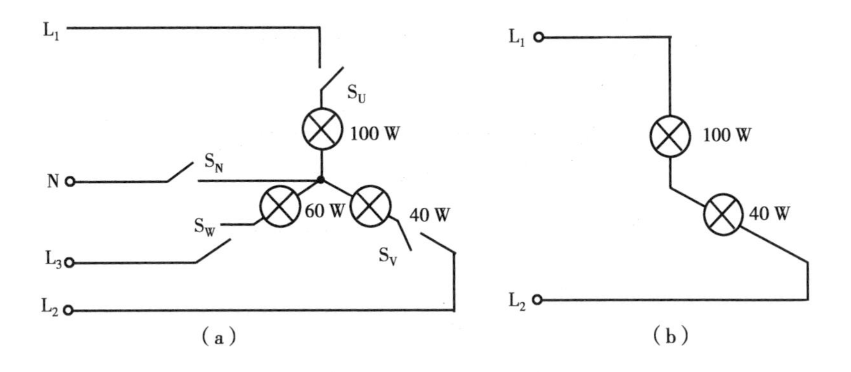

图 7-9　星形联结不对称负载

对称，防止发生事故。在三相四线制供电中规定，中性线不许安装保险丝和开关。通常还要把中性线接地，使它与大地电位相同，以保证安全。

【例 7-2】　在如图 7-10 所示的三相照明电路中各相电阻分别为 $R_U=30\ \Omega$，$R_V=30\ \Omega$，$R_W=10\ \Omega$，将它们联结成星形接到线电压为 380 V 的三相四线制电路中，各灯泡的额定电压为 220 V。试求：(1)各相电流、线电流和中性线电流；(2)若中性线因故断开，U 相灯全部关闭，V 和 W 两相灯全部工作，V 相和 W 相电流多大？会出现什么情况？

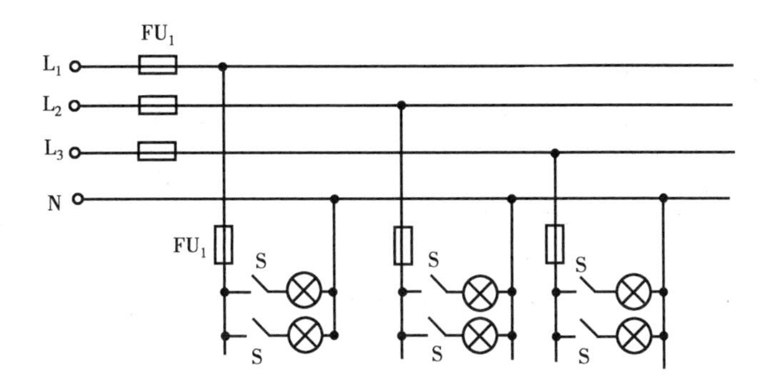

图 7-10

解：(1)每相灯泡的相电压为

$$U_{Y\phi}=\frac{U_{Yl}}{\sqrt{3}}=\frac{U_l}{\sqrt{3}}=\frac{380\ \text{V}}{\sqrt{3}}=220\ \text{V}$$

V 相和 U 相的电阻相等，则电流也相等

$$I_{U\phi}=I_{V\phi}=\frac{U_{Y\phi}}{Z_\phi}=\frac{U_{Y\phi}}{R_U}=\frac{220\ \text{V}}{30\ \Omega}\approx 7.33\ \text{A}$$

$$I_{W\phi}=\frac{U_{Y\phi}}{R_W}=\frac{220\ \text{V}}{10\ \Omega}=22\ \text{A}$$

由于线电流等于相电流，则线电流为

$$I_{U\phi}=I_{V\phi}=I_U=7.33\ \text{A}$$

$$I_{W\phi}=I_W=22\ \text{A}$$

由于是电阻性电路，各相电流与对应相电压的相位相同，作出旋转相量图如图 7-11(a)所示。

中性线电流为

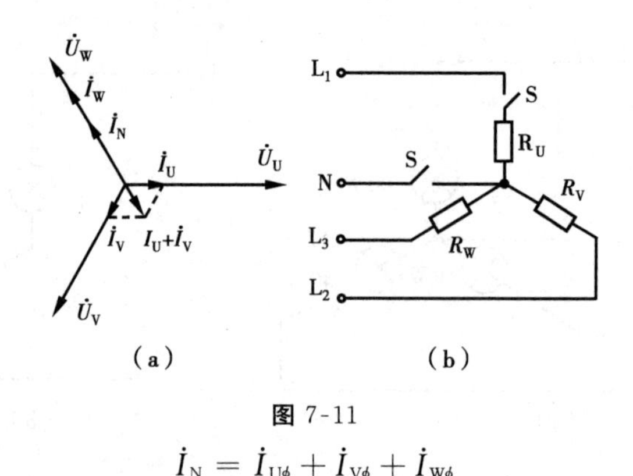

图 7-11

$$\dot{I}_N = \dot{I}_{U\phi} + \dot{I}_{V\phi} + \dot{I}_{W\phi}$$

从相量图根据几何知识可求得中性线电流 I_N 为

$$I_N = I_{W\phi} - 2I_{V\phi}\cos\frac{\pi}{3} = 22\ \text{A} - 7.33\ \text{A} = 14.67\ \text{A}$$

并且$\dot{I}_N$ 与$\dot{I}_W$ 的相位相反。

(2)中性线断开并且关闭 U 相负载后,电路如图 7-11(b)所示。R_V 与 R_W 串联后接到线电压 U_{VW}上,V 相和 W 相流过的电流为同一个电流,即

$$I_V = I_W = \frac{U_I}{R_V + R_W} = \frac{380\ \text{V}}{30\ \Omega + 10\ \Omega} = 9.5\ \text{A}$$

V 相和 W 相的电压分别为

$$U_V = I_V R_V = 9.5\ \text{A} \times 30\ \Omega = 285\ \text{V}$$

$$U_W = I_W R_W = 9.5\ \text{A} \times 10\ \Omega = 95\ \text{V}$$

可见 V 相灯泡两端的电压超过了额定电压,灯泡会烧毁。W 相灯泡两端的电压低于额定电压,灯泡不能正常工作。当 V 相灯泡烧毁后,W 相也处于开路状态。

这就再一次证明了不对称星形负载(如照明电路)必须采用三相四线制供电,中性线绝对不能省去。

二、三相负载的三角形接法

1. 联结方式

把三相负载分别接到三相交流电源的每两根相线之间,这种连接方法称为三角形接法,用符号“△”表示。图 7-12(a)所示是负载三角形接法的原理图,图 7-12(b)所示是负载三角形接法的实际电路图。

因为三相负载作三角形连接是每相负载直接接在两相线之间,因此每相负载的相电压与电源线电压相等,且每相电压是对称的,即

$$U_{UV} = U_{VW} = U_{WU} = U_I$$

一般写成

$$U_{\triangle\phi} = U_I \tag{7-5}$$

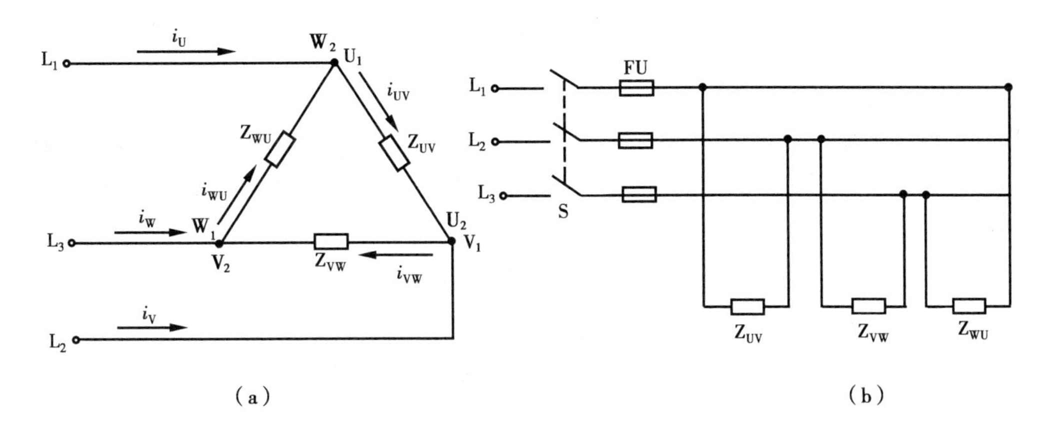

图 7-12　三相负载的三角形接法

2. 电路计算

对每相负载来说，都是单相交流电路，各相电流和电压之间的数量关系与相位关系与单相交流电路相同。

由于三相电源是对称的，因此流过对称负载的各相电流也是对称的。应用第六章介绍的单相交流电路的计算方法可知各相电流的有效值为

$$I_{UV}=I_{VW}=I_{WU}=\frac{U_{\triangle\phi}}{Z_{UV}}$$

各相电流的相位差为$\frac{2\pi}{3}$。

由图 7-12(a)应用基尔霍夫第一定律，可求出线电流与相电流之间的关系为

$$\begin{cases} i_U=i_{UV}-i_{WU} \\ i_V=i_{VW}-i_{UV} \\ i_W=i_{WU}-i_{VW} \end{cases}$$

对应的旋转相量关系为

$$\begin{cases} I_U=I_{UV}-I_{WU} \\ I_V=I_{VW}-I_{UV} \\ I_W=I_{WU}-I_{VW} \end{cases}$$

因为电流对称，负载也对称，所以作出各相电流 I_{UV}，I_{VW}，I_{WU}的旋转相量图，如图 7-13 所示。应用平行四边形法则可求出线电流为

$$I_U=2\,I_{UV}\cos30^\circ=2\,I_{UV}\times\frac{\sqrt{3}}{2}=\sqrt{3}\,I_{UV}$$

同理可求出

$$I_V=\sqrt{3}I_{VW}$$

$$I_W=\sqrt{3}I_{WU}$$

由此可见，当对称负载做三角形联结时，线电流的大小为相电流的$\sqrt{3}$倍，一般写成

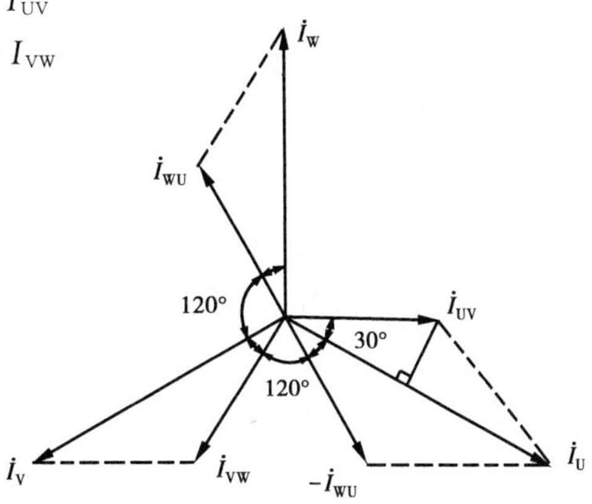

图 7-13　对称三角形负载的电流旋转相量图

$$I_{\triangle l} = \sqrt{3} I_{\triangle \phi} \tag{7-6}$$

线电流的相位比相应的相电流滞后$\frac{\pi}{6}$。

【例 7-3】 在对称三相电路中，电源的线电压为 380 V，三相负载为 $R=3\ \Omega$，$X_L=4\ \Omega$，将它们分别接成星形和三角形。试求：线电压、相电压、相电流、线电流的大小各是多少？

解：(1)采用星形接法时

$$Z = \sqrt{R^2 + X_L^2} = \sqrt{(3\ \Omega)^2 + (4\ \Omega)^2} = 5\ \Omega$$

$$U_{Yl} = 380\ \text{V}$$

$$U_{Y\phi} = \frac{U_{Yl}}{\sqrt{3}} = \frac{380\ \text{V}}{\sqrt{3}} = 220\ \text{V}$$

$$I_{Yl} = I_{Y\phi} = \frac{U_{Y\phi}}{Z} = \frac{220\ \text{V}}{5\ \Omega} = 44\ \text{A}$$

(2)采用三角形接法时

$$U_{\triangle l} = U_{\triangle \phi} = 380\ \text{V}$$

$$I_{\triangle \phi} = \frac{U_{\triangle \phi}}{Z} = \frac{380\ \text{V}}{5\ \Omega} = 76\ \text{A}$$

$$I_{\triangle l} = \sqrt{3} I_{\triangle \phi} = \sqrt{3} \times 76\text{A} = 132\ \text{A}$$

由上例可知，在同一个对称三相电源作用下，对称负载做三角形联结时的线电流是负载做星形连接时线电流的 3 倍。

以上分别介绍了对称三相负载的星形联结和三角形联结，那么在实际应用时如何选择联结方法呢？应根据负载的额定电压和电源电压的数值而定，务必使每相负载所承受的电压等于其额定电压。例如对线电压为 380 V 的三相电源来说，当电动机每相绕组额定电压为 220 V 时，电动机应联结成星形；当电动机每相绕组的额定电压为 380 V 时，则应联结成三角形。

第三节　三相交流电路的功率

由于是对称三相电源，负载也是对称的，所以计算三相电路的功率，可按单相电路的方法进行，再求和即可。

一、平均功率

不管三相负载是星形联结还是三角形联结，它的总平均功率（或称有功功率）等于各相负载的平均功率之和，即

$$P = P_U + P_V + P_W \tag{7-7}$$

若已知各相电压、相电流的有效值及功率因数时，则有

$$P = U_U I_U \cos\phi_U + U_V I_V \cos\phi_V + U_W I_W \cos\phi_W$$

式中，ϕ_U，ϕ_V，ϕ_W 为各相电压、相电流之间的相位差。

在对称三相电路中，如果负载也是对称的，则相电流及相电压也是对称的，即

$$U_\phi = U_U = U_V = U_W$$

$$I_\phi = I_U = I_V = U_W$$
$$\phi = \phi_U = \phi_V = \phi_W$$

则负载消耗的总功率可简化为

$$P = 3U_\phi I_\phi \cos\phi \tag{7-8}$$

式中：U_ϕ——负载的相电压；

I_ϕ——负载的相电流；

ϕ——相电压与相电流之间的相位差；

P——三相负载的总有功功率。

由上式可知，对称三相电路的总有功功率为一相有功功率的 3 倍。

对于对称三相电路，常给出线电流和线电压。若是星形联结时，则

$$U_l = \sqrt{3}U_\phi$$
$$I_l = I_\phi$$

若是三角形联结时，则

$$U_l = U_\phi$$
$$I_l = \sqrt{3}I_\phi$$

所以，对称负载不论作星形联结还是三角形联结，三相电路的总有功功率用线电压、线电流来表示都为

$$P = \sqrt{3}U_l I_l \cos\phi \tag{7-9}$$

二、无功功率

同单相电路一样，三相负载中既有耗能元件，又可能有储能元件。因此，三相交流电路中除有功功率外，还有无功功率和视在功率。应用上面的方法，可以推出对称三相电路的无功功率为

$$Q = 3U_\phi I_\phi \sin\phi = \sqrt{3}U_l I_l \sin\phi \tag{7-10}$$

三、视在功率

在三相电路中的视在功率，仍按功率三角形计算。有

$$S = \sqrt{P^2 + Q^2} \tag{7-11}$$

在对称三相电路中，有

$$S = 3U_\phi I_\phi = \sqrt{3}U_l I_l$$

将上式代入平均功率和无功功率公式即可得

$$\begin{cases} \cos\phi = \dfrac{P}{S} \\ P = S\cos\phi \\ Q = S\sin\phi \end{cases} \tag{7-12}$$

【例 7-4】 有一对称三相负载，每相电阻 $R=6\ \Omega$，感抗 $X_L=8\ \Omega$，电源线电压为 380 V，试求星形联结和三角形联结时的总功率（有功功率）。

解：每相负载的阻抗为

$$Z = \sqrt{R^2 + X_L^2} = \sqrt{(6\Omega)^2 + (8\Omega)^2} = 10\ \Omega$$

(1)星形联结时

负载的相电压

$$U_\phi = \frac{U_l}{\sqrt{3}} = \frac{380\ \text{V}}{\sqrt{3}} = 220\ \text{V}$$

负载相电流等于线电流

$$I_\phi = I_l = \frac{U_\phi}{Z} = \frac{220\ \text{V}}{10\ \Omega} = 22\ \text{A}$$

负载的功率因数

$$\cos\phi = \frac{R}{Z} = \frac{6\ \Omega}{10\ \Omega} = 0.6$$

故总功率

$$P = \sqrt{3}U_l I_l \cos\phi = \sqrt{3} \times 380\ \text{V} \times 22\ \text{A} \times 0.6 \approx 8.7\ \text{kW}$$

(2)三角形联结时

$$U_\phi = U_l = 380\ \text{V}$$

$$I_\phi = \frac{U_\phi}{Z} = \frac{380\ \text{V}}{10\ \Omega} = 38\ \text{A}$$

$$I_l = \sqrt{3}I_\phi = \sqrt{3} \times 38\ \text{A} \approx 66\ \text{A}$$

负载的功率因数不变,三相总功率

$$P = \sqrt{3}U_l I_l \cos\phi = \sqrt{3} \times 380\ \text{V} \times 66\ \text{A} \times 0.6 \approx 26\ \text{kW}$$

由上面的计算又一次说明,在同一三相电源作用下,同一对称负载做三角形连接时的线电流和总功率是星形联结时的 3 倍。对于无功功率和视在功率也有同样的结论。

阅读·应用十

三相笼型异步电动机

一、三相笼型异步电动机的基本结构

三相异步电动机的基本结构分成定子(固定不动部分)和转子(旋转部分)2 部分,如图 7-14(a)所示。

定子由铁心、定子绕组和机座三部分组成。定子铁心由厚度为 0.5mm 的硅钢片叠压而成,以减小损耗。硅钢片的内圆周的边缘也冲有槽孔,用来嵌入定子绕组,如图 7-14(b)所示。中小型电动机的定子绕组大多采用漆包线绕制;按一定规则连接,把 3 相绕组的 6 个线头(即首尾端)引到电动机机座出线盒的接线柱上,并分别用 $U_1—U_2$,$V_1—V_2$,$W_1—W_2$ 标出,可以根据需要将三相绕组连成星形或三角形,如图 7-15 所示。

转子铁心也是由硅钢片叠成圆筒形,筒内压入电动机转轴,作为机械转矩的输出轴。筒的

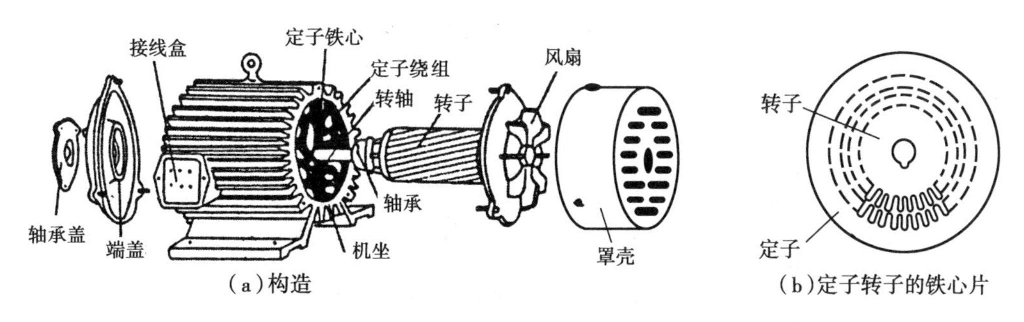

(a)构造　　(b)定子转子的铁心片

图 7-14　三相异步电动机的构造

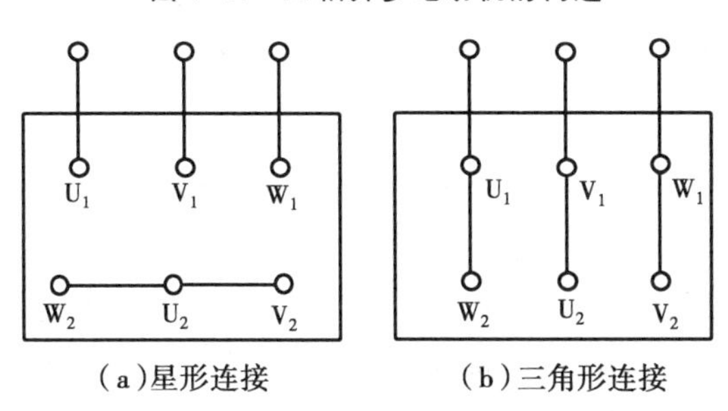

(a)星形连接　　(b)三角形连接

图 7-15　电动机定子三相绕组的连接

外表冲有槽，槽内嵌入转子绕组。转子绕组是由嵌放在转子铁心槽内的铜条组成，铜条两端与铜环焊接起来(也可用铸铝，将铝条、铝环铸在一起)，形成一闭合回路，如图 7-16 所示。由于这种转子绕组的结构与一个鼠笼相似，故把具有这种结构的三相异步电动机称为笼型电动机。额定功率在 100 kW 以下的笼型异步电动机一般都采用铸铝转子绕组。

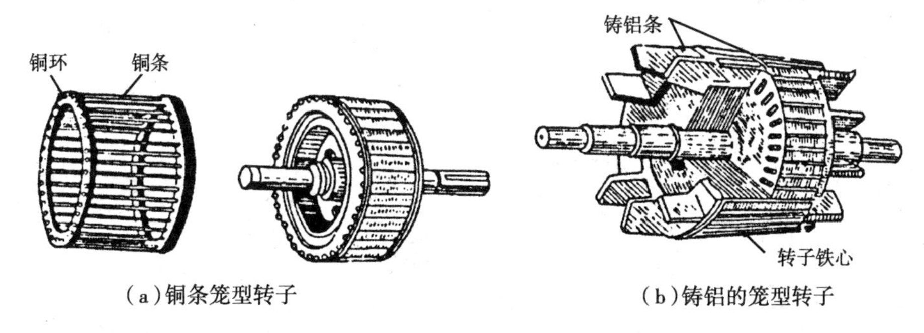

(a)铜条笼型转子　　(b)铸铝的笼型转子

图 7-16　笼型电动机转子绕组结构

二、三相异步电动机的工作原理

1. 旋转磁场的产生

三相异步电动机的三相定子绕组是对称(即绕组尺寸相同、匝数相等，空间位置互差 120°)的。以定子绕组星形联结为例，将它们的首端 U_1，V_1，W_1 接到三相对称电源上，3 个绕组中就有三相对称电流流过。设三相电源的相序为 U—V—W，各相电流之间的相位差是 120°，以 i_U 为参考正弦量，则

$$i_U = I_m \sin\omega t$$

$$i_V = I_m \sin(\omega t - \frac{2\pi}{3})$$

$$i_{W} = I_{m}\sin(\omega t + \frac{2\pi}{3}) \tag{7-13}$$

其波形如图 7-17 所示。

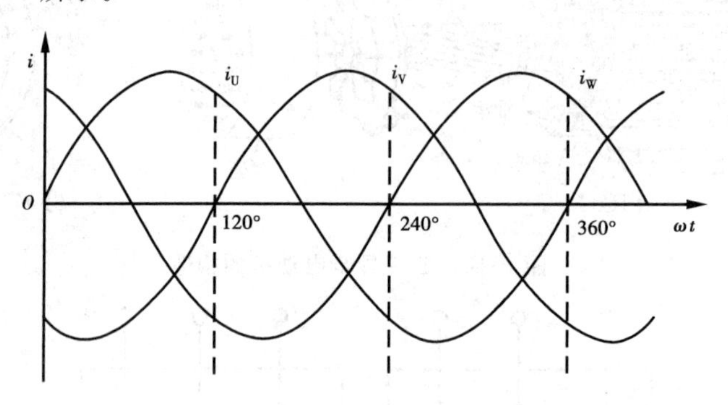

图 7-17　三相绕组中电流的波形图

只要 3 个定子绕组中有正弦电流流过，根据电流的磁效应，每个绕组就要产生 1 个按正弦规律变化的磁场。为了形象地阐述旋转磁场的产生过程，我们规定：三相交流电为正半周时（电流为正值），电流由绕组的首端流向末端，图中由首端流进纸面用“⊗”表示，由末端流出纸面用“⊙”表示；反之电流由末端流向首端。

现以图 7-18 为例来说明旋转磁场的产生。

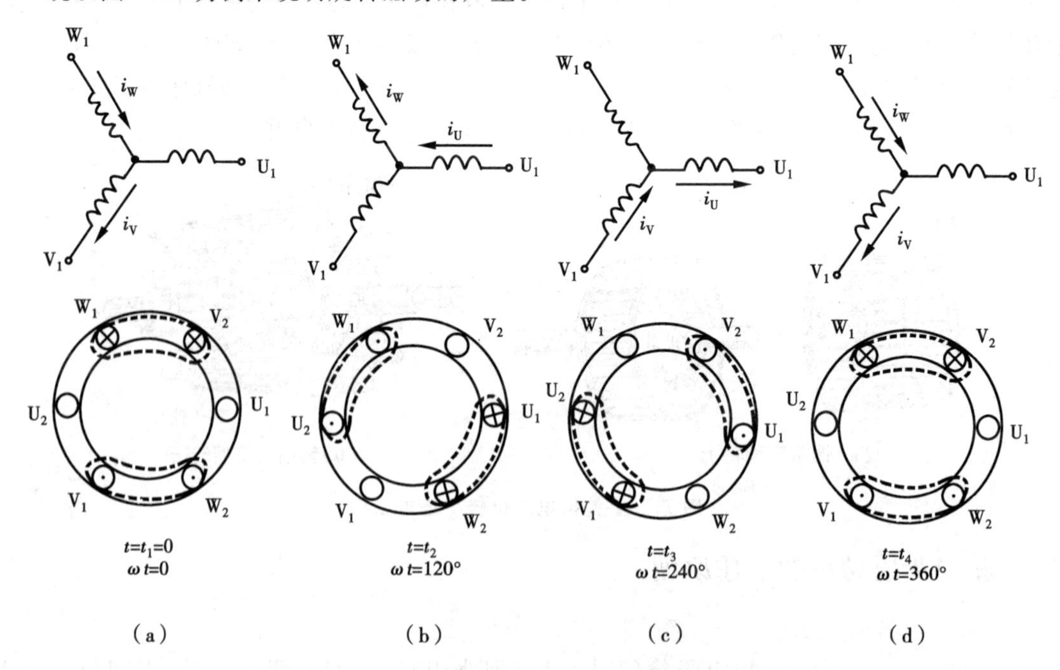

图 7-18　不同时刻的三相合成两极磁场

(1)图 7-18(a)所示，当 $t=t_1=0$ 时，$\omega t=0$，$i_U=0$，U 相绕组没有电流而不产生磁场；$i_V<0$，V 相绕组中的电流，由末端 V_2 流向首端 V_1；$i_W>0$，W 相绕组中的电流由首端 W_1 流向末端 W_2。由右手螺旋定则可以确定磁场方向由右指向左（右边为 S 级，左边为 N 极）。

(2)图 7-18(b)所示，当 $t=t_2$ 时，$\omega t=120°$，$i_U>0$，U 相绕组中的电流由 U_1 流向 U_2；$i_V=0$，V 相绕组中无电流；$i_W<0$，W 相绕组中的电流由 W_2 流向 W_1。与 $t=t_1=0$ 时比较，由右手

螺旋定则确定的磁场方向在空间已顺时针旋转了 120°。

(3)图 7-18(c)所示，当 $t=t_3$ 时，$\omega t=240°$，用同样的方法分析可知，磁场的方向又顺时针旋转了 120°。当 $t=t_4$ 时，$\omega t=360°$，磁场方向在空间顺时针旋转了 360°回到了 $t=0$ 时的位置，如图 7-18(d)所示。

由此可见，对称三相正弦电流 i_U，i_V，i_W 分别通入三相绕组时，产生一个随时间变化的旋转磁场。磁场有 1 对磁极(N 极、S 极)，因此，又叫两极旋转磁场。电流的相位变化多少相位角，两极旋转磁场就同样旋转多少空间角。若电流连续不断地变化相位，则磁场就不停地转动与相位对应的空间角，从而形成旋转磁场。

2. 旋转磁场的转速

旋转磁场转速的高低，与各相绕组的连接方式有关，即与磁极对数有关，磁极对数 $P=1$ 时，这个两极旋转磁场与正弦电流同步变化。对 50 Hz 的正弦交流电来说，旋转磁场在空间每秒钟旋转 50 周。以转/分(r/min)为转速单位，旋转磁场转速 $n_1=50\ \text{Hz}\times 60\text{s}=3\ 000\ \text{r/min}$。若交流电频率为 f，则 $n_1=60f$。当磁极对数 $P=2$ 时(四极电动机)，交流电变化 1 周，旋转磁场只旋转$\frac{1}{2}$周，它的转速为 $P=1$ 时磁场转速的$\frac{1}{2}$。以此类推，当旋转磁场有 P 对磁极时，交流电变化 1 周，旋转磁场只转动$\frac{1}{P}$周。故当交流电频率为 f，磁极对数为 P，则转速 n_1 为

$$n_1=\frac{60f}{P}$$

式中：f——三相交流电的频率，单位名称是赫[兹]，符号为 Hz；

P——旋转磁场的磁极对数；

n_1——旋转磁场的转速，单位名称是转每分，符号为 r/min。

当交流电源的频率为 50Hz，电动机旋转磁场的转速与磁极对数的关系如表 7-1 所列。

表 7-1

磁极对数 P	1	2	3	4	5
旋转磁场转速 $n_1/(\text{r}\cdot\text{min}^{-1})$	3 000	1 500	1 000	750	600

3. 三相异步电动机的工作原理

当三相异步电动机的定子绕组接入三相对称交流电时，在定、转子之间的气隙内产生一个旋转磁场，该磁场与转子之间产生相对运动，转子绕组切割旋转磁场磁感线，产生感应电动势与感应电流。该感应电流在旋转磁场中又要受到磁场力的作用而产生电磁转矩，使电动机的转子跟随旋转磁场转动起来。图 7-19 为电动机转动原理示意图。

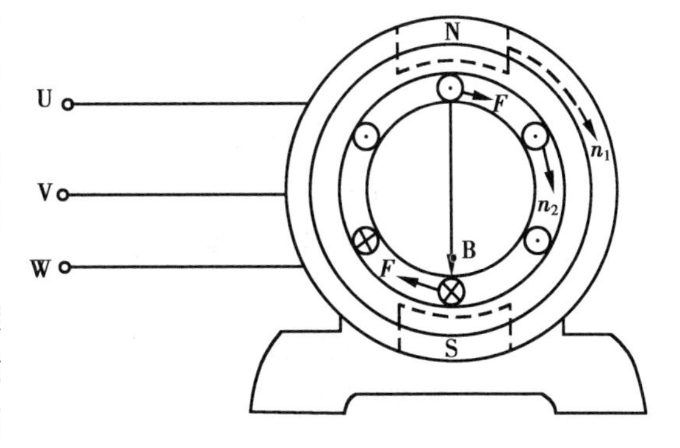

图 7-19 **转子转动原理图**

如图 7-19 所示，当磁场以顺时针方向旋转时，可以把磁场看作不动，而转子相对于磁场作逆时针方向切割磁感线的旋转运动(相对运动)。根据右手定则可以判定转子上半

部分导体的感应电流方向为穿出纸面;下半部分导体的感应电流方向为进入纸面。于是转子在磁场中又要受到磁场力的作用。根据左手定则可以判定转子上半部分导体所受磁场力的方向向右;下半部分导体所受磁场力的方向向左。这两个力对于转轴形成一电磁转矩,使转子随着旋转磁场的转向,以转速 n_2 旋转。

由此看出,异步电动机的转动方向与旋转磁场的转动方向是一致的。如果旋转磁场的方向变了,转子的转动方向也要随着改变。

转子转速 n_2 必须小于旋转磁场转速 n_1(同步转速)。如果转子的转速 $n_2=n_1$,则转子导体和旋转磁场之间就不存在相对运动(两者相对静止),转子导体就不切割磁感线,因此也就不存在感应电动势、感应电流和电磁转矩,转子不能继续以同步转速 n_1 转动。在负载一定的条件下,如果转子转速变慢时,转子与旋转磁场间的相对运动加强,使转子受的电磁转矩加大,于是转子转动加快。因此,转子转速 n_2 总是与同步转速 n_1 保持一定转速差,即保持着异步关系,所以把这类电动机叫异步电动机,又因为这类电动机是应用电磁感应原理制成的,所以也叫感应电动机。

三、转差率、调速和反转

1. 转差率

异步电动机的同步转速 n_1 与转子转速 n_2 之差,即 n_1-n_2 叫做转速差。它与同步转速 n_1 之比,叫异步电动机的转差率,用 S 表示,即

$$S=\frac{n_1-n_2}{n_1}\times 100\% \tag{7-14}$$

转差率是异步电动机的一个重要参数。例如,电动机刚起动瞬间,$n_2=0$,则 $S=1$。随着转速的升高,S 减小。在极限情况下 $n_2=n_1$(实际不可能),则 $S=0$。实际上转差率 S 一般在 6% 以下,即一般电动机转速 n_2 比同步转速 n_1 低 6% 以下。可见转差率 S 可以表明异步电动机的运行速度,其变化范围是

$$0<S\leqslant 1$$

为了便于计算异步电动机转子的转速,转差率公式也可改写成

$$n_2=(1-S)n_1=(1-S)\frac{60f}{P} \tag{7-15}$$

2. 调速

在实际应用中往往需要改变电动机的转速,而根据公式 $n_2=(1-S)n_1=(1-S)\frac{60f}{P}$ 可知,改变转速有3种办法:

(1)改变电源频率 f:变频调速是一种很有效的调速方法。但我国的电网频率是固定的50Hz,必须配备复杂的变频设备(如现在的变频空调),所以改变电源频率的方法不易采用。

(2)改变转差率 S:笼型异步电动机的转差率是不易改变的,所以,不用改变转差率来调速。

(3)改变磁极对数 P:在制造电机时,设计了不同的磁极对数,可根据需要改变定子绕组的接线方式,以此来改变磁极对数(如二极、四极),使电动机获得不同的转速。一般采用此方法。

3. 反转

由于电动机的旋转方向与旋转磁场的方向一致,而旋转磁场的方向又是由三相电源的相

序决定的，所以要使电动机反转只需要使旋转磁场反转，为此只要将三相电源的三根相线中的任意两根对调即可。

图 7-20 是电动机正、反转控制原理图。当倒顺开关 S_2 向上接通时，通入电动机定子绕组的电源相序是 L_1—L_2—L_3，则电动机沿顺时针方向转动；当 S_2 向下接通时，通入电动机的电源相序变为 L_1—L_3—L_2，则电动机逆时针转动。

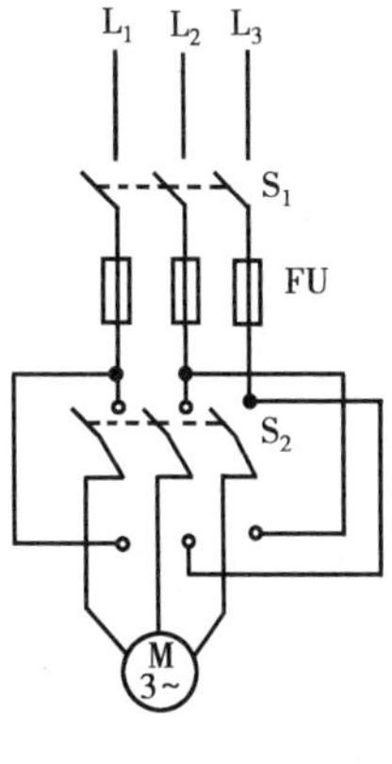

图 7-20　正反转控制原理

阅读·应用十一

发电、输电与配电

电能由发电厂产生，经变压器转换成高压，通过输电线进行高压远距离输送，最后再由变压器根据各个工农业生产单位及其他用户对电压的需要变换成低压后再进行配电，这样就构成了发电、输电、配电的完整电力系统。图 7-21 为发电、输电、配电系统简图，图中输电线均用单线表示。

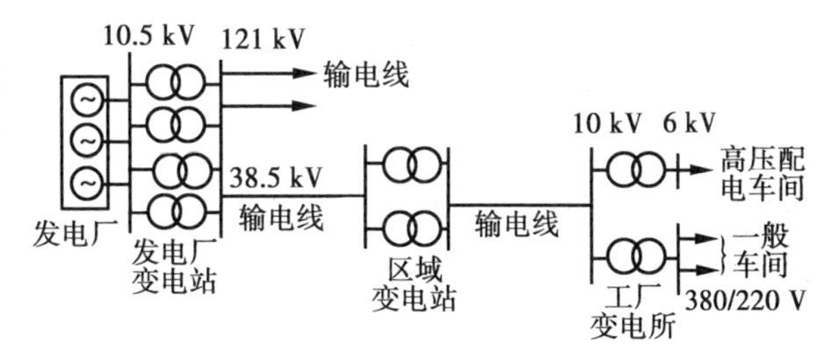

图 7-21　发电、输电、配电系统简图

一、发电

将其他形式的能量转换成电能的过程叫发电。按转换的能源不同，主要分为火力发电、水力发电、太阳能发电、核能发电等。此外还可利用风力、天然气、地热等能源来发电。

火力发电主要以煤为燃料，用煤将水加热变成高压蒸汽，冲动汽轮机作为原动机来带动三相交流发电机。有的火力发电厂除了产生电能外，还能供应工业所需的蒸汽和热水，故又称为热电厂。

水力发电是以水轮机作为原动机，利用水的势能带动水轮机，水轮机带动三相交流发电机发电。虽然水电站投资大、建设时间长，但不需燃料、无污染，而且发电成本较火力发电低。水力发电还可以和水利枢纽工程相结合，从而收到综合利用的实效。我国有长江、黄河等巨大的水力资源，为发展我国电力工业提供了非常优越的条件。建国以来，我国政府十分重视水力发电站建设，为国民经济的增长和人民生活的改善提供了充足的电能，如葛洲坝电站、三门峡电站、二滩电站已投产多年，为国家现代化建设源源不断输送电力。将要建成的三峡水电站，早已蜚声海内外，它将以世界一流水电站的雄姿屹立在世界东方。

随着科学技术的发展，核能发电已成为现实，它将发电技术推上了一个新的台阶。核能发电站基本上与火力发电厂相同，只是以核反应堆代替煤锅炉，以少量的“核燃料”代替了大量的燃煤。

二、输电

为了减少在输电过程中的电能损耗，发电厂生产的电能，一般都经过变压器升压后，进行高压输电。输电电压视输电容量和距离的远近而定，输电容量愈大，距离愈远，输电电压就愈高，发电机的电压通常是6.3，10.5，13.8，15.75 kV等几个档次，容量在50 000 kW以上的发电机输出电压多采用13.8 kV或15.75 kV。目前我国交流输电电压有10，35，110，220，330，500 kV等几个等级。

根据三相交流电功率$P=\sqrt{3}UI\cos\varphi$可知，在输电容量P一定时，输送电压越高，电流越小。高压输电的突出优点有：一是减小了输电线路横截面，节省金属材料和架线成本；二是根据$P=RI^2$，减少线路电阻造成的功率损耗。

三、配电

发电厂生产的电能，经高压输电，送到目的地后，要根据工厂或用户用电容量的大小、电压的高低，用变压器降压后进行分配。

工厂车间为主要配电的对象之一。对只装有小容量电动机的车间可由地方变电所或本厂变电所直接配给380/220 V的低电压。装有100 kW以上大容量电动机的车间则应进行独立的高压专用配电，再由车间变电所降为所需电压，供各电气设备使用。在车间中，通常采用分别配电的方式，即将动力配电与照明配电线路一一分开，这样既便于检修，又避免了因局部事故而影响整个车间的正常运行。

本章小结

1. 由三相电源供电的电路叫三相交流电路。如果三相交流电源的电压振幅相等、频率相同、相位互差$\frac{2\pi}{3}$，则称为三相对称电动势，在Y接法中其线电压U_l与相电压U_ϕ的关系为

$$U_l=\sqrt{3}U_\phi$$

实际的三相发电机提供的都是对称三相电源。e_1，e_2，e_3依次达到最大值，所以L_1—L_2—L_3为三相交流电的相序。

2. 三相负载的星形联结：星形联结的对称三相负载多采用三相四线制供电，也可以去掉中性线采用三相三线制供电。负载的电压和电流有如下关系：

(1)负载两端电压(相电压)等于电源线电压的$\frac{1}{\sqrt{3}}$；

(2)流过负载的相电流等于相线上的线电流；

(3)中性线电流I_N等于零。

对于不对称三相负载只能采用三相四线制供电。因为中性线电流不等于零。中性线上不能安装开关或保险。如果中性线断了，将造成各相负载两端电压不对称，负载不能正常工作甚至发生危险。

3. 当三相负载联结成三角形时，无论负载是否对称，负载两端相电压等于电源线电压，当负载对称时，相电流等于线电流的$\frac{1}{\sqrt{3}}$。

4. 三相对称电路的功率为

$$P = 3U_\phi I_\phi \cos\phi = \sqrt{3}U_1 I_1 \cos\phi$$

$$Q = 3U_\phi I_\phi \sin\phi = \sqrt{3}U_1 I_1 \sin\phi$$

$$S = \sqrt{3}U_1 I_1 = \sqrt{P^2 + Q^2}$$

如果电路不对称，各相功率要分别计算，总功率为各相功率之和。

习题七

一、填空题

1. 在三相四线制中，线电压是相电压的________倍，即$U_L =$________U_ϕ，线电压与相电压相位关系为________________，线电流是相电流的____倍。
2. 已知对称三相四线制电路中，V相电压瞬时值表达式为$U_V = U_m \sin(314t - \frac{\pi}{4})$(V)，则$U_U =$____________(V)，$U_W =$____________(V)。
3. 在三相不对称电路的星形联结中，中线的作用是能使三相电路成为____________的回路，此时无论各相负载有无变动，每相负载均承受着________的相电压的作用。
4. 对称负载做△联结时，线电压$U_L =$________相电压U_ϕ；线电流$I_L =$________相电流I_ϕ，线电压对相电压的相位为________。
5. 如将三相负载接入三相电源中，究竟采用Y联结还是△联结，是根据三相电源的________和负载的________大小来决定的。
6. 在同一对称三相电压作用下，对称负载做△联结时的总功率是做Y联结时的________倍。
7. 在对称负载的三相电路中，无论负载做Y联结或△联结，其三相电路的有功功率$P =$____________，或$P =$____________。无功功率$Q =$____________，或$Q =$____________。视在功率$S =$____________。

二、判断题

1. 在三相四线制电路中，当其中一相负载改变时，对其他两相均有很大影响。（　　）
2. 当三相负载接成△联结时，其中一相负载改变，对其他两相均有影响。（　　）
3. 负载做Y联结时不能省去中线。（　　）
4. 在Y联结的三相电路中，负载越接近对称，中线电流越小。（　　）
5. 在同一电源作用下，同一负载做Y联结或△联结时，其线电压是不同的。（　　）
6. 只要负载做三角形联结，线电流必定是相电流的$\sqrt{3}$倍。（　　）

7. 不管负载是否对称，只要用星形联结，其线电流总是等于相电流。（　）

8. 在同一电源作用下，无论负载做星形或三角形联结，其有功功率均等于$\sqrt{3}U_L I_L \cos\varphi$。（　）

9. 当负载额定电压等于电源线电压时，该三相负载应采用三角形联结。（　）

10. 当负载额定电压等于电源相电压时，该三相负载应联结成星形。（　）

三、单项选择题

1. 在三相四线制电路中。线电 压U_L与相电压U_ϕ的关系应满足（　）。

A. $U_L=\sqrt{3}U_\phi$，相位差$\frac{2}{3}\pi$

B. $U_L=\sqrt{3}U_\phi$，U_L超前U_ϕ $\frac{\pi}{3}$

C. $U_L=\sqrt{3}U_\phi$，U_L超前U_ϕ $\frac{\pi}{6}$

D. $U_L=U_\phi$，U_L与U_ϕ同相位

2. 如其中一相负载改变，对另两相均无影响的三相电路是（　）。

A. 星形联结三相四线制电路

B. 星形联结三相三线制电路

C. 三角形联结三相三线制电路

D. 都不对

3. 能省去中线的星形联结三相电路是（　）。

A. 对称负载　　B. 不对称负载

C. 使用中可变动的负载　　D. 都不是

4. 对称三相负载接入三相四线制电源时，究竟用Y联结或△联结的依据是（　）。

A. 电源线电压等于负载额定电压用Y联结

B. 电源相电压等于负载额定电压用Y联结

C. 电源相电压等于负载额定电压用△联结

D. 都不对

5. 在同一电源作用下，三相对称负载无论是Y联结还是△联结，其有功功率均等于（　）。

A. $P=3U_\phi I_\phi \sin\varphi$　　B. $P=\sqrt{3}U_L I_L \cos\varphi$

C. $P=3U_L I_L \cos\varphi$　　D. $P=\sqrt{3}U_L I_L \sin\varphi$

四、问答题

1. 什么是对称三相电动势？

2. 什么是三相四线制电源？它的线电压与相电压之间在数量和相位上有什么关系？

3. 已知某三相四线制电源的相电压是6 kV，它的线电压是多少？

4. 已知对称三相四线制电源中，L_2相的电动势瞬时值表达式为$e_{L2}=380\sqrt{2}\sin\left(100\pi s^{-1}t+\frac{\pi}{3}\right)$V。

试求：

(1)按习惯相序写出 e_{L1}，e_{L3} 的瞬时值表达式；

(2)作出 e_{L1}，e_{L2}，e_{L3} 的旋转相量图。

5. 负载为星形联结的对称三相电路，有中性线和没有中性线有无差别？若负载不对称则情况又怎样？

6. 对线电压为 380 V 的对称三相电源，现有一额定电压为 220 V 的三相电动机，若把这个电动机接成三角形，会出现什么后果？若电动机的额定电压为 380 V，我们把它接成星形，又会出现什么情况？

五、计算题

1. 电阻性三相负载做星形联结，各相的电阻分别为 $R_U=20\ \Omega$，$R_V=20\ \Omega$，$R_W=10\ \Omega$，接到线电压为 380 V 的对称三相电源上。试求：相电流、线电流和中性线电流。

2. 1 个三相电炉，每相电阻为 22 Ω，接到线电压为 380 V 的对称三相电源上。

   (1)当电炉接成星形时，求相电压、相电流和线电流；

   (2)当电炉接成三角形时，求相电压、相电流和线电流。

3. 作星形联结的三相负载，各相电阻 $R=6\ \Omega$，电感 $L=25.5\ \text{mH}$，把它接到频率 $f=50\ \text{Hz}$，线电压为 380 V 的三相电源中，试求：流过每相负载的电流及平均功率。

4. 我国低压供电系统的电压为 380 V/220 V，现有两组负载，一组额定电压为 220 V，另一组额定电压为 380 V，各应采用什么连接方式？

5. 三相电动机的绕组联结成△，电压为 380 V，$\cos\phi=0.8$，输入功率 $P=10\ \text{kW}$，求线电流和相电流。

6. 有 1 三相负载的有功功率为 20 kW，无功功率为 15 kvar，求该负载的功率因数。

7. 三相对称负载做△联结，各相电阻 $R=8\ \Omega$，感抗 $X_L=6\ \Omega$，将它接到线电压为 380 V 的对称电源上，求相电流、线电流及负载的总有功功率。

8. 三相对称负载做 Y 联结，接入线电压为 380 V 的三相四线制电源，每相负载的电阻为 6 Ω，感抗为 8 Ω，求：$U_{Y\phi}$，$I_{Y\phi}$，I_{Yl}。

9. 做△联结的对称负载，接入线电压为 380 V 的对称电源上，各相负载的电阻为 6 Ω，感抗 8 Ω，求：$U_{\triangle\phi}$，$I_{\triangle\phi}$，$I_{\triangle l}$。

10. 在图 7-22 所示的三相照明电路中，已知 $R_U=R_V=10\ \Omega$，$R_W=20\ \Omega$，电源线电压为 380 V。试问：

    (1)各相电流和中性线电流各为多少？

    (2)如果 U 相断开，各相电流各为多少？

    (3)如果 U 相断开，中性线也断开，各相负载两端的电压是多少？各相电流是多少？V 相和 W 相能否正常工作？

11. 三相对称负载接到线电压为 380 V 的对称三相电源上，其中 $R_U=R_V=R_W=10\ \Omega$，$X_U=X_V=X_W=8\Omega$，试分别求出负载做 Y 联结和△联结的相电压、相电流、线电流以及有功功率和视在功率，并对 2 种接法加以比较。

12. 三相对称负载联结成 Y，接到线电压为 380 V 的三相对称电源上，负载消耗的有功功率 $P=5.28\ \text{kW}$，功率因数 $\cos\phi=0.8$，试求负载的相电流。如果将负载改成△联结，电源线电压不变，试求：线电流、相电流和有功功率。

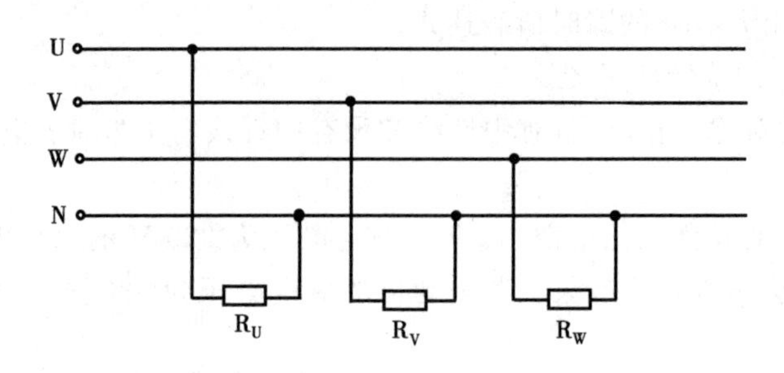

图 7-22

13. 三相对称负载作星形联结,每相负载的阻抗 $Z=20\ \Omega$,$\cos\phi=0.8$,电源线电压为 380 V,求线电流、电阻、感抗及三相总功率。
14. 在图 7-23 所示电路中,电源线电压为 380 V。

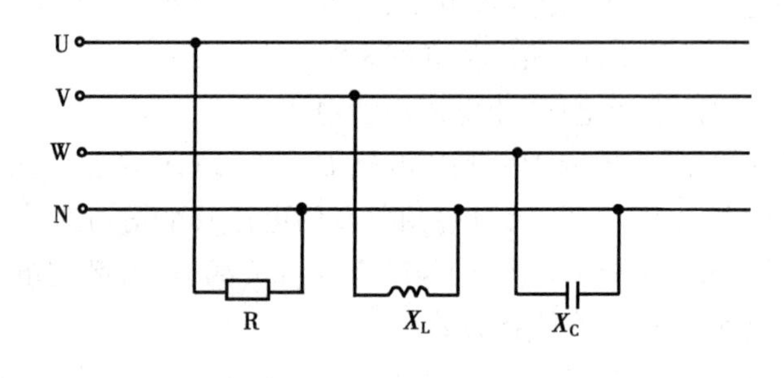

图 7-23

(1)如果各相负载的阻抗都是 10 Ω,则负载是否对称?

(2)设 $R=X_L=X_C=10\ \Omega$,求各相电流,并用旋转相量图求中性线电流。

六、实验题

选择一台铭牌清晰的三相笼型异步电动机,先记下接线盒中三相绕组的 6 个端子位置后,再拆下连接片,用万用表电阻挡相应量程测出三相绕组各自的直流电阻值。然后根据铭牌所示额定电压、电流、功率因数等参数,计算出各相绕组电感量 L(每相绕组可视为 R－L 串联电路)。

实验七

三相负载的 Y,△联结

一、实验目的

1. 掌握三相负载的 Y 和△联结的接线方法;
2. 验证三相负载对称时,线电压与相电压,线电流与相电流的关系;
3. 理解中性线的作用(负载不对称时)。

二、实验器材(以实验小组为单位)

序号	名　　称	代　号	规　格	数量	备　注
1	电工、电子实验台		ZH—12	1	
2	电流表	Ⓐ	0～300mA	3	
3	开　关	$S_1 \sim S_4$		4	
4	交流电压表	Ⓥ	0～600V	1	或万用表
5	灯　泡	$D_1 \sim D_8$	220V,15W	8	
6	灯　座			8	
7	连接导线			足用	

三、实验原理

1. Y 联结

对称三相负载做星形联结时，电压、电流的关系为

$$I_{Y\phi} = I_{Yl} \qquad U_{Yl} = \sqrt{3}U_{Y\phi}$$

如果负载不对称，在有中性线情况下，各相电压仍是相等的，但中性线上有电流。若无中性线，各相负载电压不相等。

2. △联结

对称三相负载做三角形联结时，有如下关系。

$$U_{\triangle\phi} = U_{\triangle l} \qquad I_{\triangle l} = \sqrt{3}I_{\triangle\phi}$$

四、实验步骤

1. Y 联结

(1)按图实 7-1 接好线路，经老师检查无误后，依次闭合开关 S_1，S_2，S_3，S_4；

(2)将电流表读数以及测出的各相电压及各线电压，记入表实 7-1 中；

(3)断开开关 S_1，在开关 S_4 闭合和断开两种情况下，测出上述各种数据记入表实 7-1 中。

2. △联结

(1)按图实 7-2 接好线路，检查无误后，闭合开关 S_2，S_3，S_4(S_1 暂不接通)；

(2)将电流表读数以及测出的各相电压及各线电压，记入表实 7-2 中；

表实 7-1　实验七数据记录(一)(Y 联结)

负载情况		U_U	U_V	U_W	U_{UV}	U_{VW}	U_{WU}	I_U	I_V	I_N
对称负载	中性线接通									
	中性线断开									
不对称负载	中性线接通									
	中性线断开									

(3)再接通 S_1(负载不对称时)，重复上述实验，将数据记入表实 7-2 中。

表实 7-2　实验七数据记录(二)(△联结)

负载情况	U_U	U_V	U_W	I_U	I_V	I_W	I_{UV}	I_{VW}	I_{WU}
对称负载									
不对称负载									

说明：

由于 ZH—12 型通用电子、电工实验设备配备的 0～300mA 交流电流表只有 3 只，所以三相负载做三角形联结时，测各相电流时，应将 3 个电流表分别改接到(串连)各相负载中。

五、实验结果分析

1. 对称三相负载做星形联结时，$U_{YI}=\sqrt{3}U_{Y\phi}$是否成立？$I_{YI}=I_{Y\phi}$呢？
2. 对称三相负载做星形联结时，$I_N=0$ 是否成立？负载不对称 I_N 是否为零？
3. 对称三相负载做三角形联结时，$U_{\triangle I}=U_{\triangle\phi}$，$I_{\triangle I}=\sqrt{3}I_{\triangle\phi}$是否成立？
4. 为什么三相照明电路一定要有中性线？为什么不准在中性线上安装开关或熔断器？

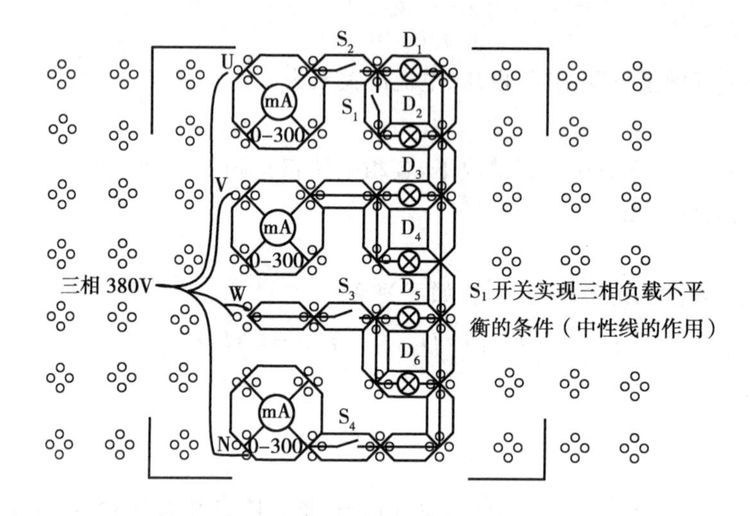

图实 7-1　三相负载的星形连接

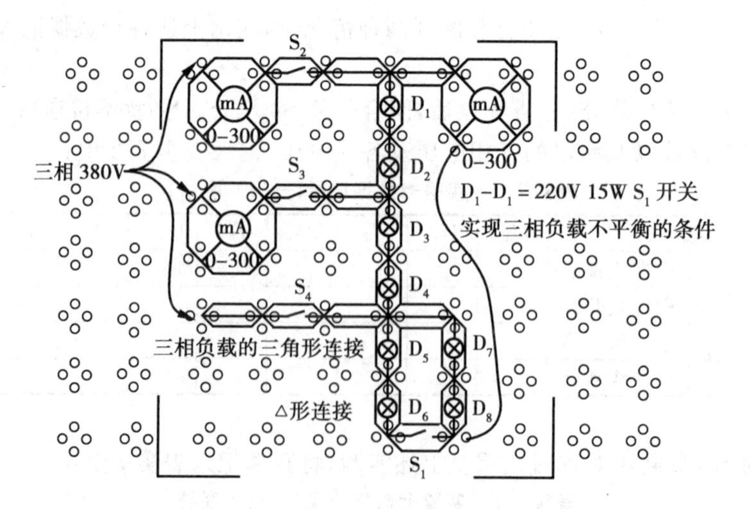

图实 7-2　三相负载的三角形连接

※第八章
信号与系统概述

学习目标

随着科学技术的进步，微电子技术、数字技术、计算机技术等获得了飞速发展，使得信号与系统广泛地深入到人们的多个生产领域和家庭，从而促进了物质文明、精神文明的显著进步。在学习上述电工基础知识的前提下，有条件也有必要了解信号与系统的相关知识，从而开阔眼界。通过本章学习，应达到：

①了解信号的基本知识；

②了解信号的传输、调制与解调的基本概念；

③了解系统与网络的基本知识及信号的采集、反馈和控制的概念。

※第一节　信号的基本知识

21 世纪，人们已跨入信息时代。所谓信息指的是人类对周围事物的感知，语言、文字、图像、符号、数据等就是信息的载体，称为消息。消息是描述信息的表现形式，它可以从一个地方传送到另一个地方。而信号又是运载和携带信息的物理量。信息必须借助于信号才能完成传输、变换、存储和提取等功能。信号具体表现为声音，图像、电压、电流和光等不同形式。但在这些形式的信号中，最容易传送、处理和存储、提取的是电信号。因此凡是能通过传感器变换成电信号的非电信号，如力、温度、声音、光等都将被变换成电信号由系统处理。

电信号种类繁多，分法也多样。如以频率不同，分为直流信号与交流信号；以参数和状态不同分为模拟信号和数字信号；以变化规律不同又分为确定信号和随机信号、周期信号与非周期信号等。

一、*直流信号与交流信号*

直流信号大小和方向（极性）恒定，不随时间变化而变化。也就是说它有确定的单一极性。

在技术上总是把这种具有单一极性的信号称为单极性信号，如图 8-1(a)所示，直流信号可以是直流电压，也可以是直流电流。

交流信号是指它的大小和方向(极性)随时间变化而变化的信号。它有平均值为零的单纯交流信号和平均值不为零的交直流信号 2 种情况，如图 8-1(b)(c)所示。

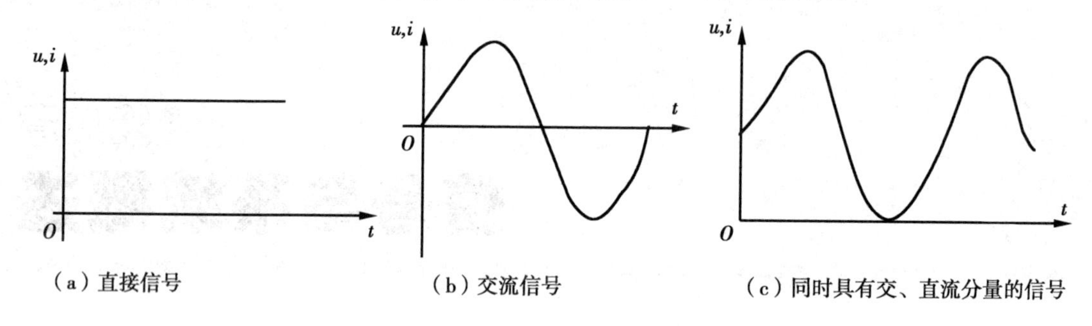

图 8-1　直流信号与交流信号

二、模拟信号与数字信号

凡是数值上随时间变化而呈连续变化的信号称为模拟信号，如图 8-1(a)(b)(c)所示的信号就是模拟信号。自然界中模拟信号最多，常见的有声音信号、图像信号和多种传感器获得的检测信号等。

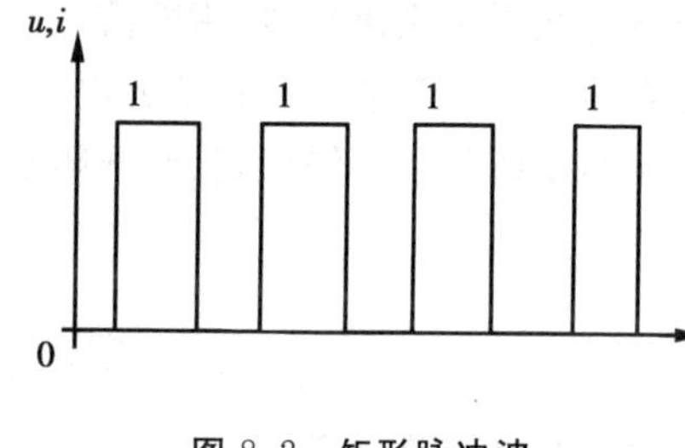

图 8-2　矩形脉冲波

数字信号在数值上随时间的变化而呈现的变化是不连续的、离散的，如今后要接触的二进制信号。它用“0”和“1”表示信号的 2 种状态，称为逻辑“0”和逻辑“1”。如图 8-2 所示的矩形脉冲波，它随时间的变化而呈现的变化是离散的，它在“0”和“1”之间呈脉冲突变。

技术上模拟信号和数字信号在一定条件下可以互相转换。

三、确定信号和随机信号

在给定的某一时刻，便有一个确定的函数值与之对应的信号称为确定信号，如电视广播、电台广播的载波等。随机信号是指在给定时刻没有确定的函数值，即在给定时刻，函数值的大小、相位等参数是变化的、不稳定的。这种信号在某时刻不可预知，但其统计特性是确定的。所以在通信技术中携带信息的信号一般都用随机信号。

四、周期信号与非周期信号

周期信号是指在某一时间间隔以后又能重复出现相同波形的信号。如正弦波就是典型周期信号。完成一个波所用时间间隔称周期，用 T 表示，1 秒钟完成的波的个数称为频率，用 f 表示；而一个波从始点到终点间的距离称波长，用 λ 表示。周期波每秒钟在空间传播的距离称为波速，用 v 表示。上述几个物理量之间的关系为

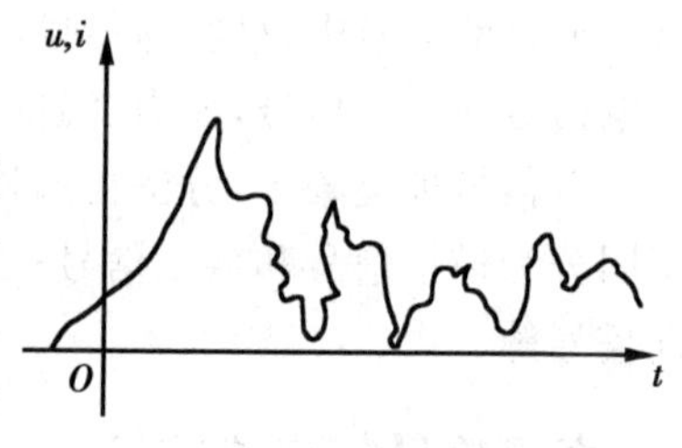

图 8-3　非周期信号

$$v=\frac{\lambda}{T}=f\lambda \qquad T=\frac{1}{f}$$

非周期信号是在时间上不具备重复性的信号，没有重复变化的规律。如单个脉冲信号，噪声信号等，如图 8-3 所示。

※第二节　信号传输概述

从古至今，信号的传输经历了烽火、信鸽、驿站、旗语等多种方式。至 1837 年，莫尔斯发明了电报，1876 年贝尔发明了电话，19 世纪末赫兹、波波夫、马可尼等研究出用电磁波传送无线电信号到如今，语言、图像、数据、图文传真直至电子邮件，信息的传送获得空前的发展，将人类社会迅速推入信息时代。

一、信号通道

信号通道简称信道，是信号传送的途径和媒介。现代信道分为两大类：一类是有线信道，它由有形介质如电线、电缆、光纤等介质组成；另一类是无线信息，它借用无形的空间传送信号。现代电视广播、电台广播、卫星通信等都采用的无线信道。

二、信号传送的基本过程

信号传送基本过程如图 8-4 所示。下面介绍各功能方框的作用。

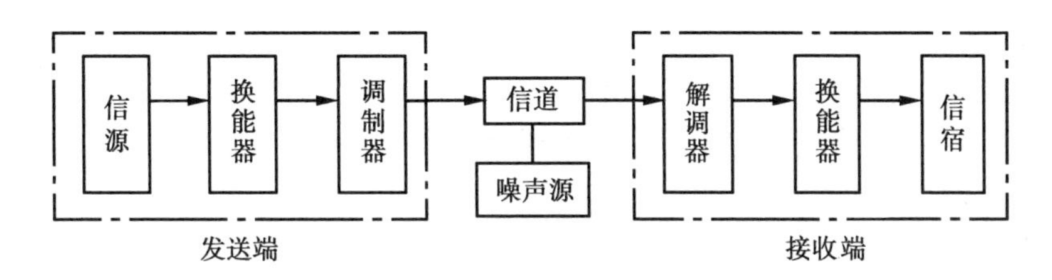

图 8-4　信号传送过程方框图

1. 信号源

简称信源，是向系统提供信号的源头。也是信号传送系统的起点。它的作用是向信号传输系统提供原始信号，如语言、图像、数据、指令等。这种原始信号不能直接传输，需经过系统的变换处理。

2. 换能器

它的作用是将原始信号变换成适合传输的物理量。如话筒是一种换能器，它可把声音变换成低频电信号。但这种信号很微弱，应进行放大处理。如需通过空间传输，还得经过调制。

3. 调制器

需要利用空间远距离传输的信号，单凭换能器提供的低频信号，即使经过放大，还是传不远的。技术上常将该低频信号（调制信号）叠加在高频载波上才能实现远距离传输。这个叠加过程称为调制。完成信息调制任务的装置叫调制器。常用调制方法有如下 2 种：

（1）幅度调制（AM）：简称调幅，它是使高频载波信号的幅度随调制信号幅度变化规律变化。如图 8-5(a)所示。

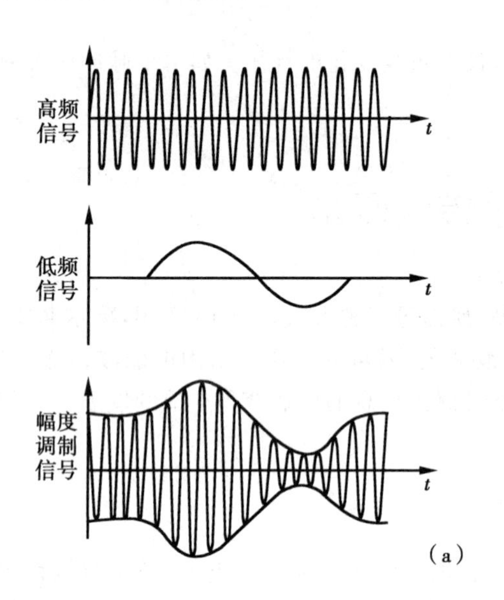

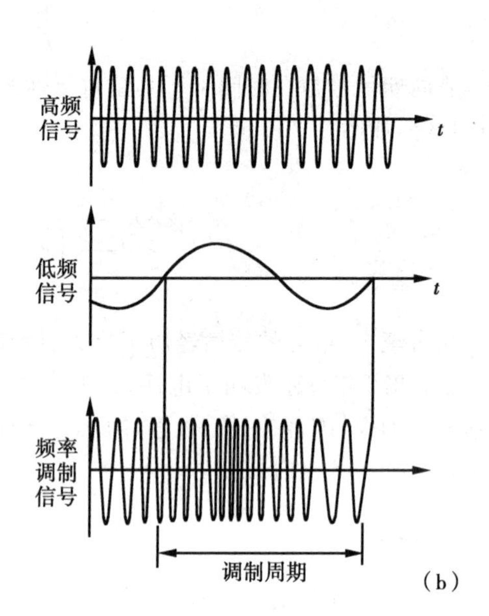

图 8-5 调幅与调频

(2)频率调制(FM):简称调频,它是使高频载波信号的频率随调制信号幅度的变化而变化。如图 8-5(b)所示。

在调制方法中,还有相位调制(PM)、脉码调制(PCM),由于现阶段应用还不广泛,在此从略。

4. 解调器

信号通过信道,被接收方接收后,必须在携带有调制信号的高频载波中将调制信号还原出来,从而获得发送端发出的低频电信号。这种还原过程称为解调,它是调制的逆过程。完成解调任务的装置叫解调器。

5. 换能器

它的任务是将解调出的低频电信号变换成发送端信号源提供的原始信号。如电话、广播系统终端的扬声器、耳机等就是将低频电信号还原成声音的换能器,又称电声器件。

6. 信宿

信号的收听(视)者,信号传输系统的终端。

三、数字通信

图 8-4 所示为模拟信号通信方框图。它的缺点是失真、衰减较严重且设备庞杂,利用数字通信则可充分扬长避短。

数字通信的主要特点是将原始信号转换成数字形式的信号,用数字网络进行传输和交换。数字信号是用二进制数表示的。一个数字信号可表示为一个二进制单位(比特)的序列,其传输速率单位为每秒比特,即 bit/s。在数字传输系统中,可将多个不同速率的信号复合在一条干线上传输。即可实现不同类型的信号如语言、文字、图像、数据等以一种单一格式同时传输。这就克服了模拟信号系统只能传输单一信号的弊端。再则数字信号的传输可以采用压缩技术,即可在同样的频率范围传输比模拟通信大得多的信息量,极大地提高了传输效率。而且数字信号传输再生能力强，保真度高，所以在通信技术及其他领域得到飞速发展。

数字通信系统如图 8-6 所示，下面对模拟通信系统没有的功能方框做简要介绍：

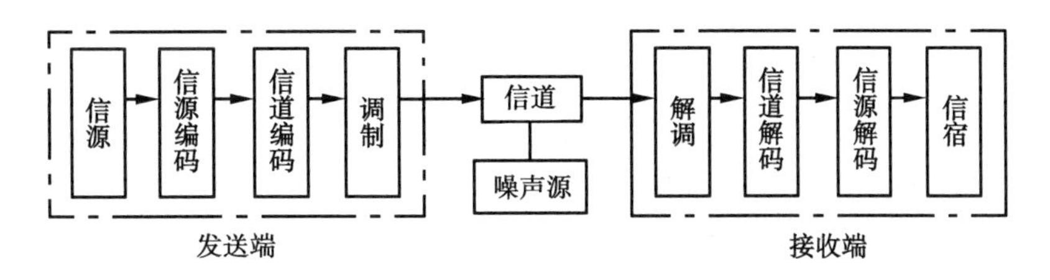

图 8-6　数字通信系统方框图

信源编码　将信号源提供的模拟信号转换成数字信号，完成模/数(A/D)转换任务。若信号源直接提供数字信号，该装置可省去。

信道编码　信号传输过程中不可避免地有信道干扰，严重时可使被传输的数字信号发生差错(误码)。这种误码需接收端能正常检出并予以纠正。于是需在发送端设置自动检测误码或纠正误码的装置，该装置就是信道编码。

信道解码、信源解码是发送端信道编码、信源编码的逆过程。如果发送端信号源能直接发送数字信号，则信道解码和信源解码均可省去。

对于通信距离不太远，信号容量不太大，又用电缆作信道时，可省去调制与解调。

对通信内容要求保密的系统，可在信源编码与信道编码之间、信源解码与信道解码之间分别插入对应的加密器及解密器即可。

※第三节　系统与网络概述

一、系统概述

系统和网络是现代科技发展和进步的产物。系统是由若干个相互作用、相互依存的事物组合而成且具特定功能的整体。它包括物理系统、非物理系统、人工系统与自然系统等。如电力系统、通信系统等为物理系统；生产管理系统、经济管理系统等为非物理系统；有线电视广播系统、计算机系统等是人工系统；而神经系统、物质结构系统等又属于自然系统。

下面以既属于人工系统又属于物理系统的通信系统为例分析系统的概念和功能。

图 8-7 所示为通信系统方框图。图中送话器将声音转换成音频电信号须经过放大，在调制器中将这种电信号调制在高频载波上，经过滤波器滤除杂散信号后将这种高频已调波发送到信道上，从而完成其发送系统的任务。接收端接收到该信号后，先将这一微弱信号放大，在滤波器中滤除杂波，在均衡器中校正因传输过程对信号所造成的不利影响，再通过解调器在高频已调波中解调出音频电信号，最后通过电声器件接收器(耳机或扬声器)将音频电信号还原成声音，完成接收系统的功能。

由上述通信系统的分析可见，系统的作用就是对施加于它的信号(如声音)做出响应、产生另外的信号。施加于它的信号称系统的输入信号或激励信号，而由它产生的另外信号称为输出信号或响应。因此可以说，系统是将一个信号变换成另一个信号的设备总称，它的功能就是

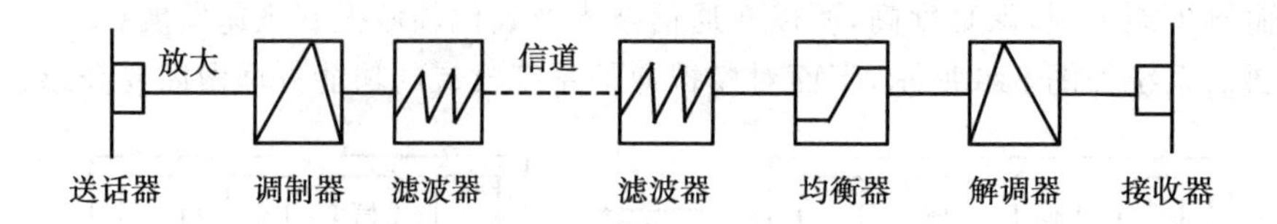

图 8-7　通信系统方框图

处理信号。所谓处理信号，就是将一个信号变换成另一个信号的过程。可见信号是系统传输和处理的对象。根据不同信号的特征和参数，有针对性的设计、生产与之适应的信号处理系统，则是当今高新科技领域的重要任务之一。

二、信号的采集、反馈与控制

信号与系统是不可分割的。系统处理信号的过程就是对输入、输出信号的采集、反馈与控制过程。下面以电冰箱的温度控制原理为例进行说明：当电冰箱内的温度未降低到冷藏温度时，温控系统的温度传感器将它采集到的温度信号变成电信号，输送到温控电路，使电路通电工作，压缩机运转制冷，逐渐降低箱体内部温度。当该温度下降到设定的冷藏温度时，温度传感器又将这一温度信号反馈回温控电路，指令其动作，切断电路，控制压缩机停止运转，由此保证了冰箱内的恒定温度。

三、通信网络

通信网络用于基站及多个用户的连接。当前使用的通信网络主要有网状网、星形网、环形网和总线网等 4 种，如图 8-8 所示。

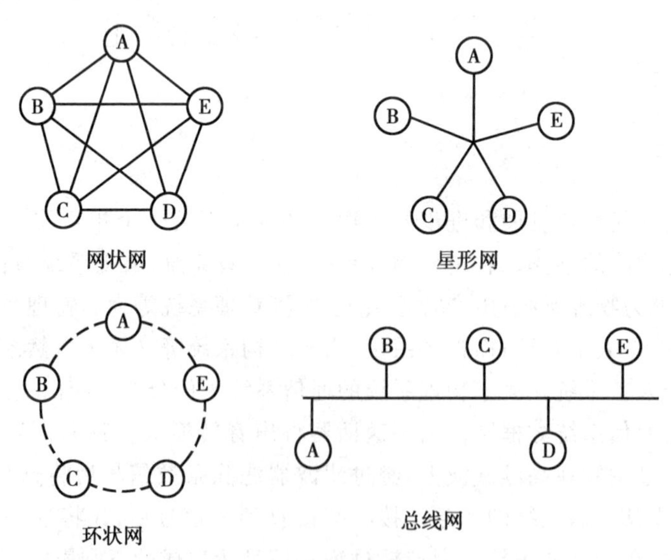

图 8-8　通信网络

网状网　它的每个节点（即用户终端）可直接连接其他节点，中间不需要任何形式的转接。它的突出优点是接续质量好，网络稳定性好，故障率小。不足之处是因用户之间直接相连，通信链路多，线路长，投资费用大。

星形网　各节点之间不直接连接，而是通过主站（或转换中心）连接，各用户之间的通信须经过转接。它的显著优点是链路短，节省材料和费用。但通信质量和可靠性不如网状网。所以只有在链路总费用高于转接设备的费用时才选择该种结构。

环状网　各用户终端通过中继器再连入网内，各中继器与链路首尾相连。信号或数据只能沿着环路单向传输。它的优点是链路短、投资小，易于判断故障部位，适用于光纤通信。但通信可靠性、灵活性较差，扩展容量困难。

总线网　该网络采用公用总线作为信号传输介质，各个节点（计算机或其他通信设备）都通过相应接口直接与总线相连。任何一个节点发出的信号都沿着总线传输并被总线上任何节点接收。它的优点是安装简单、易于扩容、可靠性高，一个节点损坏不影响系统工作。缺点是不能解决两个及以上的节点同时向某一节点发送信号这一难题。

阅读·应用十二

其他通信形式与网络

一、卫星通信

在无线通信或广播系统的信道中，由于地球表面形状的影响，使通信距离和覆盖范围受到严重影响。在人造地球卫星发射成功后，人们相继研发出通过卫星完成通信和广播的新技术。该系统由卫星和地面站组成。信号由地面发送到卫星，通过卫星差转后发送回它所覆盖的地球表面各地。它的覆盖面积大，3 颗卫星即可覆盖全球，同时不受地形条件影响。这种方式通信量大，投资又不太多。卫星通信的实现，将人类通信与广播技术提高到了一个崭新阶段。

二、光纤通信

20 世纪 60 年代以来，光导纤维和激光的发现，使人类通信技术又前进了一大步。光导纤维简称光纤，是一种能传输光束的细而柔软的介质。工程上使用的有石英系列光纤、玻璃纤维光纤、塑料纤维光纤和全塑光纤等。实用上都将光纤制成电缆形式，简称光缆。

目前在通信技术领域已研制出“超级光缆”，这种光缆中，1 根细如发丝的光纤，它所传播的信息比普通铜线高出 25 万倍；1 根由 32 条光纤组成，直径不到 1.3cm 的光缆，可同时传送 50 万个电话和 5 000 个频道的电视节目。可见光纤通信的突出优点是传输信息量特别大，而损耗又小、保密性好，被誉为信号传输的“超高速公路”。

三、信息高速公路

信息高速公路是一种全球范围内以光纤为信号传输主干线，以支路光纤和通信网络、多媒体终端及联机数据库组成的一体化、高速度、大容量通信系统。它不仅能快速传输文字、图像、声音、数据等信号，而且能实现这些信号资源的高度共享。

信息高速公路的问世，极大地方便了人们的生产和生活。如可视电话、居家办公、网上购物、网上教育、网上医疗等给人类生活和生产带来极大实惠。

四、国际互联网

国际互联网又称英特网，是目前世界上连接国家最多、使用最方便的电脑网络。因特网与局域网、各网站、计算机用户之间的信息传输采用双向传输方式，将全世界上万网络、上千万台电脑连在一起，组成信息大家庭。即一台计算机上网后可与世界上任何一个网站或网上计算机进行信息交流，共享网中所有数据库的信息、发送电子邮件。在不到 1 min 的时间，就能将邮件从地球的一端发送到另一端。通过因特网还可调阅各方面的信息，也可实现网上学习、购物、医疗、娱乐、游览等活动。

本章小结

一、信号

信号是运载和携带信息的物理量。常见的信号种类有交流信号和直流信号、模拟信号和数字信号、确定信号和随机信号、周期信号和非周期信号。

二、信号传输

信号传输通过信号系统实现，信号传输系统包括信源、换能器、调制器、解调器、信宿等装置完成。

信号传输中，将调制信号叠加在高频载波上的过程称为调制，广泛应用的是调幅和调频。它的逆过程称为解调。

三、信号与系统

系统是若干个相互作用、相互依存的事物组合而成且具有特定功能的整体。其主要作用之一是对信号进行采集、反馈和控制。

通信网络是完成通信任务的系统。常见网络有网状网、星形网、环形网和总线网。

习 题 八

一、填空题

1. 消息是描述________的一种形状，而信号是运载和携带________的物理量。

2. 模拟信号是随时间________的信号，而数字信号随时间的变化是________的，________的。

3. 调幅是使一个信号的________随另一信号的________而变化，合成一个新信号的________

过程。它的逆过程称为________。

4.最常用的调制方有________和________2 种。

5.系统是对施加于它的信号作出________产生________的装置。施加于它的信号称________信号,产生的新信号称________信号或________。

6.系统的特定功能是对输入/输出信号的________、________和________。

二、判断题

1.信号的波长指该信号 1 s 内通过空间中的长度。 (　　)

2.频率与周期的乘积恒等于 1。 (　　)

3.正弦交流电是模拟信号。 (　　)

4.在数字信号中,“0”和“1”只能表示状态。 (　　)

5.调制是将高频载波叠加在调制信号的过程。 (　　)

6.系统的惟一作用是对信号进行采集、反馈和控制。 (　　)

三、单项选择题

1.下列信号中不属于数字信号的是(　　)。

A.随时间作间断性变化　　B.随时间作离散性变化

C.随时间连续变化　　D.呈脉冲波形

2.单极性信号是指(　　)。

A.交流信号　　B.直流信号

C.交直流信号　　D.都不是

3.非周期信号是指(　　)。

A.无确定周期　　B.有确定周期

C.存在重复变化　　D.有确定频率

4.调幅是指用调制信号去调制载波的(　　)。

A.频率　　B.振幅　　C.相位　　D.平均值

四、问答题

1.试比较直流信号与交流信号的区别。

2.何谓调制?常用的有哪 2 种类型,试解释之。

3.举例说明“0”和“1”描述了数字信号的哪些状态。

五、计算题

1.已知一射频波在电缆中的传播速度为光速 $C=3\times10^8$ m/s 的 0.4 倍,求频率为 640kHz 中波的波长。

2.有一波长为 2.8m 的射频波,以 3×10^8 m/s 的速度在空气中传播,它的频率是多少?